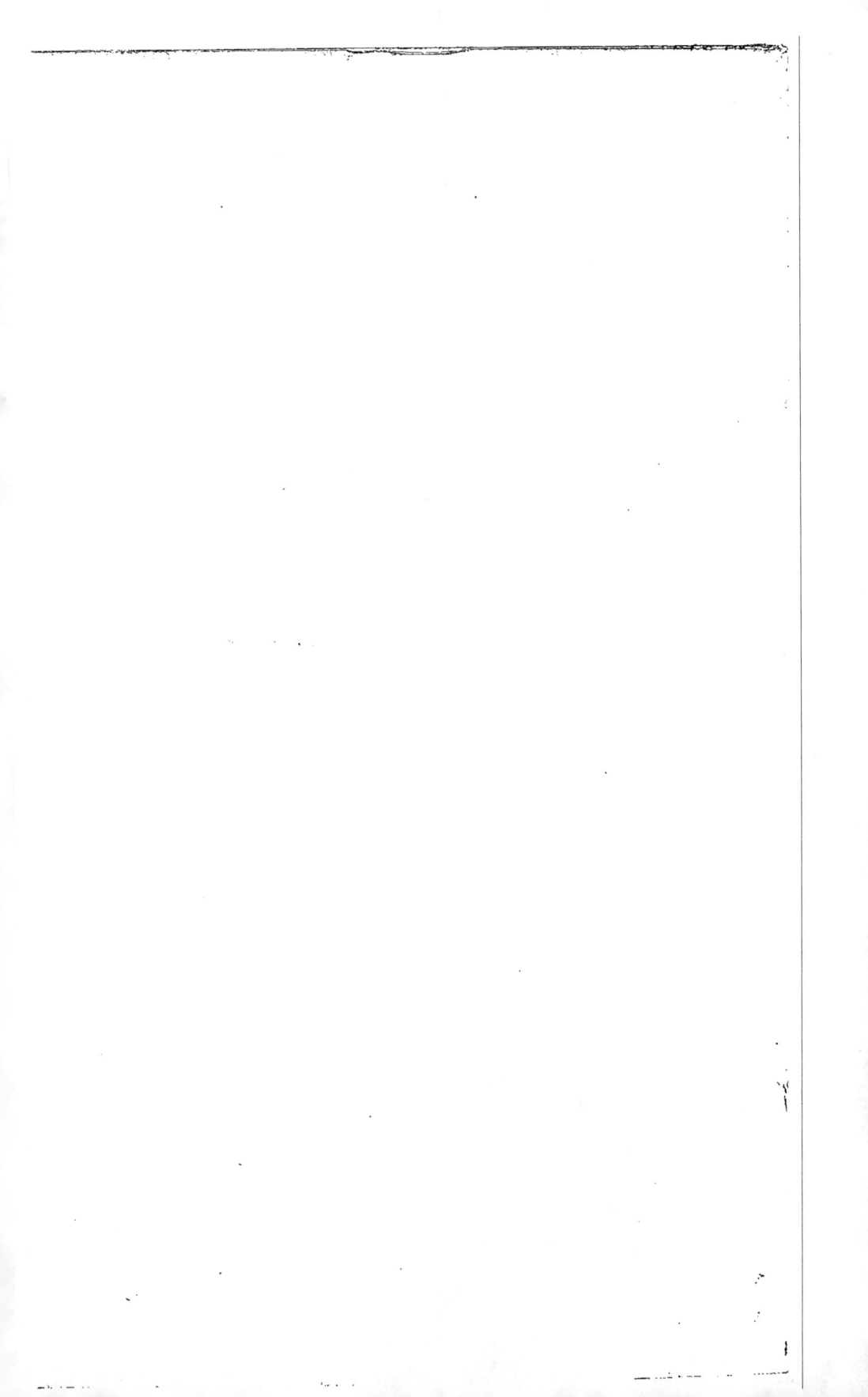

S

ÉTUDES GÉOLOGIQUES

DU

DÉPARTEMENT DE LA NIÈVRE

RECOMMANDATION

DE L'OUVRAGE DE M. EBRAY, INGÉNIEUR

CABINET DU PRÉFET

Nevers, le 30 janvier 1859.

A MM. LES MAIRES DU DÉPARTEMENT.

Monsieur le maire,

L'une des sources les plus certaines et les plus fécondes de la prospérité d'un pays est sans contredit le développement de la production agricole, et il est peu de départements où la vérité de ce principe se trouve consacrée par l'application autant que dans la Nièvre. C'est qu'aussi il est peu de pays qui présentent une réunion plus complète de toutes les conditions susceptibles de concourir à la réalisation de ces progrès.

Malgré l'étendue de son sol forestier qui, relativement à l'étendue de ce département, est le plus considérable de l'empire, la Nièvre produit en céréales des quantités considérables pour l'exportation. Année moyenne, ces quantités représentent la nourriture d'une population supérieure de 40,000 habitants à celle du département; en 1858, le produit de la récolte équivaut aux besoins d'une population supérieure de 70,000 habitants.

Ces résultats sont dus, non-seulement à l'introduction des méthodes perfectionnées et à la puissance de l'exemple de quelques agriculteurs dévoués, mais encore et surtout aux merveilleux effets du drainage et du chaulage; du chaulage qui, à lui seul, parvient à convertir en terres à froment le sol aride et granitique n'ayant produit jusque-là que du seigle ou du blé noir.

Grâce à l'influence de l'exemple, le progrès marche et s'avance; mais, disons-le, il marche sans une direction assurée.

C'est que peu de propriétaires ont essayé de se rendre compte de la constitution géologique du sol qui les entoure, de sa formation et de ses ressources.

D'un autre côté, les richesses minéralogiques de la Nièvre ne présentent pas moins que ses richesses agricoles des éléments précieux à l'exercice des nombreuses industries qui lui ont assigné l'un des premiers rangs à la tête des pays les plus privilégiés.

Ce sol si riche, si fertile, dont la surface est couverte : ici, de ces immenses forêts exploitées, soit pour l'approvisionnement de la capitale, soit dans l'intérêt des innombrables usines dont elles constituent l'affouage naturel ; là, de ces prairies dont les herbages supérieurs servent à l'élève ou à l'embauche de ces milliers de troupeaux si généralement appréciés pour les besoins de la boucherie, dans les centres de grande consommation ; ce sol, dont les produits variés en céréales rivalisent sur les principaux marchés avec ceux de la Beauce et de la Brie, contient, en outre, dans ses couches inférieures, des richesses à peine connues et encore moins exploitées. Qu'il me suffise de citer les houilles de Decize, les plâtres et la chaux du même bassin ; sur une immense étendue, les minerais de fer d'alluvion, les minerais en roche, les granits, les marbres, les porphyres du Morvand, les terres réfractaires si utilement employées pour le traitement des minerais, les pierres de construction d'une qualité supérieure, le calcaire hydraulique, les terres à poterie, les terres à faïence, qui ont fait depuis plusieurs siècles la réputation de l'industrie céramique de Nevers ; le kaolin pour la fabrication de la porcelaine, les sables et les marnes les mieux appropriés à celle des verres ; à Chitry, les mines argentifères abandonnées sans doute à tort, mais dont la science pourrait de nouveau guider utilement les recherches. Telles sont les richesses minéralogiques industrielles de la Nièvre! Pour les mettre en valeur, mille ruisseaux permettent de disposer de forces hydrauliques importantes, le combustible minéral et le combustible ligneux, ces autres agents si puissants de l'industrie, semblent se multiplier sur les lieux mêmes de la production de toutes les matières premières, et cependant l'industrie, de même que l'agriculture, a manqué jusqu'à ce jour d'un guide certain dans ses recherches ; ses explorations ont été plutôt dirigées par la routine ou par la tradition que par les données certaines de la science.

Tandis que les uns consument leurs efforts et dépensent leurs capitaux en recherches stériles, d'autres, faute d'une donnée rationnelle et scientifique, ignorent souvent l'existence des richesses les plus réelles et en négligent l'exploitation.

Le conseil général de la Nièvre avait été frappé de cette lacune dans les conditions locales de l'éducation agricole ou industrielle, lorsqu'il ordonnait l'étude et la rédaction d'une carte géologique du département.

Ce grand travail, primitivement confié à MM. Champcourtois et Bertera, ingénieurs des mines, et complété avec un soin de détails tout particulier par un habile et savant ingénieur civil, M. Ebray, chef de section du chemin de fer du Bourbonnais, en résidence à Pouilly, est aujourd'hui complétement terminé. Il a été conçu de telle manière que les détails techniques, plus spécialement intelligibles pour les adeptes de la science, fussent essentiellement pratiques et à la portée de tous.

D'un autre côté, une subvention accordée par le conseil général à l'éditeur de la carte géologique de la Nièvre a eu pour but d'obtenir de ce dernier une réduction notable dans le prix que je me réserve de fixer moi-même après sa publication, afin d'en rendre l'achat aussi général que possible.

Mais quels que soient ces avantages, ils ne sont encore que relatifs, en ce sens qu'une simple carte, indiquant les qualités du sol. ses couches ou leur composition, est pour le plus grand nombre l'expression d'un langage dont il ne possède qu'incomplétement la clef.

C'est afin d'en vulgariser l'intelligence que M. Ebray a cru devoir accompagner la publication de cette carte de celle de ses *Études géologiques* sur la Nièvre.

Cet ouvrage, dont on peut juger l'importance par les deux livraisons qui ont déjà paru, traite :

1° Des accidents géologiques qui ont bouleversé les couches du département;

2° De la superposition des étages, des couches et même des strates, des variations minéralogiques qui s'y manifestent, des fossiles caractéristiques;

3° Du gisement des matériaux utiles.

Cette dernière partie, très-importante sous le rapport industriel et agricole, contiendra les renseignements principaux suivants :

1° *Marnes, argiles à poteries,* etc., etc. — Étude des gisements de ces matériaux, énumération des localités propres à faire des recherches, composition des marnes.

2° *Minerais de fer.* — Situation des couches qui contiennent les minerais de fer.

3° *Matériaux de construction.* — Étude des gisements de la chaux hydraulique, étages propres à fournir les pierres dures, expérience sur la résistance à la rupture, sur l'hydraulicité des chaux, etc., etc.

4° *Houilles.* — Allures des couches houillères, énumération des lieux favorables aux recherches, profondeur probable des sondages.

5° *Eaux de sources.* — Moyens de connaître les lieux favorables à la recherche des sources, profondeur probable des puits, détermination approximative du volume d'eau.

6° *Eaux artésiennes.* — Difficultés que l'on rencontre dans l'analyse des cours d'eau souterrains, profondeur probable des sondages.

7° *Renseignements généraux.* — Influence de la nature géologique du sol sur les constitutions, sur la nature des maladies dominantes, sur la densité de la population, examen des moyens d'amélioration.

Ce simple aperçu des matières traitées par M. Ebray démontre l'importance de ses études. Le livre qui les renferme est destiné, on le voit, à devenir le guide indispensable de l'agriculteur et de l'industriel de la Nièvre.

Je crois donc servir la cause des intérêts du pays en émettant le vœu que chaque mairie soit pourvue de cet ouvrage. Placé à côté de la carte géologique, il faut qu'il puisse être mis à la disposition de tous les propriétaires, et que ceux qui n'auront pu se le procurer pour leur propre compte aient la faculté de le consulter pour connaître la composition géologique de leur sol avec cette même facilité que leur présentent les matrices cadastrales pour en connaître les limites ou la contenance.

Tels sont les motifs, Monsieur le Maire, qui m'engagent à vous prier de soumettre au conseil municipal de votre commune la proposition de s'inscrire au nombre des souscripteurs de l'ouvrage de M. Ebray.

Les *Études géologiques* se composeront de quinze livraisons à 1 fr. 50 c., soit 22 fr. 50 c., payables en trois termes de 7 fr. 50 c., après la réception successive de cinq livraisons [1].

J'ai l'honneur de vous adresser ci-joint un modèle de délibération que je vous invite à me retourner aussitôt qu'il aura été dûment rempli et signé.

Recevez, Monsieur le Maire, l'assurance de ma considération très-distinguée.

A. DE MAGNITOT.

1. Les applications de la géologie à l'industrie et à l'agriculture formeront un volume spécial et seront vendues à part. Ce volume sera envoyé, comme prime, aux communes qui ont souscrit à l'ouvrage.

Paris. — J. CLAYE, Imprimeur, 7 rue Saint-Benoît

ÉTUDES GÉOLOGIQUES

SUR LE

DÉPARTEMENT DE LA NIÈVRE

PARIS. — IMPRIMERIE DE J. CLAYE

7, RUE SAINT-BENOIT

ÉTUDES GÉOLOGIQUES

SUR LE

DÉPARTEMENT DE LA NIÈVRE

PAR

TH. EBRAY

MEMBRE DE LA SOCIÉTÉ DES INGÉNIEURS CIVILS,
DE LA SOCIÉTÉ GÉOLOGIQUE DE FRANCE,
DE LA SOCIÉTÉ VAUDOISE D'HISTOIRE NATURELLE

PARIS

J.-B. BAILLIÈRE ET FILS | LACROIX ET BAUDRY
19, rue Hautefeuille. | 15, quai Malaquais.

NEVERS

CHEZ TOUS LES LIBRAIRES

1858

(C.)

Souvent nous cherchons bien loin les choses inconnues et les éléments destinés à satisfaire l'instinct divin de l'homme de se débarrasser du voile qu'il porte sur son intelligence.

Nous oublions que tout ce qui nous entoure est à étudier d'une manière plus intime; la géologie surtout, cette science éminemment d'observation, réclame des études locales et détaillées; heureux si je puis donner la preuve que, malgré les occupations journalières et pressantes d'une position quelconque, on peut arriver, sans dérangement, à se rendre utile à la science.

INTRODUCTION

CONSIDÉRATIONS ÉLÉMENTAIRES

SUR LA GÉOLOGIE

ET DESCRIPTION DES SOURCES DESTINÉES A ALIMENTER LA VILLE
DE NEVERS

Considérations générales.

Les eaux limpides ont toujours été considérées par les anciens peuples comme indispensables à la prospérité des villes ; la propreté individuelle et civile, garant de la santé publique, l'usage journalier de l'eau dans les plus petits détails de nos occupations comme dans les plus grands besoins de la vie, ne sont-ils pas déjà des raisons suffisantes pour justifier les sacrifices nécessaires pour obtenir une bonne distribution d'eau ?

Mon but n'est pas de m'étendre sur l'utilité du projet hydraulique ; je n'entrerai pas non plus dans le détail des moyens qui permettent avec tant de facilité d'amener les eaux de sources à Nevers : ces quelques mots n'ont pour but que de donner une idée générale de la géologie, et de montrer comment cette science parvient à expliquer l'origine des sources, comment elle les aménage, les déplace et les agrandit.

But de la géologie.

La terre sur laquelle nous vivons, avec cette quantité innombrable d'êtres de toutes grandeurs et de toutes les formes, n'a pas toujours existé et n'existera pas toujours; cela est bien simple et nous le voyons bien souvent, la matière est créée, elle existe organisée pendant quelques instants infiniment petits, comparés au passé et à l'avenir, puis elle meurt ou se désorganise, pour se transformer d'une manière toujours plus parfaite, quand on considère la transformation dans les grands mouvements géologiques.

La géologie a pour but l'étude de ces transformations terrestres, mais son examen ne s'arrête pas là; les couches se succèdent avec des êtres variés et caractéristiques des terrains; la géologie les étudie, les classe et les utilise pour la reconnaissance des formations et des étages.

Définition d'un système aquifère et étude de la superposition des couches.

Tout le monde sait que la superficie du sol varie de nature à chaque instant; ici se rencontre du calcaire, là du sable, plus loin des argiles.

Ces terrains résultent de l'apparition à la surface du sol de couches plus ou moins inclinées qui, détruites par l'action de l'air et des eaux pluviales, forment les différentes natures de terrains dont je viens de parler : cette apparition a reçu le nom d'*affleurement*.

Les affleurements démontrent que les environs de Nevers reposent sur une série de couches dont les plus basses apparaissent près du lit de la Loire en aval des *Montapins;* ces couches représentent des bancs épais, fissurés et perméables, dans lesquels les eaux se meuvent avec la plus grande facilité jusqu'au contact d'une couche argileuse bleu-noirâtre qui retient ces eaux d'infiltration comme un vase et les laisse échapper en sources. Ces deux couches forment ce que je puis appeler un système aquifère, et ne sont apparentes qu'à Marzy. L'existence de la plupa rt des puits, dans cette dernière localité, est due à ces couches argileuses qui affleurent au pied des escarpements qui bordent la Loire entre les carrières de M. Avril et Fourchambault.

Comme nous le verrons plus tard, ce système aquifère n'a aucun rapport avec celui qui se développe près de la ville de Nevers et qui s'étend vers la commune d'Urzy ; un grand déchirement de l'écorce de la terre sépare profondément ces deux systèmes, qui doivent être étudiés séparément, toutes les fois qu'ils se rencontrent aux environs de Nevers.

En cheminant de Marzy vers le chef-lieu du département on rencontre, contrairement à ce qui existe généralement, des couches de plus en plus récentes ; ce fait résulte de l'inclinaison Sud-Est des couches qui, par conséquent, se rapprochent de plus en plus de l'étiage de la Loire.

Cette inclinaison cesse tout à coup à environ un kilomètre en amont de la Petroque, où l'on voit les calcaires

durs et fissurés [1] presque au niveau de la rivière; une
faille [2] vient alors changer la direction des bancs, qui s'inclinent jusqu'à Nevers vers le Nord-Ouest en se redressant
dans la direction de cette ville.

Les étages se succèdent dans l'ordre suivant : le calcaire
dur et fissuré de Marzy se trouve depuis l'endroit de la
faille jusqu'à Nevers à une certaine distance au-dessous de
l'étiage de la Loire, distance que l'on peut évaluer à l'abattoir à 30^{m}00 environ et à l'endroit de la faille (lèvre
amont) à 80^{m}00.

Au-dessus de ce calcaire, qui par sa position inférieure
ne joue plus aucun rôle dans le régime des eaux de sources
superficielles, se rencontrent les bancs bleus argileux [3] du
pied de la côte des Montapins ; ces bancs, qui fournissent
du très-bon ciment et de la chaux hydraulique, commencent à affleurer à un kilomètre environ en aval du chemin
de fer.

La *terre à foulon* ne contient pas un grand nombre
d'infiltrations aqueuses aux environs de Nevers, car ce
système argileux est surmonté par d'autres masses d'argiles qui, par leur position, retiennent les eaux pluviales.

Il existe dans beaucoup de lieux, entre le *calcaire à entroques* et la *terre à foulon*, une couche à *oolithes ferrugi-*

1. Les calcaires durs et fissurés ont reçu le nom de *calcaires à entroques*,
d'oolithe inférieure ou *d'étage bajocien*. La partie bleue argileuse se nomme
lias supérieur, *étage thoarcien* ou calcaire à bélemnites.

2. On appelle *faille* un affaissement brusque des couches qui a pour effet
de mettre en contact, et au même niveau, des étages qui devraient se trouver
les uns au-dessus ou au-dessous des autres.

3. Les bancs bleus argileux des Montapins font partie de la *terre à foulon*,
qui elle-même dépend de la *grande oolithe* ou *étage bathonien*; ces bancs ont
été confondus avec le *lias*, par suite d'une couche calcaire qui ressemble au
calcaire à entroques, et qui se trouve au-dessus de la *terre à foulon*.

neuses, mais cette couche se réduit dans le sud-ouest du département à une épaisseur insignifiante.

Au-dessus de la terre à foulon se rencontrent des bancs souvent très-durs et offrant les caractères minéralogiques du calcaire à entroques, puis viennent des marnes argileuses qui ont une puissance de 20 à 40 mètres et qui se trouvent elles-mêmes surmontées par d'autres bancs très-durs contenant aussi des entroques [1].

Ces derniers bancs, qui forment la partie la plus supérieure de *l'étage bathonien,* peuvent s'étudier facilement aux *Montapins* dans les fossés de la route de Fourchambault, au-dessous du parc, au château de Mimon aux Coques, et forment un horizon géologique important. Des changements considérables dans le régime des eaux sédimentaires se sont opérés à cette époque, et nous reviendrons sur cette étude intéressante lorsque nous examinerons la distribution des fossiles au sein des couches géologiques.

La partie supérieure de *l'étage bathonien* devient quelquefois *oolithique* [2], mais cette forme ne se présente pas souvent aux environs de Nevers.

Au-dessus de ces derniers bancs s'observe une masse d'argile qui contient à sa base des oolithes ferrugineuses ; cette masse a une épaisseur très-variable ; sur la route de Fourchambault elle n'a que 3 à 5 mètres ; vers l'est, elle augmente de puissance et atteint quelquefois 20 à 30 mètres. C'est cette couche qui forme la base de l'étage *callovien* et

---

1. Les entroques sont les points brillants qui s'observent dans la pierre, principalement lorsque la cassure est fraîche; ces entroques résultent de la fossilisation de fragments d'animaux de la famille des échinodermes.

2. La roche est *oolithique* lorsqu'elle est composée d'une quantité innombrable de petites sphères; les oolithes diffèrent par leur grandeur et par leur forme. Les géologues ne sont pas encore d'accord sur le mode de formation de cet étage géologique.

qui sert de support à la grande nappe d'eau des sources de Nevers.

Les bancs supérieurs fissurés et perméables absorbent les eaux pluviales, les laissent filtrer avec lenteur à travers les fentes du rocher, et, lorsque ces eaux arrivent à la surface de la couche argileuse, elles forment des ruisseaux souterrains qui s'échappent en sources lorsqu'une disposition favorable du sol met la couche d'argile en affleurement ; pour qu'il se produise une source il faut que l'affleurement coïncide avec le point le plus bas d'une ondulation de la couche argileuse, et il suffit alors d'étudier les allures de la couche aquifère pour réunir, détourner ou aménager un système de sources.

Étude des allures principales de la couche argileuse.

Les terrains qui se trouvent sous la gare sont représentés par un calcaire plus ou moins argileux, assez dur et appartenant à la partie supérieure de la *grande oolithe ;* au-dessus de ces calcaires se rencontrent dans les fossés de la route de Fourchambault, à environ trois cents mètres de la *fontaine d'argent*, au pied de la tranchée qui a été faite dans le coteau, les bancs calcaires durs qui forment la partie la plus élevée de la *grande oolithe ;* immédiatement au-dessus affleurent les couches d'argile à *oolithes ferrugineuses*.

Tout ce système de couches se relève avec une forte inclinaison vers l'est et vient surgir au parc ; les assises se reconnaissent non-seulement par leurs caractères minéralogiques, mais aussi par les nombreux fossiles qu'elles contiennent. Les parties inférieures offrent principalement des *oursins* dont l'espèce la plus fréquente est le *collyrites analis ;* cette coquille a la forme d'une châtaigne et montre deux petites ouvertures : l'une, située sur la face la plus plane, sert d'orifice et de support aux organes buccaux ; la seconde sert d'orifice à l'extrémité du canal digestif et est située sur le côté.

En nettoyant ce fossile avec soin, on ne tarde pas à voir apparaître sur la face bombée une série de petits trous formant une espèce d'étoile ; ils sont disposés en cinq lignes, dont trois convergent à peu près au sommet ; les deux autres se réunissent au-dessus de l'ouverture anale.

La forme de la bouche et de l'anus, la disposition des pores respiratoires, servent à fixer la limite des espèces. Le *collyrites analis* se distingue des autres espèces par la réunion des pores respiratoires postérieurs, qui s'opère immédiatement au-dessus de l'anus.

Les parties supérieures des bancs durs *bathoniens*, et surtout les parties inférieures des argiles à oolithes ferrugineuses, contiennent une autre espèce d'oursin qui se rapproche beaucoup du *collyrites ellyptica*, et qui se distingue facilement du collyrites analis par la réunion des pores respiratoires à une certaine distance au-dessus de l'anus.

Les argiles aquifères contiennent aussi, à la partie inférieure, beaucoup d'*ammonites*, de *térébratules*, d'*encrines*, de *nautiles* et d'autres fossiles caractéristiques dont nous nous occuperons en détail dans un autre ouvrage [1].

Au-dessus de la couche argileuse s'observent, dans les nombreuses carrières des environs de Nevers, les bancs

---

1. *Description paléontologique du département de la Nièvre.*

épais et fissurés de *l'étage callovien*, qui occupent le vaste plateau limité d'un côté par la Nièvre, et de l'autre par la petite vallée de l'étang de Chantemerle; l'étude détaillée des bancs de cet étage permet de se rendre compte des allures de la couche aquifère.

Si l'inclinaison ouest des couches du coteau du parc se continuait sur une certaine distance, on ne tarderait pas à voir apparaître des étages de plus en plus anciens; il n'en est cependant rien, car une faille, ou peut-être aussi une inclinaison anomale des bancs, vient changer les allures des étages qui s'inclinent vers Veninges, à partir de la route impériale; mais cette inclinaison n'est pas de longue durée, car de Veninges à Urzy les bancs se redressent vers l'est avec une rampe assez forte.

En observant les nombreuses carrières qui bordent la route impériale et les déblais de la montée de Pignelin, on remarque aussi que les couches se relèvent vers le nord sous un angle, il est vrai, assez faible, mais qui suffit pour imprimer aux eaux souterraines une direction détermi-née [1], et on ne tarde pas à reconnaître, en combinant ces directions partielles, que le ruisseau de la Pique occupe le fond d'une ondulation géologique qui a pour effet de con-

1. Nous reviendrons, lorsque nous traiterons des failles, sur les disloca-tions nombreuses qui se rencontrent aux environs de Nevers. Les couches sont en général très-contournées aux environs de cette ville, et, en ne considérant que certains détails, il devient facile de se tromper sur les allures générales des couches. Ainsi, en partant du grand réservoir près du parc, on voit les couches s'affaisser en se dirigeant dans la direction du canal des sources, puis, après avoir dépassé les bancs durs qui terminent la grande oolithe, on rencontre l'oolithe ferrugineuse callovienne, que l'on voit passer sous les bancs épais des carrières. Enfin apparaît l'oolithe ferrugineuse oxfordienne, qui se décèle par ses nombreux fossiles; mais au delà de ce point, qui coïn-cide environ avec l'endroit où les eaux de sources quittent la route impériale, les couches se relèvent fortement et permettent, comme nous l'avons dit, l'af-fleurement du bathonien à Pignelin.

verger dans cette direction toutes les eaux qui s'infiltrent sur le plateau de Veninges et des sources de Jeunot.

Conclusions.

Tout en montrant par cette analyse sommaire quels services la géologie peut rendre dans les questions qui se présentent journellement, et combien il est facile, dans certains cas, d'étudier la situation relative des couches qui sillonnent si irrégulièrement l'écorce de la terre, je pense aussi avoir fait comprendre par quelle série de crises, de bouleversements de toutes espèces, notre terre a dû passer pour fournir à l'homme des sols variés pour les différentes cultures, des sources pour alimenter nos ruisseaux et nos étangs, pour faire affleurer ici le fer, là le cuivre, plus loin l'or, l'argent et le platine; pour nous donner sur une faible étendue des pierres tendres, des matériaux durs, de la chaux tantôt grasse, tantôt hydraulique.

Il est clair qu'avant d'arriver au bien relatif la terre a traversé le désordre, le chaos et les horreurs inconcevables des bouleversements géologiques.

Et, lorsque l'on compare avec attention les relations qui existent entre la succession des êtres qui vécurent aux différents âges géologiques avec la situation de la terre aux mêmes époques, on est saisi d'étonnement en voyant la concordance parfaite qui se manifeste entre la conformation des êtres et les ressources de la terre : par quelle série de transformations la matière toujours en vie a-t-elle dû passer pour aboutir à la création de l'homme; quels perfectionnements l'intelligence bornée des êtres que nous appelons inférieurs, en les comparant à nous-mêmes, a-t-elle dû atteindre pour toucher au degré intellectuel qui nous caractérise ; quel sera le dernier anneau de cette chaîne sans fin dont nous avons l'honneur d'analyser le commencement et de suivre les progrès ?

L'esprit rencontre ici un voile impénétrable devant lequel l'intelligence vient se briser ; mille questions d'un ordre supérieur se produisent, mais peu se résolvent, et la puissance, tout à l'heure si grande, de l'homme, disparaît en face des problèmes à résoudre, en face de ceux que l'esprit ne peut aborder.

ÉTUDES GÉOLOGIQUES

SUR LE

DÉPARTEMENT DE LA NIÈVRE

CHAPITRE PREMIER

SUR LES SABLES FERRUGINEUX DES ENVIRONS DE SANCERRE
ET DE COSNE.

Il existe dans le département de la Nièvre, dans celui du Cher et dans l'Yonne, entre les parties inférieures de l'étage cénomanien et l'étage néocomien [1], une série de dépôts d'un aspect minéralogique variable et sur lesquels les géologues ne sont pas d'accord. Je veux parler des sables et grès ferrugineux de Saint-Sauveur et de Saint-Amand, des argiles de Miennes, des sables verts de Cosne, ensemble qui atteint près de 60ᵐ00 d'épaisseur.

Je retracerai d'abord les opinions des géologues qui se sont occupés de cette question, et je verrai si l'étude des fossiles et des couches peut conduire à des résultats certains.

L'étude géologique des terrains de la rive gauche de l'Yonne par M. de Longuemar date de 1843.

Ce géologue s'exprime ainsi :

« Au-dessus des dernières couches des sables ferrugineux,

---

1. L'étage néocomien se rencontre à la base des *terrains crétacés*, et se réduit dans le département à une faible épaisseur; il apparaît, au-dessus des calcaires jurassiques, aux environs de Cosne et à Dompierre, sous forme d'une roche argilo-calcaire très-dure à oolithes ferrugineuses. L'*étage albien* qui, dans la Nièvre, se trouve immédiatement superposé au néocomien, se compose en général d'argiles, de grès et de sables; enfin l'étage cénomanien, très-développé à Neuvy, offre des bancs assez tendres de craie tufeau.

2

on trouve dans notre contrée une série d'assises plus ou moins calcaires, comprises entre les marnes argileuses du gault et les argiles du terrain tertiaire, etc.

« Nos *lumachelles* et leurs argiles, nos sables inférieurs et le groupe moyen, répondent assez exactement à ces trois divisions du groupe anglais (terrain de Weald). Mais il nous restera toujours les assises des sables supérieurs avec leurs ocres qui se trouveront hors série, à moins qu'on ne les réunisse au Weald-Clay, dont ils sont cependant séparés par leur stratification et la nature de leurs roches, ou qu'on ne les comprenne dans le groupe des *grès verts inférieurs au gault.* »

M. de Longuemar place donc les sables ferrugineux sous le gault.

M. Robineau-Desvoidy s'exprime en ces termes sur la théorie de M. de Longuemar :

« Par malheur pour cet écrivain, nos sables et nos grès ferrugineux reposent sur le gault et au-dessous de la craie. Sa théorie n'est donc pas admissible.

« Pourtant M. de Longuemar n'a pas une confiance absolue dans sa manière de voir; il tâtonne, il hésite en maint endroit. »

Il termine par ce doute : « Ces sables forment-ils décidément un groupe isolé et tout littoral? »

Ces quelques lignes contiennent l'opinion de Robineau-Desvoidy, qui propose d'appeler les sables ferrugineux *sables salviens*, en mémoire de la ville de Saint-Sauveur (*Cella Salvii*).

M. Cotteau (*Annuaire de l'Yonne*, page 132) plaça les sables ferrugineux inférieurs au gault, et les fit reposer directement sur le néocomien.

Examen de la superposition des couches.

L'étage cénomanien blanc, à l'état de craie tufeau, décrit

superficiellement une courbe plus ou moins régulière passant par Vierzon, Jarre, Sancerre, Tracy, Saint-Fargeau et Joigny.

Il n'existe pas de doutes sur la position exacte de cet étage, qui contient partout les fossiles les plus caractéristiques, tels que *Am. varians*, *Am. Montelli*, *terebratula alata*, *epiaster crassissimus*, *holaster carinatus*, etc.

Au-dessous de la craie tufeau se rencontrent presque toujours des argiles vertes ou bleues, contenant une quantité innombrable de grains ferrugineux d'une couleur verdâtre; cette superposition se constate facilement par les observations suivantes :

1° Un sondage fut pratiqué dans la côte de Tracy (Nièvre) pour se rendre compte des terrains traversés par le chemin de fer de Paris à Lyon par le Bourbonnais : on rencontra bientôt l'*étage cénomanien* sur 4^m00 d'épaisseur, puis des argiles vertes avec grains ferrugineux, ensuite des sables rouges, et enfin des argiles vertes *micacées*.

2° En examinant les fouilles qui se trouvent au bas de la montagne de Sancerre, on aperçoit des morceaux de grès situés au milieu et au-dessous des argiles; en remontant la côte, on rencontre bientôt des sables ferrugineux, puis des argiles vertes avec grains verts, enfin la *craie tufeau*.

3° En allant de Cosne à Neuvy, on rencontre à proximité d'une ferme (les Cadoux) des escarpements qui montrent avec clarté la disposition des couches.

Après avoir dépassé les argiles inférieures du gault, qui occupent une assez large surface depuis Cosne jusqu'aux Brocs, on aperçoit des escarpements ferrugineux qui se composent de couches alternatives de sables et d'argiles; ces couches ont une puissance totale de 30 à 50 mètres et s'inclinent, comme l'ensemble du système crétacé, vers le nord-ouest; au-dessus de ces sables se rencontre une petite couche de gravier, puis vient de l'argile bleue ou grise avec des grains verts, enfin apparaît la craie tufeau.

Nous voyons donc dans les escarpements des Cadoux la même succession de couches que celle qui se rencontre à Tracy et à Sancerre ; plus loin, vers Saint-Sauveur et Auxerre, les mêmes superpositions se constatent, et l'on est autorisé à conclure que les sables ferrugineux sont intercalés entre deux couches d'argiles plus ou moins sablonneuses, presque de même couleur, cependant de composition différente, puisque les argiles inférieures contiennent du mica et que les argiles supérieures sont pétries de grains verts ferrugineux.

Cause des divergences d'opinion.

Si maintenant nous nous reportons aux dénudations qui se sont opérées à l'époque de l'étage albien [1], nous ne serons pas étonnés de rencontrer dans certaines contrées toutes les couches albiennes (grès, argiles inférieures, sables ferrugineux), tandis que dans d'autres nous observerons la disparition totale, soit des grès inférieurs, soit des argiles micacées ; dans ce dernier cas, les sables ferrugineux reposent sur le néocomien ; et comme on les voit passer sous la couche argileuse supérieure qui a beaucoup d'analogie avec le gault, on est conduit à la superposition admise par MM. de Longuemar et Cotteau.

M. Robineau-Desvoidy, au contraire, n'ayant pas observé les couches argileuses supérieures, mais ayant rencontré, en faisant creuser un puits dans sa propriété, le gault sous les sables ferrugineux, plaça ces sables au-dessus du gault et immédiatement au-dessous de la craie : ce géologue a donc bien reconnu les limites inférieures des sables, mais, en proposant de créer un étage spécial pour les sables ferrugineux, M. Robineau prouve qu'il n'a pas eu l'occasion de saisir les affinités géologiques supérieures de ces sables. L'étude des graviers supérieurs et de la couche argileuse à

---

1. D'Orbigny, *Paléontologie française*, t. Iᵉʳ, Terrains crétacés.

grains ferrugineux va nous indiquer bientôt à quel étage géologique il faut rattacher ces couches remarquables.

Examen des fossiles et détermination de l'étage
des grès ferrugineux.

Les grès inférieurs contiennent un grand nombre de fossiles, tels que :

Turritella Vibrayana (d'Orb.),
Ringinella lacryma (d'Orb.),
Natica gaultina (d'Orb.),
Solarium moniliferum (Mich.),
Rostellaria Pakinsoni (Sow.),
Panopea acuti sulcata (d'Orb.),
Arcopagia Rauliniana (d'Orb.),
Lavignon Clementina (d'Orb.),
Venus Vibrayana (d'Orb.),
Thetis minor (Sow.),
Cardium Dupinianum (d'Orb.),
Astarte Dupiniana (d'Orb.),
Arca fibrosa (d'Orb.),
Trigonia aliformis (Park.),
Gervilia difficilis (d'Orb.), etc.,
et plusieurs espèces nouvelles, spéciales aussi au gault.

Les argiles micacées sont peu fossilifères et contiennent principalement l'*Am. Mammillatus* (Schlotheim), qui est très-abondant dans les grès inférieurs, et qui caractérise, comme les fossiles précédents, l'*étage albien*.

Les sables ferrugineux sont des sables de transport dans lesquels on ne rencontre que des fossiles végétaux; ces sables sont composés de *quartz*, de *mica* et d'oxyde de fer.

Les graviers supérieurs contiennent un grand nombre de fossiles, parmi lesquels le plus important est l'*Am. inflatus*, qui vient démontrer que les sables ferrugineux sont situés au-dessous de l'horizon, que ce fossile caractérise, et qui est compris encore dans l'étage albien.

L'ensemble des fossiles des graviers ferrugineux démontre cependant que les catastrophes qui donnèrent naissance aux sables ferrugineux ont anéanti beaucoup d'espèces albiennes ; les formes vitales, se rattachant encore par beaucoup de points à l'étage du gault, commencent déjà à se rapprocher des formes qui s'observent dans l'étage cénomanien (craie chloritée, craie tufeau), et l'étude des fossiles qui se rencontrent dans les graviers supérieurs va nous prouver qu'il y a eu des dépôts transitoires pendant lesquels se préparait, par des essais successifs, la faune de stabilité destinée à se maintenir, non sans modifications partielles, pendant la durée incalculable d'un étage géologique.

Fossiles rencontrés dans les graviers et se trouvant aussi dans le néoconien.

Trigonia carinata (Agass.) [1].

Fossiles rencontrés dans les graviers supérieurs et spéciaux au gault.

Opis Hugardiana (d'Orb.),
Trigonia Filtoni (Desh.),
Lucina campaniensis (d'Orb.),
Trigonia Archiaciana (d'Orb.),
Arca fibrosa (d'Orb.),
Panopea inæquivalvis (d'Orb.),
Avellana incrassata (d'Orb.),
Natica gaultina (d'Orb.),
Terebratula Dutempleana (d'Orb.) [2],

1. Les individus de grande taille atteignent quelquefois 12 à 15 centimètres et paraissent présenter quelques différences avec les figures de la *Paléontologie française*.

2. Il existe entre les individus des Cadoux et ceux reproduits dans la *Paléontologie française* quelques différences qui pourraient peut-être conduire à la création d'une espèce distincte.

Ammonites Denarius (Sow.),
Ostrea canaliculata (d'Orb.),
Ammonites inflatus (Sow.)[1].
—   Delucii (Brong).

Fossiles rencontrés dans les graviers supérieurs
et persistant dans l'étage cénomanien.

Cardium Carolinum (d'Orb.),
Trigonia spinosa (Park.),
Arca ligeriensis (d'Orb.),
Arca Marceana (d'Orb.),
Opis elegans (d'Orb.).

La plus grande partie de la faune[2] que présentent les couches supérieures aux sables ferrugineux pouvant être considérée comme albienne, il s'ensuit que ces sables eux-mêmes résultent d'immenses courants qui sillonnèrent les mers du gault peu de temps avant le commencement de l'ère cénomanienne[3].

1. L'*Am. inflatus* caractérise un horizon fort connu dans beaucoup de départements; cependant ce fossile a été rencontré dans les parties inférieures de l'étage cénomanien, où il paraît être fort peu répandu.

2. Depuis la lecture à la Société géologique d'une note intitulée : « *Examen de l'étage albien des environs de Sancerre*, par Th. Ébray », il m'a été possible de recueillir de nouveaux fossiles, dont les principaux sont énumérés dans ce chapitre. Nous reviendrons sur la présence de l'*ostrea canaliculata* dans ces couches qui, sous plus d'un rapport, sont très-remarquables, et qui se lient d'une manière encore peu connue avec l'*étage cénomanien*.

3. Dans une brochure publiée par M. Cotteau sur les fossiles du grès vert, ce géologue dit que M. Robineau classe les sables ferrugineux dans l'étage albien. Cette assertion n'est pas exacte, puisque M. Robineau propose de créer un étage spécial pour ces sables, dont il n'a pas reconnu les affinités géologiques.

CHAPITRE II

DÉTERMINATION GÉOLOGIQUE DES HORIZONS FERRUGINEUX
DU DÉPARTEMENT DE LA NIÈVRE.

Disposition providentielle des matériaux.

Nous avons vu dans l'introduction quels moyens la nature a employés pour permettre à l'homme d'exploiter sur une faible étendue les divers matériaux dont il a besoin. Les catastrophes géologiques qui ont précédé l'époque actuelle ont préparé avec soin nos moyens d'existence; mais, si nous portons un regard plus profond sur la distribution des matériaux au sein des couches terrestres, nous nous convaincrons bientôt que, même dans les détails, tout a été prévu, avant l'arrivée de l'homme sur la terre, pour satisfaire par le travail ses besoins physiques et pour stimuler son intelligence.

L'étude du gisement des minerais de fer nous conduira à ces conclusions. Si, en effet, les matériaux précieux, parmi lesquels le fer occupe le premier rang, existaient disséminés dans les roches, l'exploitation en serait impossible, et nous serions obligés à tout jamais de nous passer de ce métal, si indispensable au progrès et à toutes les industries.

Heureusement il n'en est pas ainsi, et, par suite de circonstances dont nous nous occuperons plus tard, le fer s'est répandu sur la terre, à des époques déterminées, en quantité suffisante pour être exploité. Il se trouve généralement allié à des substances qui rendent sa fusion plus facile, et, lorsque ces substances n'existent pas dans le minerai en assez grande quantité, on trouve toujours, à proximité des gîtes ferrugineux, des roches destinées à rendre sa fusion plus facile.

Huit horizons ferrugineux.

Je connais dans le département au moins huit horizons ferrugineux, plus ou moins riches, souvent exploitables, souvent aussi ne présentant pas de bonnes conditions de prospérité industrielle. Ces horizons sont les suivants, en commençant par le niveau le plus élevé :

1° Fer diluvien ;
2° Fer cénomanien ;
3° Fer albien ;
4° Fer néocomien ;
5° Fer oxfordien ;
6° Fer callovien ou sous-oxfordien ;
7° Fer bajocien ;
8° Fer thoarcien.

Je m'occuperai dans la partie pratique de cet ouvrage des questions qui intéressent spécialement l'industrie ; je me bornerai à étudier ici le gisement, considéré sous le rapport géologique et géographique.

1° Fer diluvien.

Ce fer, qui, d'après les études les plus récentes, fait partie de l'*époque quaternaire*, ou époque diluvienne [1], est généralement oolithique, et beaucoup de géologues ont remarqué les rapports intimes qui existent entre lui et l'état jurassique moyen. M. Bertera [2] s'exprime ainsi sur les minerais du département du Cher :

1. Paul de Rouville, *Bulletin de la Société géologique de France*, 2ᵉ série, tome X.
2. *Texte explicatif de la carte géologique du département du Cher.*

« La structure des minerais en grains indique suffisamment leur mode de formation. Il est clair que le grain de
sable ou d'argile que l'on trouve au centre a été un centre
d'attraction autour duquel se sont déposées les diverses couches d'oxydes de fer. Cette disposition est d'ailleurs très-
fréquente dans les roches calcaires, et elle a fait donner leur
nom à plusieurs formations du terrain jurassique ; mais elle
ne se rencontre guère dans les *formations tertiaires*. Cette
circonstance, jointe à ce fait que les autres éléments dont ce
terrain se compose sont évidemment des débris arrachés au
terrain jurassique sur lequel il repose, conduirait naturellement à supposer que les minerais ont fait primitivement partie d'une couche du terrain jurassique. Toutefois, comme
jusqu'ici on n'a point rencontré de minerai dans le terrain
jurassique en place, cette explication de la formation des minerais tertiaires ne peut être considérée que comme une
simple hypothèse. » Or, s'il est vrai que dans le Cher on n'a
jusqu'ici pas trouvé de minerais en place dans l'étage jurassique moyen, il n'en est pas de même dans la Nièvre, où mes
recherches m'ont amené à découvrir la roche qui a fourni le
minerai d'alluvion oolithique, d'origine jurassique. Il est
probable que cette même roche existe dans le Cher, peut-
être moins développée.

En suivant la route de Guérigny à Prémery, on rencontre
une série de carrières taillées dans les parties inférieures de
l'étage *oxfordien* [1] ; et, en regardant la roche avec attention,
on remarque que certains bancs sont pétris d'oolithes ferrugineuses de cinq à six millimètres de diamètre, et qui constituent un véritable minerai en grain. Si nous observons
que la plupart des minières du département sont situées sur
ces bancs, il nous paraîtra évident que le minerai de fer diluvien provient du remaniement du fer qui se trouve dans

---

1. L'*étage oxfordien* comprend les couches qui se rencontrent immédiatement au-dessus des calcaires *calloviens* et du *calcaire à chailles*.

ces bancs calcaires, et qui n'est autre chose que le fer oxfordien.

Il suffit donc, pour avoir la situation géographique de la
zone du fer diluvien, de suivre les affleurements de l'oxfordien ou du corallien inférieur [1], qui passe par Raveau, Vielmanay, Vilatte, Saint-Malo, Menou, etc.

2° Fer cénomanien.

Le fer *cénomanien* se rencontre à la base de la *craie
tufeau* (chap. Ier), dans les argiles vertes à grains ferrugineux.

Ce fer est très-pauvre, et ne peut être exploité. On le rencontre aux environs de Cosne, aux Cadoux, à Tracy, et en
général à la limite des affleurements de la craie tufeau et des
sables ferrugineux.

3° Fer albien.

Les sables ferrugineux présentent souvent des bancs qui
peuvent être exploités comme minerai. On les rencontre généralement à la base de l'étage. Ils affleurent à Cosne, le
long du chemin de halage, en amont de l'usine impériale, à
Maltaverne, à Saint-Amand, et pèsent en moyenne 1,500 kilogrammes le mètre cube.

4° Fer néocomien.

Des émissions ferrugineuses ont eu lieu dans cet étage.
Malheureusement il est peu développé dans la Nièvre, et
le minerai n'est pas assez riche pour être exploité.

Cet étage, si fécond dans l'Aube et la Haute-Marne, dimi-

---

1. L'étage *corallien* se rencontre au-dessus de l'étage *oxfordien*. Il est caractérisé minéralogiquement par une roche presque toujours blanche, souvent
oolithique, souvent compacte, rarement argileuse; paléontologiquement par
la *diceras arietina*, par des coraux et des échinodermes.

nue déjà d'importance dans l'Yonne ; il se réduit, comme nous l'avons vu, dans la Nièvre, à une épaisseur insignifiante ; enfin il disparaît dans le Cher, du côté de Vierzon.

5° Fer oxfordien.

Cet horizon est un des plus constants et des plus remarquables ; c'est lui qui se développe dans le Nord et qui fournit une grande partie du minerai ; il est alors exploité en place et se reconnaît facilement par les nombreux fossiles qu'il contient. En se dirigeant vers le centre, le fer oxfordien diminue de puissance, les couches ferrugineuses s'appauvrissent en richesse et en épaisseur, mais une autre circonstance vient remédier à ce défaut : des courants dévastateurs, en préparant le travail de l'homme, sont venus dissoudre et enlever la roche ferrugineuse, les parties solubles ont été entraînées au loin, et le fer, plus lourd, est resté plus ou moins en place, attendant, ainsi préparé, sa destinée future [1].

Le minerai non remanié est trop disséminé dans la roche pour être exploité dans le département de la Nièvre ; on le rencontre dans les carrières qui bordent la route de Guérigny à Prémery, à Donzy, au domaine de la Charnaie, sur les bords de la Loire.

Quelquefois le fer apparaît sous forme de grosses oolithes de 5 à 6^{mm} de diamètre, mais souvent aussi il se présente en grains de 1 ou 2^{mm} de diamètre ; la couche prend alors le nom d'oolithe ferrugineuse.

Cet horizon se reconnaît facilement par les fossiles suivants qui abondent dans certaines localités du département :

Ammonites plicatilis (Sow.),
— Arduennensis (d'Orb.),
— peraramatus (d'Orb.),

---

1. Des failles nombreuses ont eu pour effet de faire affleurer l'oxfordien à trois reprises différentes : aussi ne sera-t-on pas étonné en rencontrant beaucoup de minières à proximité des failles.

Ammonites canaliculatus (Munst.),
—   cordatus (Sow.),
—   oculatus (Bean.),
Pleurotomaria Munsteri (Roemer.),
—   electra (d'Orb.), etc.

6° Fer sous-oxfordien.

Ce fer se remarque à l'état d'oolithes ferrugineuses dans les argiles qui sont situées au-dessus des bancs les plus supérieurs de *l'étage bathonien* (voir l'Introduction); généralement non exploitable, on le rencontre aux *Montapins,* au parc de Nevers; il contient les nombreux fossiles suivants :

Ammonites hecticus (Hart.),
—   macrocephalus (Sch.),
—   Herveyi (Sow.),
—   Backeriae (Sow.),
—   lunula (Zieten.),
—   anceps (Rein.),
Belemnites hastatus (Blaino.),
Nautilus hexagonus (Sow.).

7° Fer bajocien.

Ce fer se rencontre aussi sous forme d'oolithes assez petites, immédiatement au-dessus du calcaire à entroques; il se fait remarquer aussi par ses nombreux fossiles, tels que :

Belemnites Bessinus (d'Orb.),
Nautilus excavatus (Sow.),
—   lineatus (Sow.),
—   clausus (d'Orb.),
Ammonites Brongnartii (Sow.),
Ammonites Humphriesonus (Sow.), etc.

La richesse de ce minerai paraît considérable dans certains endroits, mais la couche est généralement mince et n'atteint guère que 1ᵐ 00 à 1ᵐ 20 d'épaisseur.

Cette couche ferrugineuse passe par le Guétin, Marzy, Saint-Benin-d'Azy; dans ces localités, elle a une épaisseur insignifiante; elle affleure encore à Nanton, Saint-Sulpice, Warzy, où elle augmente de puissance; enfin, on la remarque aussi à Châteauneuf, à Dompierre, mais dans un état presque rudimentaire.

8° Fer thoarcien.

Ce fer se rencontre immédiatement au-dessous du calcaire à entroques et se remarque principalement à Lurcy, où il est exploité; la couche qui contient ce fer est rapportée par les uns à l'oolithe inférieure, par d'autres elle constitue la partie la plus élevée du lias; elle se fait remarquer par son inconstance et ne paraît pas avoir une grande étendue; pour la rechercher dans d'autres lieux du département, il faut se diriger sur les affleurements inférieurs du *calcaire à entroques* qui passe, comme nous l'avons déjà vu, par le Guétin, Marzy, Saint-Benin-d'Azy, Bona, Lurcy-le-Bourg, Montenaïson, Arthel, Corool-l'Embernard, Warzy, Oisy, Châteauneuf et Champlemy.

Les fossiles caractéristiques sont les suivants :

Belemnites irregularis (Schl.),
Belemnites tripartitus (Schl.),
Nautilus inornatus (d'Orb.),
Ammonites bifrons (Brug.),
    —   radians (Schl.),
    —   variabilis (d'Orb.), etc.

CHAPITRE III

ÉTUDE DE L'INFRA-LIAS DU DÉPARTEMENT DE LA NIÈVRE.

Considérations générales.

La formation liasique [1] commence par une série de dépôts arénacés sur lesquels on a beaucoup discuté et dont la position n'est pas encore parfaitement établie : en effet, la difficulté d'observation est grande, car on a affaire à des dépôts généralement sans fossiles et interrompus comme le sont tous ceux qui proviennent de l'action d'anciens courants.

On a vu dans les *grès infraliasiques* une dépendance des *marnes irisées ;* on en a fait plus tard du *lias ;* ces grès ont été considérés comme supérieurs aux calcaires à *gryphées arquées*, mais cette opinion a bientôt été combattue et on place maintenant les grès inférieurs immédiatement au-dessus des *marnes irisées,* et les grès supérieurs dans le calcaire à *gryphées arquées.*

Comme nous le verrons, chacune de ces opinions a servi à soulever un peu le voile qui masquait la vérité entière ; nous constaterons qu'une partie des grès repose sur des *marnes infraliasiques*, tout en étant inférieure au calcaire à *gryphées arquées ;* nos études nous conduiront aussi à admettre qu'il existe deux dépôts de grès distincts par leurs caractères mi-

1. La formation liasique sert de support à la formation oolithique ; elle débute par le grès de Saint-Réverien, et peut se diviser en trois assises principales : 1° le *lias inférieur,* ou *étage sinémurien,* caractérisé par la *gryphée arquée ;* 2° le *lias moyen,* ou *étage liasien,* caractérisé par la *gryphée cymbium ;* 3° le *lias supérieur,* caractérisé par la *gryphée knorri* (Woltz).

néralogiques, tous deux inférieurs au calcaire à gryphées
proprement dit, mais contenant les mêmes fossiles et par
conséquent paléontologiquement indivisibles.

Étude de la superposition des couches.

Au-dessus des dernières couches des marnes irisées affleurent, dans le centre du département, à Saint-Réverien, à
Moussy, à Champallement, des grès d'une grande utilité
industrielle et qui fournissent les pavés aux villes de Nevers,
Auxerre, Clamecy, etc. ; ces grès ont une puissance assez
forte de 6 à 7^{m}00 et occupent une surface assez restreinte :
ils n'offrent donc pas cette continuité qui se remarque dans
les autres dépôts sédimentaires, car les courants qui leur donnèrent naissance ne furent pas généraux.

Les *grès infraliasiques* ne contiennent pas dans la Nièvre
des fossiles déterminables et reposent en stratification discordante sur les marnes irisées, tandis qu'ils sont parfaitement
concordants avec les autres assises du lias, comme cela peut
facilement s'observer dans les carrières de Moussy. Cette
circonstance conduit donc à classer les grès infraliasiques de
Saint-Réverien dans le lias [1].

Au-dessus de ces assises se rencontre une épaisseur variable d'argile verte ou bleue, rarement rouge, se rapprochant beaucoup, comme aspect minéralogique, des *marnes
irisées* et même quelquefois des argiles du lias supérieur;
ces argiles contiennent des bivalves sans test [2] et même la
gryphée arquée rudimentaire, et sont pour nous des argiles

1. La question des grès infraliasiques a été traitée dans les bulletins de la
Société géologique de France; après beaucoup de contradictions, il paraît ressortir des travaux des géologues qui se sont occupés de ces grès que, dans le
Luxembourg, les grès supérieurs sont compris dans le calcaire à gryphées arquées; mais, si cette circonstance existe dans le Luxembourg, ce qui n'est pas
encore confirmé, elle n'existe pas dans la Nièvre, car on ne peut pas appeler
calcaire à gryphées arquées les marnes infraliasiques.

2. Ces fossiles, autant qu'il est possible d'en juger, se rapprochent beaucoup
de ceux qui ont été rencontrés dans les grès du Luxembourg.

infraliasiques toujours distinctes des calcaires à gryphées arquées; elles peuvent être étudiées dans les carrières de Moussy et servent de support à une roche remarquable à laquelle on a donné le nom d'*arkose* et qui se compose de graviers quartzeux, cimentés par une pâte calcaire contenant de la *barytine*, de la *galène* et accidentellement du *feldspath;* l'arkose des grès infraliasiques diffère totalement des arkoses des grès bigarrés, car ceux-ci sont de véritables granites recomposés, tandis que l'arkose infraliasique passe quelquefois au poudingue, c'est-à-dire à une simple agglomération de *quartz* roulé, cimenté par une pâte argilo-calcaire. Les grès n'existent pas [1] dans la Bourgogne, car l'arkose granitoïde repose dans ces contrées immédiatement sur l'arène et est surmontée par le calcaire à gryphites et l'arkose infraliasique; ils n'ont pas été observés jusqu'à ce jour dans le Cher, où les calcaires infraliasiques sont très-développés [2]. Au-dessus de l'arkose se développent les calcaires infraliasiques, roches très-dures, de couleur grise, à cassure droite, peu fossilifère et qui, dans bien des lieux, se rapprochent beaucoup des grès infraliasiques. Les bivalves que nous avons signalées dans les dépôts inférieurs se retrouvent dans ces calcaires; la gryphée arquée continue à s'y manifester, mais en faible abondance, quelques rares nautiles (nautilus striatus (Sow.) viennent démontrer la présence des céphalopodes [3].

C'est l'ensemble des grès inférieurs, des argiles vertes, de l'arkose et des calcaires infraliasiques, qui forme l'infra-lias; dépôt séparé profondément des marnes irisées par des discordances géologiques et paléontologiques, mais qui se lie

---

1. *Notice géognostique sur quelques parties de la Bourgogne,* par de Bonnard.

2. *Texte explicatif de la carte géologique du Cher,* par MM. Boulanger et Bertera.

3. Les céphalopodes sont les mollusques les plus avancés par leur organisation; ils ont une tête bien distincte, pourvue d'yeux très-complets, et sont munis de bras ou de tentacules servant à la préhension.

intimement avec le lias à gryphées arquées. Le village de Moussy offre de bons exemples de superpositions.

En partant de Prémery et en suivant la route de Moussy on rencontre d'abord la grande oolithe, puis le calcaire à entroques, le lias supérieur et le lias moyen.

Par l'effet d'une faille, le lias à gryphées arquées disparaît, et l'on rencontre presque de suite après le lias moyen, dans les fossés du pied de la côte de Moussy, l'arkose, qui se redresse bientôt sous une forte inclinaison vers l'est et qui fait apparaître supérieurement les calcaires infraliasiques et inférieurement l'argile verte. Par suite de cette inclinaison, l'arkose affleure sur le versant Est de la colline de Moussy, où l'on peut étudier cette roche commodément, puisque les champs situés à proximité de la route sont couverts de blocs d'arkose arrachés au sous-sol ; des carrières se remarquent un peu plus loin et montrent clairement les superpositions que je viens d'indiquer ; on voit les marnes irisées occuper le pied du coteau, puis vient le grès infraliasique, ensuite l'argile verte, qui à Moussy n'a pas une forte épaisseur, enfin l'arkose et les calcaires infraliasiques.

Conclusions.

L'étude des grès infraliasiques et des couches qui leur sont supérieures nous démontre que les crises qui mirent un terme à la production des marnes irisées furent suivies de grands courants, dont la durée fut assez longue et qui produisirent les grès infraliasiques ; les courants cessèrent d'intensité et permirent à la *faune sinémurienne* de prendre naissance sous forme de bivalves ; mais ce calme ne fut point de longue durée et de nouveaux courants, peut-être d'eau chaude, vinrent arracher aux terrains primitifs les éléments qui formèrent l'arkose ; cependant ces courants ne furent pas généraux, car les bivalves des dépôts inférieurs persistèrent pour continuer leur existence dans les calcaires infraliasiques [1].

Le peu de fossiles qui se rencontrent dans ces calcaires prouve que les mers ne contenaient pas encore de grands éléments de vitalité; ce n'est que dans le calcaire à gryphées que la faune sinémurienne se développa sur une grande échelle et donna naissance à cette multitude de bivalves pour le maintien de l'équilibre numérique desquelles se développa bientôt l'importante famille des céphalopodes [2].

1. La liaison intime qui existe entre l'infra-lias et le calcaire à gryphées arquées, l'existence de bivalves de mêmes espèces dans les grès infraliasiques et dans les calcaires infraliasiques, la présence de la gryphée arquée dans ces calcaires, et peut-être aussi dans les grès, ne permettent pas de diviser ces dépôts d'une manière absolue; tous appartiennent au lias inférieur; on peut cependant appliquer le nom d'infra-lias aux dépôts inférieurs, moins fossilifères, et caractérisés par un facies minéralogique spécial.

2. Les grès infraliasiques débutent quelquefois, comme à Champallement, par des arkoses granitoïdes, des grauvakes et du quartz; ces roches paraissent, contrairement aux arkoses supérieures, toujours dépourvues de fossiles.

CHAPITRE IV

SUR LA NATURE DES SILEX QUI SE RENCONTRENT DANS LES ÉTAGES
JURASSIQUES ET CRÉTACÉS DU DÉPARTEMENT DE LA NIÈVRE.

Le lias et la partie la plus inférieure des terrains jurassiques contiennent quelques bancs siliceux; mais la silice se trouve uniformément répandue dans la roche, qui alors a le caractère d'un grès ou d'un calcaire plus ou moins siliceux.

Ce n'est, dans le département de la Nièvre, qu'au milieu de l'étage callovien ou kelloway-rock, que la silice commence à se séparer d'une manière constante en rognons[1].

En effet, tout le monde a eu l'occasion de remarquer ces cailloux gris-bleuâtre qui se trouvent dans les pierres que l'on extrait des carrières de Nevers; la couleur en est caractéristique; cependant, comme nous allons le voir, elle se rapproche beaucoup de celle des silex de l'*oxfordien*.

La silice ne s'est pas répandue indistinctement dans tous les bancs, et paraît être distribuée horizontalement et sur une grande étendue, circonstance qui prouve que la production de la silice en rognons ne résulte pas de circonstances fortuites ou locales, mais bien de causes chimiques plus ou moins générales, apparues à des époques déterminées.

Le banc que les ouvriers appellent *banc de la coine* contient le plus de silex; ils se développent généralement au

---

[1]. Ce phénomène se remarque accidentellement dans les parties supérieures du calcaire en entroques, comme aux environs de Champlemy; dans le Cher, la Vienne, les rognons commencent à se manifester dans la *grande oolithe*.

milieu du banc, dans une épaisseur de 0,30 à 0,40; la partie supérieure de ce banc est saine, de même que la partie inférieure.

Ces silex ne sont point exploités pour l'empierrement des routes.

Au-dessus des gros bancs de carrières se rencontre une série de petits bancs très-siliceux qui forment un horizon remarquable[1] et facile à suivre dans tout le département. La silice se rencontre quelquefois dans ces bancs en rognons, mais le plus souvent elle apparaît en plaques; la roche devient alors entièrement siliceuse et fournit de bons matériaux d'empierrement. Les courants diluviens ont ravagé cette portion de l'étage avec une grande facilité, car souvent les bancs siliceux sont séparés par de petites couches de sable argileux ou d'argile, que l'eau attaque très-facilement.

Ces bancs sont caractérisés par le collyrites ellyptica (Agass.), mais dans certains endroits, comme à La Marche, ils contiennent beaucoup de céphalopodes, tels que :

Ammonites Duncani (Sow.),
— Chauvinianus (d'Orb.),
— Lalandeanus (d'Orb.),
— Mariæ (d'Orb.),
— Lamberti (Sow.),
— Athleta (Philips),
Ostrea dilatata (Deshayes),
Belemnites hastatus (Blain),
Ammonites pustulatus (Haan)[2].

1. Cet horizon correspond au calcaire à chailles de la Nièvre, et non à celui de l'Yonne. Voyez, *Bulletin de la Société géologique de France*, tome XIV, 2e série, *Note sur l'âge du calcaire à chailles des départements du Cher, de la Nièvre et de l'Yonne*, par Th. Ébray.

2. Il est à remarquer que la plupart de ces fossiles se trouvent immédiatement au-dessous des premiers bancs de l'*oxfordien*, qui eux-mêmes sont pétris d'ammonites.

On peut étudier le calcaire à chailles aux environs de Nevers, à Barbeloup près Pougues, à Chaulgnes, à Guérigny, aux Bretins, à Murlins, aux environs de Cunzy-les-Warzy (à l'est de la faille), etc.; c'est ce calcaire, plus ou moins remanié, quelquefois aussi en place, qui constitue le sol des grandes forêts qui traversent le département. Cette surface est caractérisée par une argile contenant une immense quantité de silex, tantôt à angles aigus, tantôt arrondis, tantôt enfin réduits en gravier.

Les silex du calcaire à chailles callovien se reconnaissent facilement par leur couleur jaunâtre et par leur forme tabulaire. Au-dessus de ces bancs siliceux se trouve l'oxfordien, étage des plus variables, crayeux, argileux ou oolithique; la silice y joue aussi un grand rôle, surtout dans le nord du département et dans l'Yonne.

De nombreux silex viennent, en effet, se manifester au milieu des bancs calcaires qui, exposés à l'action de l'air, se détruisent et laissent les cailloux à découvert. Ces silex présentent la même cassure que celle des silex du kelloway-rock, mais ils sont plus irréguliers de forme, et généralement gris.

Ces silex contiennent aux Brétignelles et à Druyes une grande quantité d'échinodermes qui, suivant les auteurs, ont été classés, tantôt dans l'oxfordien, tantôt dans le corallien [1].

Les silex de l'oxfordien commencent à se montrer aux environs de Donzy, au-dessus des bancs siliceux du callovien, et principalement sur la rive droite du Nohain; plus loin ils deviennent encore plus abondants, et ils sont surtout nombreux aux environs de Druyes, où ils constituent le calcaire à chailles de l'oxfordien.

---

1. Voyez *Prodrome de Paléontologie stratigraphique* de d'Orbigny et *Études sur les échinides des fossiles du département de l'Yonne*, par M. Cotteau.

Le corallien contient peu de silex ; l'étage kimmeridien [1] est dans le même cas, et ce n'est que dans les parties supérieures de l'étage portlandien que la silice s'isole ; mais ce fait se rencontre assez rarement.

L'étage néocomien, qui se réduit dans le département à une faible épaisseur, ne contient pas de silex ; il en est de même de l'étage albien, et ce n'est que dans l'étage cénomanien que la silice se produit à l'état de rognons. La partie inférieure de cet étage contient des silex rouges ; cette couleur est probablement le résultat de l'influence des sables ferrugineux sur lesquels la craie tufeau repose quelquefois sans l'intermédiaire des argiles chloritées. Les silex rouges de l'étage cénomanien peuvent s'observer entre le Port-à-la-Dame et Cosne, sur les bords de la Loire.

Les parties moyennes de l'étage cénomanien contiennent beaucoup de silex blonds ou gris clair, devenant blancs lorsqu'ils sont exposés aux intempéries. La silice ne s'est concentrée que dans certains bancs, comme dans l'étage callovien.

Accidentellement on rencontre aussi dans toute l'épaisseur de la craie tufeau des silex pyromaques noirs, que l'on a crus pendant longtemps être spéciaux à la craie blanche ; mais il est prouvé aujourd'hui que le silex pyromaque descend dans les étages crétacés inférieurs. Les silex noirs de la craie tufeau se rencontrent à Tracy, à Neuvy et Saint-Satur.

La craie blanche est remarquable dans la Nièvre par l'abondance et la diversité des silex que l'on y trouve. Ils sont noirs à Neuvy et à Tracy, jaunes à La Roche ; ces différentes

---

1. L'étage kimmeridien est superposé au corallien et se compose à la base de calcaires rocailleux, nommés calcaires à astartes ; ces calcaires s'observent à Pouilly, en aval de la ville ; supérieurement, l'étage kimmeridien contient des marnes et des argiles presque entièrement composées de gryphées virgules. L'étage portlandien couronne l'étage kimmeridien et se compose de calcaires lithographiques.

couleurs se marient et forment des silex bigarrés, souvent
très-extraordinaires. Partout la silice a englobé les fossiles
les plus caractéristiques de la craie blanche, parmi lesquels
on peut citer :

Inoceramus Lamarckii,
Ananchytes gibba (Lamk.),
Micraster coranguinum (Agass.).

Les silex de la craie blanche sont exploités pour la con-
fection des empierrements à Sancerre, à La Roche, aux
Braults, etc.

CHAPITRE V

DESCRIPTION DE LA FAILLE DE CHEVANNES-CHANGY.

Le refroidissement, telle est la loi qui conduit tout être organisé vers la mort ou la transformation ; loi immense, constante et générale, que le géologue reconnaît à chaque instant et qui contient les destinées de la terre.

Notre globe se refroidit, il dégénère, mais les êtres qu'il nourrit et qu'il développe se perfectionnent ; cela doit être en effet ainsi, car, plus les forces vitales du sol et de l'atmosphère diminuent, plus aussi la Providence a dû peupler la terre d'êtres intelligents pour tirer parti de sa création ; mais laissons là, pour le moment, ces spéculations philosophiques, et venons à l'étude plus positive des couches terrestres.

Le refroidissement de la terre a pour effet de contracter le noyau central en ignition ; des vides considérables se forment alors entre ce noyau et la croûte solidifiée ; des affaissements se produisent, et, comme toute l'écorce ne peut pas suivre le mouvement de bascule avec régularité, il se produit des failles et des contournements.

Bientôt des matières incandescentes sont rejetées par la pression de la croûte affaissée, et des chaînes de montagnes se forment suivant des lois qui sont intimement liées à ces affaissements.

Le département de la Nièvre est un des départements qui offrent le plus de failles ; les reliefs topographiques de ce pays proviennent, dans beaucoup de cas, de l'existence de ces ruptures. Je suppose qu'un observateur se place sur un point élevé du centre du département, et qu'il dirige ses regards vers l'est, puis vers l'ouest : il verra d'abord dans cette première direction des cimes élevées et des mamelons pointus : ce sont les montagnes primitives du Morvan; au pied de ces montagnes que le soc de la charrue entame avec regret se développe une plaine riante et fertile, tapissée d'une végétation vigoureuse et couverte de nombreuses habitations : c'est la plaine du lias; puis l'œil découvre tantôt des collines bizarres, véritables prismes triangulaires renversés, tantôt des mamelons isolés et cultivés jusqu'au sommet : ce sont les rides de la grande oolithe.

Trois ou quatre chaînons parallèles entre eux viennent ensuite former comme les digues gigantesques des rivages de l'ancienne Loire : ce sont les effets des failles; enfin se développe vers les Bretins, La Charité et Cosne, une nouvelle plaine, la plaine Corallo-Oxfordienne, au pied de laquelle coule la Loire, reste infiniment petit des courants diluviens qui ont si profondément raviné le département.

Cet ensemble est cependant loin d'être parfaitement coordonné, car les failles sont venues à plusieurs reprises interrompre la régularité de la succession des étages.

La faille de Chevannes est accusée en plan par l'apparition, à la suite du lias argileux, des étages oxfordien, corallien et bathonien, étages surtout calcaires, et elle se décèle en relief par un escarpement qui se dirige en ligne droite d'Oisy à Chevannes.

Les affleurements de la lèvre Ouest de la faille sont plus anciens que ceux de la lèvre Est, c'est-à-dire de la lèvre la plus rapprochée du Morvan, et il est clair, dans le mouvement de bascule, que la lèvre Ouest a été redressée et que la lèvre Est a été affaissée.

Pour se rendre un compte exact et surtout général de

cette grande rupture, il faut se transporter dans le département de l'Yonne, suivre pas à pas les traces de la dislocation, pénétrer dans le département de la Nièvre, à travers les collines qui séparent le ruisseau d'Andries de la vallée de Billy, côtoyer le contre-fort corallien ou oxfordien de Villaine et de Cunzy-les-Warzy, passer au pied du château de Serre et se diriger sur Chevannes.

Ici des difficultés d'un ordre particulier déroutent le géologue, et il importe d'étudier l'influence du massif de Saint-Saulge, qui paraît avoir changé le régime régulier de la dislocation ; elle se sépare en effet en deux ramifications distinctes qui se dirigent vers le bassin houiller de Decise.

L'effet de cette faille se fait sentir dans ce bassin d'une manière complexe, car elle vient se confondre en beaucoup de points avec les dislocations sans nombre qu'ont éprouvées, à plusieurs reprises, les couches du terrain houiller.

C'est cette marche que nous suivrons dans l'étude de cette faille importante qui, comme nous le verrons plus tard, est intimement liée avec les autres ruptures, presque parallèles, de la Nièvre et du département du Cher.

Mais, avant de nous occuper des détails, il convient d'expliquer comment il est possible de concevoir la marche des phénomènes, si remarquables, qui se sont produits à l'époque des failles.

Nous venons de voir que le refroidissement de la terre est la cause première des accidents géologiques : on conçoit en effet facilement que, par suite du retrait de la matière ignée, il se produise des cavités et des chutes ; mais ce qui ne paraît pas aussi évident, ce sont les conséquences secondaires de ces premières dislocations.

Prenons, pour embrasser l'ensemble des faits, les choses à leur origine, et tâchons, autant qu'il nous est permis de pénétrer les mystères de la création, de jeter un coup d'œil général sur le passé et l'avenir de la terre.

La plupart des phénomènes physiques ne peuvent s'expliquer qu'en admettant dans l'espace infini un corps très-subtil; ce corps est appelé éther par les astronomes et les physiciens. Cette idée de l'éther, basée sur des raisons très-puissantes, répond bien mieux que le vide des anciens aux idées philosophiques, car le néant dans l'espace est contraire à l'idée de la toute-puissance de Dieu.

Or, en grand comme en petit, tout se transforme; le repos ou l'équilibre absolu est un terme qui n'existe pas dans la nature; la vie de l'homme, située entre deux infinis, n'est pas assez longue, même en la supposant collective, pour permettre d'observer les modifications qui se produisent dans l'ensemble de la création, et qui sont attestées par nombre de faits géologiques, physiques et astronomiques.

Malgré cette difficulté d'observation régulière de constater des transformations dont la marche n'est pas en rapport avec la durée de l'espèce humaine, les astronomes ont remarqué des irrégularités dans le mouvement des astres.

Que de fois les savants se sont trompés sur l'apparition des comètes! D'ailleurs Lalande dit positivement, en parlant de la lune: « L'astre qui est le plus proche de la terre est celui dont les mouvements nous sont pour ainsi dire les moins connus. Ils sont si irréguliers, qu'on n'est pas encore parvenu à découvrir entièrement tout ce qui appartient à la théorie de cette planète. »

L'éther, par des circonstances qui nous échapperont sans doute encore longtemps, paraît se condenser sous certaines influences et former des nébuleuses. Les astres qui paraissent quelquefois déjà animés d'un mouvement rotatoire, à cause de la forme à spires de certaines nébuleuses, peuvent être considérés comme l'origine des soleils [1]. Peu à peu la matière

---

1. Ce point est le seul entièrement hypothétique de cette théorie; on conçoit qu'il est difficile de recueillir sur cette question des observations même approximatives.

se condense, la vitesse de rotation augmente, et, à un instant donné, il arrive que la force centrifuge n'est plus en rapport avec la cohésion de la matière stellaire; il se détache alors du soleil des astres secondaires et tertiaires, qui eux-mêmes sont animés de mouvements rotatoires, et qui sont tenus à distance du soleil par les forces attractives et répulsives qui varient avec le refroidissement du système et les masses respectives. La géologie démontre que cette première quantité est variable et soumise à des lois de décroissance aujourd'hui irréfutables.

Il est inutile d'entrer ici dans les changements généraux que l'abaissement de la température doit produire inévitablement; je laisse cette étude aux astronomes, et j'examinerai seulement ici et en peu de mots quelles sont les conséquences du refroidissement sur la terre elle-même [1].

Le premier effet du refroidissement est de produire des vidés intérieures et la chute de l'écorce terrestre; ce phénomène peut être considéré comme l'événement primitif d'une catastrophe géologique.

Par suite de ces chutes, le moment d'inertie de la terre change, son centre de gravité varie et, malgré la vitesse de rotation, l'axe se déplace.

En introduisant dans les calculs de la mécanique les données qui résultent des plus grands affaissements, on arrive à des déplacements très-petits de l'axe, et la possibilité de ce déplacement a été combattue [2], mais gardons-nous de prendre l'effet pour la cause.

Les affaissements et soulèvements ne sont que les échos lointains des grandes modifications qui se sont produites

---

1. Le refroidissement du soleil et des planètes n'a pas encore été étudié par les astronomes; je crois cependant que ce refroidissement a une influence positive sur la stabilité du système planétaire.

2. Le déplacement de l'axe a été annoncé par Klée dans son ouvrage sur le déluge, et par Boucheporn, ingénieur en chef des mines, qui attribue le déplacement de l'axe au choc d'une comète.

dans l'intérieur du globe par suite des effets chimiques, physiques et mécaniques du refroidissement; et si nous voyons
des montagnes de 7,000 mètres de hauteur et des dépressions marines d'au moins autant, ce qui forme des différences de niveau seulement de 14,000 mètres, il ne faut pas
croire que c'est ce chiffre qu'il faut introduire dans les for-
mules; le chiffre réel nous échappe, il est vrai, aujourd'hui,
mais il est clair qu'il doit être bien supérieur à celui que nous
venons de citer, et qui ne forme en hauteur que la neuf-
centième partie du diamètre de la terre.

Admettons donc comme possible le déplacement de l'axe
de la terre, et voyons quelles sont les conséquences nouvelles
de ce déplacement.

Elles peuvent être divisées en trois classes principales,

Conséquences résultant :

1° Du renflement de l'équateur nouveau;
2° De l'envahissement des continents par les mers;
3° Du déplacement des glaces polaires.

1° Renflement de l'équateur nouveau.

La variation de l'axe de rotation entraîne avec elle la variation de l'équateur; et comme l'écorce terrestre est très-
faible comparativement au diamètre de la terre, la forme de
cette planète a dû se modifier par suite de la nouvelle distribution de la force centrifuge. A cette époque, de nouvelles
chaînes de montagnes ont dû prendre naissance, l'équateur
nouveau a dû se renfler, et les pôles nouveaux se sont
aplatis.

Ce sont ces considérations qui permettent, par l'étude de
la direction des chaînes de montagnes, de déterminer la po-

sition de l'axe de la terre à chaque bouleversement géologique.

2° Envahissement des continents par les mers.

Mais en même temps que ces effets prodigieux s'accomplissaient, un autre phénomène non moins grand se produisait par suite des mêmes causes : les eaux, ne pouvant pas suivre la terre dans son mouvement de déplacement, envahirent les continents en ravinant, détruisant et modifiant la superficie du globe.

La forme des continents et des mers, la direction des érosions, l'étude des terrains de transport, permettent de déterminer la direction des courants marins résultant du déplacement de l'axe [1].

3° Déplacement des glaces polaires.

Enfin, à certaines époques géologiques, le déplacement de l'axe a dû produire des phénomènes très-intenses par suite du déplacement et de la fonte des glaces polaires.

Le transport de blocs erratiques sur des îles de glaces, l'étude des anciens glaciers, permettront de reconstruire, quand cela sera possible, les anciens pôles ; des travaux importants sont déjà commencés sur l'étude des anciens glaciers [2].

La complication des études géologiques est donc bien

1. Klée, le déluge; *Bulletin de la Société géologique de France*, tome XIV, 2ᵉ série. Note sur l'âge du calcaire à chailles des départements du Cher, de l'Yonne et de la Nièvre; note sur le *diluvium* du département de la Nièvre; note sur le *dysaster ellypticus*, par Th. Ébray.
2. Collomb, *Preuves de l'existence d'anciens glaciers dans la vallée des Vosges.*

grande, et la science reste souvent muette sur l'analyse détaillée de ces grands phénomènes; cependant, en coordonnant les observations élémentaires que nous faisons tous les jours, notre esprit devrait se trouver frappé par ce qui se passe sous nos yeux.

Que voyons-nous, en effet? Les pluies, le travail même de l'homme, font descendre dans les vallées l'essence vitale qui fertilise la terre; les plateaux s'amaigrissent au dépens des vallées, et celles-ci abandonnent lentement les principes vitaux qui se transportent, par le travail incessant des rivières, vers la mer.

Mais Dieu, qui crée tout système pour se perfectionner, par l'effet même des conditions dans lesquelles les astres se trouvent placés et par sa toute-puissance, sait régénérer son œuvre; de temps en temps, lorsque le moment est venu, les surfaces appauvries sont replongées au sein des mers, et le sol, qui pendant des milliers de siècles a reçu les sucs nourriciers de la terre, s'élève au-dessus des eaux plein de vigueur et d'avenir [1].

---

1. On sait que la plupart des centres de populations sont situés sur les terrains le plus récemment émergés. Exemple : Vienne, Paris.

Cette théorie me paraît résumer les observations les plus nouvelles faites jusqu'à ce jour; elle n'a été produite que pour satisfaire la curiosité du lecteur qui peut se demander par quels moyens la nature a produit de si grands effets. La théorie ne fait pas la science, car celle-ci se compose d'une série d'observations, qui de temps en temps doivent être réunies en doctrine, toujours variable avec l'avancement de la science.

HISTORIQUE.

La faille de Chevannes, qui traverse d'une manière si remarquable le département de la Nièvre et qui, par sa bifurcation, fait apparaître, au milieu d'affleurements liasiques, le massif porphyrique de Saint-Saulge et le bassin houiller de Decize, n'a pas encore été étudiée dans son ensemble.

Différents géologues ont cependant constaté des points isolés de cette faille.

M. Joly, dans sa *Notice géologique sur les environs de Clamecy* (1846), constate la présence d'une fracture dont la direction serait déterminée par Dryes-les-Fontaines et Saint-Révérien. M. Raulin (*Bulletin de la Société des sciences naturelles de l'Yonne*) décrit le passage de la faille de Chevannes dans la vallée du ruisseau d'Andryes.

D'après ce dernier géologue, cette rupture suivrait le vallon du ruisseau d'Andryes et aurait son origine vers la limite du département de la Nièvre ; elle se poursuivrait dans le vallon situé à l'Ouest des Ménages, changerait d'allure en s'orientant vers le vallon de la Garenne-Sardy, puis tournerait, en prenant la direction du ruisseau d'Andryes pendant quatre kilomètres, jusqu'à la limite du département, au-dessus et à l'Est d'Andryes.

Le flanc gauche des trois vallons que suit la faille présenterait dans toute la hauteur l'Oxford-Clay moyen [1]. M. Raulin ajoute que la différence de niveau atteint presque 70 mètres (Moulin-Poinçon, 166, Ville-Savoie, 234), et qu'un système marneux (la terre à foulon) se poursuit depuis Blin jusqu'à Andryes, sur le flanc droit de la vallée.

---

1. Le terme « Oxford-Clay » est synonyme d'étage oxfordien et désigne surtout la partie argileuse de cet étage, qui, dans la Nièvre, est représenté par les couches inférieures des marnes de La Charité et de La Marche.

Coupe rectiligne passant par Druyes et Basseville.

Un des premiers points qui permet de constater facilement
la présence de la faille est situé à environ 800 mètres d'Andryes, *sur la rive gauche du ruisseau.*

En effet, en quittant Druyes, ville antique, assise sur les
rochers solides du calcaire oxfordien, on rencontre bientôt
les représentants de l'étage oxfordien inférieur, puis le *cornbrash* au *Moulin-Poinçon,* enfin la grande oolithe et un
système marneux contenant la *pholadomya vezelayi*[1].

Ces deux systèmes de couches se trouvent subitement
remplacés par une roche blanche qui correspond à l'étage
corallien inférieur, et qui, dans l'échelle géologique, est
supérieure aux calcaires oxfordiens.

La faille fait donc disparaître superficiellement les calcaires oxfordiens, l'étage oxfordien inférieur et une partie
considérable de la grande oolithe.

Si du côté gauche du ruisseau nous passons au côté droit,
nous remarquerons, vis-à-vis le point de faille que nous venons de citer, un contact anormal presque semblable; mais
ici l'évidence de la faille est encore plus frappante, car des
travaux nombreux ont mis les couches à découvert.

La coupe que nous figurons pl. Ire, fig. 1, est faite suivant
une ligne sensiblement rectiligne passant par *Druyes* et *Basseville.*

Nous avons vu que *Druyes* est bâtie sur les calcaires oxfordiens[2]; ces calcaires contiennent souvent des rognons

_____

1. Ce système marneux, rapporté à la terre à foulon, est encore très-apparent, quoique moins développé, sur la rive gauche du ruisseau.
2. Ces calcaires correspondent, comme nous le verrons en nous occupant

allongés de silice qui deviennent surtout très-abondants dans les parties supérieures et qui constituent alors le calcaire à chailles du département de l'Yonne, d'une tout autre origine que le calcaire à chailles de la Nièvre.

Ces couches, comme on peut le constater en consultant les rochers saillants qui s'aperçoivent si bien sur la rive gauche du ruisseau, se redressent fortement vers l'Est et permettent aux étages sous-jacents d'affleurer sur des points plus élevés du sol. En effet, on aperçoit bientôt des couches finement oolithiques, sans fossiles, qui représentent l'oxfordien inférieur.

Au-dessous de ces calcaires se remarquent, dans les déblais du chemin de Ferrières, des calcaires grenus et quelquefois argileux, qui contiennent surtout la *terebratula digona*, et qui reposent sur un système marneux immédiatement superposé aux couches de l'oolithe miliaire.

Cette dernière roche, très-développée dans les carrières d'Andryes, occupe la partie moyenne de l'*étage bathonien*. Les couches argileuses qui forment la base de cet étage, et dont les plus inférieures correspondent à la terre à foulon, succèdent à l'*oolithe miliaire* et affleurent jusqu'à la faille située à un kilomètre environ d'Andryes, sur la rive droite de la vallée. Ici des calcaires oolithiques blanchâtres et tendres succèdent brusquement aux calcaires marneux ; la *diceras arietina*[1], fossile caractéristique de l'étage corallien, se trouve en contact avec la *pholadomya Vezelayi*, qui ne se rencontre que dans l'étage bathonien inférieur.

La lèvre Est de la faille offre une composition bien plus simple ; l'étage corallien affleure jusqu'à *Basseville* en se

des variations minéralogiques des étages, aux calcaires marneux de la *Loge*, près *La Marche*, aux calcaires de *Narcy* ; ils sont situés au-dessus des calcaires sableux de *Barbeloup*.

1. La *diceras arietina* est un fossile très-facile à reconnaître ; il ressemble, lorsqu'il n'y a qu'une valve, ce qui arrive très-souvent, à une corne de bélier. La *pholadomya Vezelayi* est une bivalve allongée et bâillante.

redressant légèrement vers le Morvan. Ce n'est que dans les parties inférieures de la vallée de l'Yonne qu'apparaissent les deux parties de l'étage oxfordien (oxfordien supérieur et oxfordien inférieur ou étage callovien), et la partie supérieure de la grande oolithe (Cornbrash).

Avant d'envisager les conséquences générales de la faille suivant la direction que nous venons de faire connaître, il est nécessaire de dire quelques mots sur la nature des failles que nous allons étudier.

Si, théoriquement, une chute a toujours pour conséquence une dénivellation, il n'en est pas de même dans la pratique de la géologie ; des courants dévastateurs ont enlevé des étages entiers, et souvent, ne se contentant pas d'établir un nivellement général, ils ont fait descendre la lèvre non affaissée au-dessous de celle qui devrait se trouver en contrebas de cette première.

La faille a alors un regard, mais ce regard n'est plus le regard [1] théorique des auteurs ; il représente seulement une surélévation de la lèvre affaissée qui a résisté aux courants dévastateurs.

Nous diviserons les regards des failles :

1° En *regards théoriques,* qui mesurent la chute totale de l'écorce terrestre ; ces regards, comme nous le verrons, ne peuvent être déterminés que par une épure ;

2° En *regards,* qui représentent une partie de la chute totale et qui se manifestent par l'exhaussement de la lèvre soulevée ou restée en place, à l'endroit même de la faille ;

3° En *faux regards,* qui consistent dans l'exhaussement de la lèvre affaissée, à l'endroit de la faille ;

4° En *regards lointains,* qui mesurent la dénivellation des deux lèvres prise en un point quelconque [2].

---

1. On appelle regard la partie saillante qui quelquefois décèle la faille.
2. Comme nous le verrons, des puissances de 6 à 700 mètres ont été enlevées par les eaux et prouvent que les limites des anciennes mers s'étendaient

Si nous nous reportons à la fig. 1, pl. Iʳᵉ, nous comprendrons facilement les relations qui existent entre les différents regards d'une même faille.

Le corallien des environs de *Druyes* est environ à la cote 200 mètres, tandis qu'il se trouve à l'endroit de la faille à la cote 150 mètres. Si nous traçons, suivant l'inclinaison des couches, jusqu'à la rencontre de la faille prolongée verticalement, c'est-à-dire jusqu'au point b, une ligne passant par le point a, qui correspond au point a' de la faille, le regard théorique mesurant la dénivellation totale, avant l'action des eaux, sera représenté par $a'\,b$, et cette partie donnera aussi la puissance minima de la couche dénudée; je dis minima, parce qu'il est facile de comprendre l'impossibilité de déterminer exactement la puissance totale de la dénudation, qui évidemment devait dépasser la quantité $a'\,b$.

Le regard lointain pris à Druyes est de 50 mètres; le point de faille à Andryes n'a ni regard ni faux regard, le sol étant nivelé aux approches de la faille [1].

Si nous passons du département de l'Yonne au département de la Nièvre, nous verrons, après avoir traversé les hautes collines qui séparent le ruisseau d'Andryes de la vallée de Billy, les affleurements de la lèvre Ouest de la faille devenir de plus en plus anciens. Les couches se redressent, en effet, vers le Sud, tandis que celles de la lèvre Est restent sensiblement horizontales et prouvent que, dans cette partie de la dislocation, la chute s'est faite assez régulièrement.

Dans toute la partie située entre Andryes et Oisy, les deux

---

beaucoup plus loin que les affleurements des étages. En admettant une pente générale des couches de $0^m.01$ par mètre vers le centre du bassin, et une dénudation de 700 mètres, on arrive à étendre, si d'autres raisons ne s'y opposent pas, les limites des anciennes mers de 600 kilomètres au delà des affleurements actuels. (Voyez, *Bulletin de la Société géologique de France : Les affleuremens des étages ne représentent pas les limites des anciennes mers*, par Th. Ebray, nov. 1858.)

1. On voit par ces chiffres qu'il est irrationnel de mesurer la puissance des failles sans tenir compte de l'inclinaison des couches.

lèvres sont au même niveau topographique; cet effet provient de la résistance à l'enlèvement des roches par les eaux, résistance un peu plus grande pour la lèvre Est que pour la lèvre Ouest.

Coupe rectiligne passant par Étais et Riz.

Les allures transversales des couches nous sont données pour le point de faille des environs d'Oisy par la fig. 2, pl. Ire, qui représente une coupe sensiblement rectiligne, passant par Étais et Riz.

Les hauteurs d'Étais sont occupées par l'étage corallien inférieur, au-dessous duquel se rencontrent bientôt les calcaires oxfordiens. Les affleurements de l'oxfordien inférieur et les parties supérieures de la grande oolithe (étage bathonien) occupent le plateau, puis apparaissent les calcaires de l'oolithe miliaire [1] et les calcaires marneux. Ces derniers s'observent principalement au bas des coteaux, et font presque en entier partie de la terre à foulon.

Ce n'est que vers Perroy qu'affleure le calcaire à entroques qui repose sur les marnes supraliasiques de l'étage thoarcien. Le fond de la vallée du ruisseau de Sauzay est occupé par ces marnes.

La faille est accusée, aux environs d'Oisy, d'une manière très-remarquable, par l'escarpement corallien rectiligne qui s'étend depuis Oisy jusqu'au delà de Cuncy-les-Warzy, et qui, dans cette première localité, succède superficiellement au lias supérieur. A partir de ce point, les couches se redressent régulièrement vers l'Est; aussi voit-on apparaître

---

1. L'oolithe miliaire, qui forme la partie moyenne de l'étage bathonien, et à laquelle on donne plus spécialement le nom de grande oolithe, n'est pas partout bien caractérisée. Aux environs de Nevers elle est remplacée par de la marne; dans l'est du département elle est représentée par un calcaire régulièrement oolithique. Les carrières de Chevroches, de la Chapelle-Saint-André, de Thurigny, sont taillées dans ces couches.

entre Oisy et Riz la succession normale des étages (corallien, oxfordien, callovien et bathonien). L'influence de la chute des terrains, qui, approximativement, est de 336 au point de faille, se fait sentir d'une manière très-sensible sur le relief du sol. Le corallien à Étais est à la cote 260, et à la montagne des Alouettes il atteint la hauteur de 360 mètres. Cet étage se trouve abaissé à Oisy à la cote 160 mètres, soit une différence de niveau de 100 mètres qui constitue le regard lointain pris à Étais.

Le regard théorique se détermine de la manière suivante : par le point a, correspondant au point a' de la faille, traçons une parallèle à l'inclinaison des couches, jusqu'à la rencontre de la faille prolongée en b, la chute totale sera représentée par la ligne a' b. Le regard est nul, et le faux regard représenté par l'escarpement corallien rectiligne est de 30 à 40 mètres. La puissance des étages sur laquelle sont basés les calculs et épures est donnée par les chiffres suivants :

Étage oxfordien, environ 20 mètres.
— callovien, — 40 —
— bathonien, — 200 —
— bajocien, — 30 —
— thoarcien, — 80 —
— liasien, — 90 —
— sinémurien, — 90 —

Coupe rectiligne passant par Warzy et Saligny.

Warzy occupe une position très-pittoresque au centre des couches argilo-calcaires de la terre à foulon. Le sommet des collines situées à l'Ouest de la ville est couronné par les calcaires de la grande oolithe (oolithe miliaire), tandis que le point le plus élevé des collines qui séparent la vallée de

Cuncy de la vallée de Warzy se compose soit de terre à foulon, soit d'oolithe ferrugineuse. Ces dernières couches se décèlent facilement, car elles transmettent à la terre végétale une teinte rubigineuse. L'ensemble de la disposition des couches est due à l'inclinaison Nord-Ouest des étages, qui varie beaucoup d'importance d'une localité à l'autre; car aux approches des failles elle atteint quelquefois 45 à 50 degrés, soit environ 1 mètre par mètre, tandis que, dans d'autres lieux, les couches paraissent sensiblement horizontales.

L'altitude de Warzy est de 220 mètres; mais, en se dirigeant vers Cuncy-les-Warzy, le sol s'élève graduellement à une hauteur de 360 mètres au-dessus du niveau de la mer, et comme le terrain se relève plus que les couches, on ne quitte la terre à foulon que sur le versant Est de ces hautes collines. Il n'en est pas de même dans les environs des cols, qui, en général, permettent d'étudier l'oolithe ferrugineuse sur le sommet du versant Ouest des mêmes coteaux, comme à Villiers-le-Sec et à Marcy. Au-dessous de l'oolithe ferrugineuse et du calcaire à entroques affleurent vers Vertenay les argiles bleues ou brunes des marnes supraliasiques (étage thoarcien), qui occupent la partie supérieure et moyenne du coteau Est de la vallée de Cuncy; puis viennent les marnes à belemnites [1] de l'étage liasien. De l'autre côté du thalweg de la vallée, les terrains n'offrent plus le même aspect, un coteau aride et brûlant fait face aux beaux pâturages des affleurements liasiques, si clairement indiqués par les ondulations douces du sol. La faille fait en effet succéder brusquement les calcaires coralliens à *diceras arietina* aux marnes à bélemnites, et produit, comme nous allons le voir, une dénivellation géologique considérable.

1. Le lias contient presque toujours deux couches pétries de bélemnites, et qui toutes deux peuvent recevoir le nom de marnes à bélemnites. La plus récente, celle dont il a déjà été question (page 10), appartient au lias supérieur; la seconde fait partie du lias moyen et constitue les marnes à bélemnites des ingénieurs des mines français.

Au delà de la faille, les terrains reprennent leurs allures habituelles. La vallée du Beuvron est occupée par la partie supérieure de la grande oolithe, qui se redresse, sous une faible pente, vers Saligny.

Examinons maintenant l'influence de la faille sur l'orographie, et reportons-nous à la figure 1, planche II.

En portant sur une direction perpendiculaire au plan des couches une hauteur a b égale à la distance qui sépare le point d de l'oolithe ferrugineuse ou de la couche 20, et en menant par le point b une ligne parallèle à l'inclinaison des étages jusqu'à la rencontre de la faille prolongée, c'est-à-dire jusqu'en c, on obtient une hauteur c d qui mesure la chute totale de la lèvre Est, chute que nous avons désignée par regard théorique, et qui doit exprimer aussi la surélévation primitive de la lèvre Ouest à l'endroit de la faille. Cette hauteur est d'environ 500 mètres.

Le regard lointain, pris sur le point le plus élevé des collines situées à l'Ouest de Warzy, est représenté par la différence d'altitude de ce point avec le point de faille, différence de 140 mètres environ. Le regard lointain ne représente donc pas le tiers du regard théorique. Le faux regard, accusé par l'escarpement corallien, est de 50 mètres, et la dénudation minima de la lèvre Ouest s'élève à 500 mètres.

La dénudation réelle est difficile à évaluer. Cependant, tandis que les courants dévastateurs enlevaient des épaisseurs de 500 mètres sur la lèvre Ouest, il est à supposer que l'action des eaux devait nécessairement s'exercer sur la lèvre Est; et en admettant que cette action soit moitié moindre que celle qui s'est exercée sur la lèvre Ouest, on arrive à une dénudation totale, mais seulement probable, de 700 à 800 mètres.

Malgré l'action effrayante des eaux, qui tendaient à niveler la surface de la terre en attaquant d'abord les points saillants, l'influence générale de la faille est loin d'avoir été

anéantie entièrement. L'élévation relative des environs de
Warzy, l'abaissement de toute la contrée située entre Cuncy
et Thurigny, témoignent suffisamment de cette grande dislocation ; mais le redressement sensible des couches vers l'Est
fait disparaître peu à peu ces différences d'altitudes, de telle
sorte qu'à l'Ouest de Tannay, les cotes de 360 mètres reparaissent avec la grande oolithe.

Nous avons vu que la lèvre Est de la faille s'est affaissée assez régulièrement depuis Oisy jusqu'à Cuncy; mais
à partir de ce dernier point, le régime change, et cette
lèvre se redresse parallèlement à sa lèvre voisine, vers le
Sud.

En effet, si en suivant les traces de la dislocation nous
passons à Mhers et à Serre, nous observerons les affleurements de l'étage oxfordien, puis le calcaire à chailles et la
grande oolithe. Cette dernière se poursuit jusqu'à Chevannes-
Changy.

La lèvre Ouest, en se redressant, fait affleurer les marnes à
am. fimbriatus et le calcaire à gryphées arquées qui, par
l'effet de la rupture, vient buter contre la grande oolithe.

Coupe rectiligne passant par Champlemy et Troie-le-Bourg.

La disposition des couches dans la faille est donnée pl. 11,
fig. 2, qui représente une coupe rectiligne passant par
Champlemy et *Troie-le-bourg*.

Les environs de Champlemy sont composés de calcaire à
entroques, qui se relève sous une inclinaison presque nulle
vers l'Est ; l'oolithe ferrugineuse occupe le bas de la colline.
Les strates s'observent mieux sur le versant Est que sur le
versant Ouest; la grande oolithe ou oolithe miliaire, les
argiles sous-jacentes, les bancs durs supérieurs de la terre à
foulon et la terre à foulon elle-même, à l'état de calcaire

blanc-jaunâtre marneux, présentent un grand développement. L'oolithe ferrugineuse reparaît à *Corvol d'Embernard*, le calcaire à entroques vient ensuite, et le lias supérieur se décèle bientôt par une série de sources qui suintent au pied de la colline. Ce dernier étage disparaît et est remplacé par le lias moyen, qui ne présente pas en cet endroit sa puissance habituelle; en effet, une faille dont nous allons bientôt comprendre l'importance, et qui est représentée par la ligne *m n*, prend naissance à peu de distance de Chevannes pour se prolonger sur une grande étendue vers le Sud.

De l'autre côté de la naissance de cette faille qui, par sa faible importance en ce point, n'est pas très-évidente, apparaît le lias à gryphées arquées; ce dernier s'incline vers Chevannes, et permet au lias moyen de se maintenir sur une petite distance aux environs du cimetière.

Après avoir traversé le thalweg de la vallée en se dirigeant vers Troie-le-Bourg, on rencontre la terre à foulon qui affleure ici par suite de la rupture que nous étudions; l'ensemble des étages dont se compose la lèvre Est se redresse sous une très-faible inclinaison vers le Morvan.

Le regard théorique en ce point de faille est de 230 mètres environ, le faux regard est de 78 mètres; le regard est nul de même que le regard lointain pris à peu de distance de la faille; ce regard, pris sur le sommet de la colline de Corvol, est de 140 mètres.

La vue de la figure nous montre que le régime de la rupture présente ici un aspect particulier, et il devient nécessaire de porter notre attention sur la naissance de la faille secondaire, car nous verrons bientôt le petit lambeau de lias inférieur, situé entre les lignes *m n* et *a b*, augmenter de puissance et devenir le massif porphyrique important de Saint-Saulge.

On conçoit facilement que l'existence de ces lambeaux anciens, enclavés entre deux ruptures, représente une zone qui, étant soutenue, n'a pas pu suivre complétement le mouvement général d'affaissement [1].

La naissance de la faille secondaire, qui fait avec la faille principale un angle que nous déterminerons plus loin, coïncide à peu près avec un changement de direction. La rupture que nous avons vue se diriger en ligne droite d'*Andryes* à *Chevannes* s'incline vers l'Est et traverse la route départementale entre le moulin de Treingny et le thalweg de la vallée.

Les couches ne se redressent plus avec cette régularité vers le Morvan ; des contournements fréquents accompagnent le changement de direction, et quelquefois la faille s'amoindrit en puissance quand elle se trouve remplacée par des redressements.

Pour nous rendre compte de ces contournements anormaux aux approches des failles qui, par des résistances à la rupture, changent de direction, il suffit d'étudier les couches en suivant la route de Brinon au moulin de Treingny.

Brinon repose sur les couches marneuses de la terre à foulon qui se redresse faiblement vers l'Est, de manière à permettre l'affleurement du calcaire à entroques à Mouchy ;

---

1. Par suite de la contraction due au refroidissement du noyau terrestre en ignition, la circonférence diminue avec le volume, et comme la croûte solidifiée non compressible s'affaisse sur le petit diamètre, il faut nécessairement que les lambeaux solides prennent des positions inclinées pour pouvoir se loger sur la petite circonférence. Si la science possédait des données générales et précises sur cette question, on pourrait calculer exactement la circonférence de la terre avant chaque bouleversement. En supposant, par exemple, que la moyenne de l'inclinaison de l'écorce terrestre, après la dernière catastrophe, soit de 0^m01 par mètre, on obtiendrait la circonférence ancienne de la terre en multipliant par le coefficient $1^m.00005$ la circonférence actuelle.

Il est facile de se convaincre par ces mêmes considérations que l'élévation des montagnes est en relation intime avec l'éloignement des failles et le degré de refroidissement du corps céleste. Si nous comparons les montagnes de la lune aux montagnes de la terre, nous trouverons que celles-ci sont relativement moins hautes. En effet, la lune, ayant eu la même origine que la terre, doit être dans un état de refroidissement plus grand, à cause de son faible diamètre.

mais si nous nous dirigeons vers l'Ouest, nous verrons aussi la terre à foulon se relever d'abord faiblement, puis se redresser sous inclinaison de près de 45° vers la faille. Au sommet de la butte, que la route entame en déblai, on aperçoit déjà l'oolithe ferrugineuse, puis apparaissent les marnes supraliasiques que l'on quitte bientôt pour retrouver le calcaire à entroques dans le fond de la vallée. Cette apparition de calcaire à entroques dans une position bien inférieure à l'affleurement supérieur des marnes supraliasiques, s'explique par le changement de direction de la route dans le sens de laquelle les couches s'affaissent aussi rapidement. De l'autre côté du thalweg, le lias supérieur reparaît, et il est suivi immédiatement par les parties inférieures du lias à gryphées arquées [1].

DESCRIPTION DE LA PARTIE COMPRISE ENTRE CHEVANNES-CHANGY ET ROUY.

La faille traverse la vallée au milieu d'accidents géologiques secondaires, et reprend son régime rectiligne à Bussy.

A l'Est de cette dernière localité, on voit les calcaires à gryphées cymbies du lias moyen succéder aux parties supérieures de la terre à foulon, qui permet de recueillir de nombreux échantillons de *pholadomyes* et de *térébratules*.

La lèvre Ouest se redresse vers le Sud et fait successivement affleurer les marnes à *am. fimbriatus* le calcaire à gryphées arquées, les calcaires infraliasiques, les grès et enfin le *porphyre*. La lèvre Est, après s'être redressée rapidement, reste horizontale jusqu'à Saint-Révérien, où l'on constate encore la terre à foulon et le calcaire à entroques. La fig. 1, pl. III, donne la disposition des couches suivant

---

1. Ces parties inférieures correspondent aux calcaires infraliasiques qui manquent quelquefois.

une direction rectiligne passant par Champallement et Montenoison.

Coupe rectiligne passant par Champallement et Montenoison.

La ramification Ouest, que nous avons quittée à Chevannes, continue à se faire sentir par la disparition d'une partie des marnes du lias moyen ; une série de dépressions assez régulièrement orientées et qui se dirigent d'Aubigny à l'Ouest de Chevannes, permet de suivre la faille par l'orographie ; mais la chute totale reste dans toute cette partie assez faible et ne dépasse pas 40 ou 50 mètres : ce n'est qu'à partir de Moussy que la lèvre gauche se redresse sensiblement et donne à la faille un caractère important.

Montenoison, comme l'indique la figure 1, planche III, situé au pied d'une colline élevée, dont une grande partie est entièrement composée de terre à foulon, repose sur l'oolithe ferrugineuse et le calcaire à entroques.

En se dirigeant vers Marciges, on rencontre le lias supérieur, et immédiatement au-dessous, à proximité du chemin, une excavation qui permet d'extraire des pierres de construction provenant des calcaires à gryphées cymbium [1] ; le fond de la dépression est occupé par les parties supérieures des marnes de l'étage moyen du lias (étage liasien, marnes à bélemnites, etc.). De l'autre côté du thalweg se rencontrent de légers affleurements de calcaire à gryphées arquées, et un peu plus loin, comme l'indiquent les déblais du chemin vicinal, les parties inférieures des marnes à ammonites fimbriatus, qui occupent toujours la base du lias moyen. La faille (ramification Ouest) est donc accusée ici par la disparition super-

---

1. Ces calcaires forment un horizon facile à reconnaître : ils sont en général très-riches en fossiles, surtout en grandes gryphées et en térébratules ; on les rencontre aux environs de Moraches, de Corbigny, à l'Est de Saint-Saulge, etc.

ficielle, sur la lèvre Ouest, des parties inférieures de l'étage liasien.

De l'autre côté de la rupture, les couches se redressent vers le Morvan, d'abord faiblement et régulièrement jusqu'aux abords de Champallement, où la rampe doit être très-forte. Les grès infraliasiques suivent à peu près la surface du sol et viennent affleurer sous l'église[1]; les déblais du chemin vicinal permettent ensuite de constater la présence des marnes irisées qui se remarquent aussi près de l'étang, et dont l'affleurement occupe la partie supérieure du versant Est du coteau. A environ 600 mètres du sommet, dans la direction de Neuilly, on aperçoit des calcaires tendres, marneux et jaunâtres, qui occupent toute la colline, puis à Neuilly des carrières de pierre dure; ces deux derniers systèmes forment le calcaire à entroques et la terre à foulon. En poursuivant dans la même direction, on rencontre la succession régulière des étages (thoarcien, liasien, sinémurien).

Superficiellement, et au premier abord, rien n'indique la présence de cette grande rupture; cependant, quand on compare les altitudes de la belle plaine du lias, située au pied du Morvan, avec celles du chaînon qui passe par Brinon, Champallement, Saint-Révérien, et qui se poursuit jusqu'au delà de Saint-Saulge, on ne tarde pas à reconnaître l'influence générale de la dislocation, influence bien amoindrie et défigurée par l'action des courants diluviens.

Le regard théorique de la ramification Est, à Champallement, est de 360 mètres, le regard 25 mètres.

Les deux bras de la faille conjuguée se dirigent en ligne droite, d'une part au Moussy, d'autre part vers Saint-Révérien. Les deux lèvres de la ramification Est ne se dérangent pas

---

1. Ce sont ces grès, en général peu fossilifères, qui m'ont permis de recueillir une assez grande quantité de fossiles. La liste de ces fossiles complétera l'étude de l'infralias (page 31) et sera publiée dans la *Paléontologie de la Nièvre*.

sensiblement dans ce trajet, tandis que la lèvre Est de la ramification Ouest se redresse fortement vers le Sud. La figure 2,
planche III, donne la situation des couches suivant une direction rectiligne, passant par Lurcy-le-Bourg, Moussy et Saint-
Révérien.

Coupe rectiligne passant par Lurcy-le-Bourg et Saint-Révérien.

Les mines de Lurcy ont donné à cette localité une certaine
importance ; elles forment une lentille située entre les marnes
supraliasiques et le calcaire à entroques. En se dirigeant en
ligne droite vers Moussy, on rencontre sur les hauteurs les
plus rapprochées de Lurcy-le-Bourg le calcaire à entroques
et les calcaires blancs jaunâtres de la terre à foulon ; ceux-ci
ne forment que des lambeaux isolés et de peu d'épaisseur ;
puis, un peu plus loin, reparaît le lias supérieur, qui est bientôt suivi des calcaires à gryphées *cymbium* et d'une partie
des argiles sous-jacentes. Au pied de la côte de Moussy, on
aperçoit, à la suite du calcaire du lias moyen, qui affleure à
peu de distance sur la route, et qui est suivi d'une faible
épaisseur d'argile, des poudingues ou des grès à gros grains,
feldspathiques et métallifères (on y rencontre du feldspath
terreux, des grains de quartz arrondis, de la galène et de la
barytine, le tout cimenté par une pâte calcaire).

La place que ces poudingues occupent dans l'échelle géologique a déjà été déterminée (page 31), et ils affleurent ici
à la suite du lias moyen, par suite de la faille qui fait disparaître sur la lèvre Ouest une partie des argiles à *am. fimbriatus*, le calcaire à gryphées arquées et les calcaires infraliasiques.

Au-dessus de ces poudingues, que je rapporte encore à
l'Arkose géologique de M. de Bonnard, se remarquent des
lumachelles pétries de gastéropodes, et d'une petite huître

souvent difficile à déterminer[1]. Ces lumachelles à bivalves[2] font partie d'une série de petits bancs blanchâtres, argilo-calcaires, souvent à cassure concoïde, et qui forment le dépôt séparatif de l'infralias proprement dit et du calcaire à gryphées arquées. Ces bancs n'offrent la couleur blanchâtre que par suite d'une longue exposition à l'air; car, dans tous les déblais profonds qui ont mis ces couches à découvert, on observe la teinte bleue, et alors ce système de couches se rapproche, comme aspect minéralogique, du calcaire à gryphées arquées.

Comme l'ensemble de ces strates se redresse fortement vers l'Est, on rencontre les poudingues de l'autre côté de la colline de Moussy; plusieurs carrières montrent clairement la succession des couches (page 33). Le redressement cesse bientôt en se dirigeant vers l'Est, car, en allant de Moussy à Saint-Révérien, on rencontre tantôt les calcaires infra-liasiques, tantôt les poudingues ou grès feldspathiques, tantôt le calcaire à gryphées arquées. Le sommet des collines situées à l'Ouest de Saint-Révérien est occupé par les grès, qui ici acquièrent un très-beau développement et une grande dureté. Ils sont largement exploités et fournissent des pavés de bonne qualité. Certains bancs sont fossilifères, mais les espèces sont en général difficiles à déterminer au premier abord; cependant, en moulant les empreintes, j'ai constaté (page 32) que la faune des grès de Saint-Révérien présente beaucoup d'analogie avec la faune des grès du Luxembourg[3].

1. *Ostrea irregularis.*

2. Parmi les nombreux bivalves que l'on recueille dans ces couches, se remarque surtout, par son abondance, une coquille voisine de la *corbula car-dioides*, décrite dans le Jura de Quenstedt, et qui se rapporte, suivant cet auteur, à la *lucina arenacea* de Terquem; ce dernier fossile caractérise le lias *d* du Wurtemberg. Dans ces mêmes couches se remarquent aussi les lumachelles connues sous le nom de *turritellenplate,* qui se rencontrent dans le malmstein du lias *a.*

3. Dans une note postérieure à la première livraison de la *Géologie de la*

5

Les marnes irisées se décèlent au pied de la côte, un peu avant les premières maisons de Saint-Révérien [1].

Mais, en se dirigeant vers le centre du bourg, on ne tarde pas à reconnaître un changement subit et profond dans la nature des étages. Aux argiles rouges des marnes irisées succèdent des marnes et des calcaires blancs jaunâtres, des calcaires à oolithes ferrugineuses et des calcaires à entroques. Ces terrains, tourmentés dans tous les sens par suite de la réaction des deux lèvres, peuvent s'étudier facilement dans les déblais de la route de Saint-Révérien à Brinon.

En s'éloignant de la rupture, les couches reprennent des allures plus régulières, et se redressent, comme nous l'avons déjà signalé dans les autres coupes, légèrement vers le Morvan. L'influence des deux failles sur l'orographie résulte clairement de la position de tout le lambeau situé entre Saint-Révérien et Moussy. Ce lambeau s'élève jusqu'à 400 mètres d'altitude, tandis que les points culminants de la plaine du lias ne se trouvent, en moyenne, qu'à 260 mètres au-dessus du niveau de la mer.

On voit que ces différences d'altitude sont loin de représenter la chute totale de l'écorce de la terre, puisque le regard théorique de la ramification Est atteint presque le chiffre de 400 mètres, et celui de la ramification Ouest celui de 125.

En poursuivant la faille dans la même direction, on remarque, par les affleurements, que les lèvres de la ramification Est se redressent vers le Sud; mais ce redressement est encore plus remarquable pour la lèvre Est de la ramifi-

Nièvre (*Notice paléontologique et stratigraphique établissant une concordance inobservée jusqu'ici entre l'animalisation du lias inférieur proprement dit et celle des grès d'Hettonge et de Luxembourg*, par M. J. Martin), il est démontré que la concordance que j'ai signalée dans la Nièvre existe aussi à l'Est du Morvan.

1. Il ne faut pas confondre les grès infraliasiques fossilifères avec les grès du Keuper qui reposent sur les arkoses granitoïdes; ces deux systèmes ne sont pas synchroniques.

cation Ouest, car, aux poudingues infraliasiques, succède le grès, puis bientôt les marnes irisées, et enfin le granite.

La lèvre Ouest de la ramification Est se maintient presque au même niveau jusqu'à Saint-Franchy. La fig. 7, pl. IV, donne la situation des couches suivant une direction rectiligne passant par Saint-Franchy et Crux-la-Ville.

Coupe rectiligne passant par Saint-Franchy et Crux-la-Ville.

Une ligne droite, passant par Crux-la-Ville et Saint-Franchy, rencontre aussi Saint-Benin-des-Bois. Cette dernière commune est située sur les rochers résistants du calcaire à entroques que l'on quitte bientôt en se dirigeant vers Moulin-Neuf, où apparaissent les marnes supraliasiques.

Le calcaire à entroques reparaît ensuite vers Sainte-Marie, et occupe la partie supérieure de la colline. En descendant vers Saint-Franchy se remarquent de nouveau, dans la vallée, les marnes supraliasiques; les calcaires à gryphées cymbium se décèlent bientôt par les pierres éparses qui contiennent des *belemnites niger* et *pecten aiquivalvis :* le fond de la vallée est argileux, et démontre l'existence des marnes à bélemnites.

Puis, après avoir traversé le thalweg de la vallée, on rencontre des granites[1] à gros cristaux de feldspath, puis des porphyres rouges quartzifères.

---

1. Le granite est une roche composée entièrement d'éléments cristallisés, tels que le feldspath, le quartz et le mica ; le feldspath se reconnaît facilement par ses cristaux prismatiques allongés qui dérivent d'un principe rhomboïdal oblique : tous les feldspaths ne cristallisent pas sous cette forme, car on rencontre des cristaux qui appartiennent au prisme oblique non symétrique. Les premiers portent le nom d'*orthose*, les seconds d'*anorthose*. Les circonstances qui ont donné naissance à ces minéraux paraissent varier, puisque l'on a constaté des relations d'âge basées sur la présence ou l'absence de ces espèces de feldspath.

L'orthose se reconnaît à sa couleur, qui est le blanc de lait ou le blanc

Le passage des étages jurassiques aux granites est ici très-remarquable : les couches ne présentent pas d'inclinaisons anormales, les matériaux constituants ne sont nullement modifiés ; tout indique que le granite est arrivé au jour à l'état solide, non pas par suite d'une éruption, mais bien par l'action de la faille.

En se dirigeant vers l'Est, on quitte tout à coup les roches cristallisées un peu avant' d'arriver à Crux-la-Ville ; des affleurements de calcaires à gryphées arquées à peu près horizontaux viennent buter contre ces collines porphyriques ; un peu plus loin, l'apparition des marnes irisées et des arkoses, sur lesquelles elles reposent, vient démontrer que ce terrain existe sous le lias. Il est clair dès lors que des dislocations secondaires accompagnent la faille principale, qui s'observe avec beaucoup de netteté sur le sommet de la colline de Crux-la-Ville ; car aux environs de l'église, et immédiatement après le lias inférieur, affleure le calcaire à entroques et le lias supérieur. La dénivellation atteint ici 240 mètres.

Les couches se redressent faiblement vers la rivière de l'Aron, liée à une autre petite faille secondaire, qui a pour

rougeâtre : la cassure de l'orthose est lamelleuse dans deux sens perpendiculaires entre eux. Les personnes peu versées en minéralogie distingueront facilement le feldspath des autres minéraux par l'inspection de ces caractères.

Ainsi le quartz qui se rencontre dans les granites est généralement transparent (quartz hyalin) ; il a une structure très-faiblement lamelleuse, et ne se clive pas comme le feldspath : la cassure du quartz est vitreuse. Le mica se distingue toujours par son éclat, par sa structure très-lamelleuse et par son clivage facile. Dans certains cas, lorsque le granite est en contact avec les terrains sédimentaires, ceux-ci ne possèdent plus leurs caractères habituels ; le calcaire, par exemple, devient saccharoïde, les grès se chargent de cristaux de feldspath, la roche devient alors métamorphique. Le métamorphisme est quelquefois tellement intense que la roche perd entièrement ses caractères primitifs et devient méconnaissable. On a beaucoup discuté sur le mode de formation du granite : il est prouvé aujourd'hui, par les travaux de MM. Delesse et Daubré, que cette roche a été produite sous l'influence de la chaleur et de l'eau.

action de mettre en contact l'infralias avec le lias moyen.
Nous verrons bientôt comment cette dernière dislocation
vient se réunir à la faille principale.

La ramification Est se comporte ici comme à Champallement; elle passe sur le sommet d'une colline de 240 mètres
d'altitude, et prouve que si les vallées résultent souvent de
l'action des failles, il ne faut pas précisément rechercher ces
ruptures dans les thalweg.

Les altitudes élevées des montagnes qui séparent Crux-
la-Ville des terrains liasiques situés à l'Est de Saint-Franchy,
et qui, malgré les ravinements dus aux courants diluviens,
sont situées à plus de 400 mètres de hauteur au-dessus du
niveau de la mer, résultent des affaissements qui se sont
produits à droite et à gauche de ce massif.

Quoique ces accidents orographiques atteignent des altitudes de 400 mètres, il n'en est pas moins remarquable de
voir, à 5 ou 6 kilomètres vers l'Ouest, s'élever une série de
mamelons presque de même hauteur; en remarquant que le
massif de Saint-Saulge, avant l'action des courants diluviens, formait un solide prismatique à base allongée, et relativement fort étroite, on conçoit facilement qu'il ne devait
opposer aux courants qu'une faible résistance. Tous les
étages sédimentaires situés au-dessus des roches cristallisées
furent enlevés, tandis que les couches solides du calcaire à
entroques des environs de Bona, de Sainte-Marie, s'appuyant
sur des masses imposantes non disloquées, ont dû résister
d'une manière beaucoup plus énergique.

La débâcle des couches du solide prismatique a dû être,
en outre, accélérée par la succession des étages tantôt calcaires, tantôt argileux, qui, par suite de leurs inclinaisons,
ont glissé les uns sur les autres.

Le parallélipipède minimum qui a été enlevé par les eaux
se construit facilement en portant sur le prolongement ver-
tical de la faille (ramification Ouest) une hauteur $a'b' = ab$,

et sur le prolongement de la faille Est une hauteur $BB' = AB$; ce solide aura pour section $a'\,b'\,B'\,B$.

Les regards théoriques sont environ de 360 mètres à Saint-Franchy et de 240 à Crux-la-Ville.

Là faille se poursuit vers le Sud dans une direction sensiblement rectiligne, d'un côté vers Saint-Saulge, de l'autre vers Agland. Dans tout le trajet compris entre Sainte-Marie et Agland, la faille fait successivement buter le lias moyen, le lias supérieur et l'oolithe inférieure contre l'infralias, le lias à gryphées arquées et le lias moyen. La ramification Est de la faille met en contact l'infralias ou le calcaire à gryphées arquées avec le lias supérieur ou le calcaire à entroques. De temps en temps, on remarque, sur le flanc de ces montagnes porphyriques, des lambeaux de lias ou d'arkoses triasiques dans des positions très-inclinées; les marnes rouges, servant de véhicule, se trouvent souvent réduites à des épaisseurs insignifiantes de schiste très-dur, par suite des pressions et des glissements qui se sont opérés dans tous les sens à l'époque de la production de ces grands cataclysmes. En suivant ces schistes, on les voit successivement augmenter d'épaisseur; puis, lorsqu'ils se trouvent en contact avec de l'eau, ils se transforment en argiles et deviennent coulants.

Coupe rectiligne passant par Bona et Saint-Saulge.

Pl. IV, fig. 8.

A l'Ouest de Bona, on remarque la grande oolithe qui se redresse faiblement vers l'Est; près d'un four à chaux, situé sur le point culminant d'une des premières côtes, se rencontrent les bancs durs de la terre à foulon avec de nombreux lithophages; bientôt la présence du lias moyen indique le passage de la faille : ce dernier terrain se voit juxtaposé à la grande oolithe (*fuler's-earth*[1]), au chemin qui conduit d'un côté à Patry, de l'autre à Giverdy. A partir de ce point, les étages se succèdent dans l'ordre suivant : les marnes à Am. *fimbriatus* affleurent jusqu'à la sortie du bois de Maugras, puis viennent le calcaire à gryphées arquées et l'infralias : ce dernier terrain peut s'étudier facilement dans une petite carrière près du ruisseau la Canne; les poudingues n'ont pas ici le même aspect qu'à Moussy : on les voit encore reposer sur le calcaire caverneux, mais ils se rapprochent moins de l'arkose minéralogique; le feldspath disparaît en grande partie, et les éléments quartzeux deviennent beaucoup plus fins.

En se dirigeant vers Saint-Saulge, on voit au-dessus des calcaires infraliasiques la série de petits bancs à bivalves et à petits gastéropodes s'arc-bouter contre les porphyres quartzifères.

On remarque encore ici que les montagnes porphyriques ne représentent pas une côte sur laquelle les mers liasiques seraient venues déposer leurs sédiments. De plus, les couches sédimentaires ne sont nullement modifiées à l'approche des roches pseudo-ignées[2]. Cette dernière circonstance prouve que ces roches n'ont pas fait éruption postérieurement au lias, aux marnes irisées et au terrain houiller.

Une circonstance bien positive, sur laquelle nous aurons l'occasion de revenir, et qui a déjà été remarquée par M. Boulanger, ingénieur en chef des mines[3], et M. Desplaces de Charmasse[4], prouve que la plus grande partie des galets dont se composent les poudingues houillers a été arrachée au porphyre rouge quartzifère, et vient confirmer l'ancienneté

1. Le terme *fuler's earth* exprime la terre à foulon.
2. M. Delesse appelle roches pseudo-ignées les roches qui se sont formées sous l'influence de l'eau et de la chaleur.
3. *Description du bassin houiller de Decize*, p. 3.
4. *Bulletin de la Société géologique*, 2ᵉ série, t. II, p. 749.

de cette roche, qui, d'après l'étude de nos failles, a été mise au jour, déjà consolidée, à une époque fort récente.

A cette époque peut-être, certains phénomènes ignés, dont il ne reste cependant que fort peu de traces dans le département, ont pu se produire et donner naissance à des phénomènes métamorphiques; mais ce qui est certain, c'est que ces phénomènes ne sont pas le résultat de l'éruption des porphyres rouges quartzifères [1].

Dans quelques cas seulement, lorsque les grès infraliasiques sont venus se déposer directement sur le granite, ceux-là sont devenus légèrement feldspathiques. Je ne considère pas cet état comme métamorphique, mais bien comme résultant tout simplement de la dissolution ou du mélange des éléments feldspathiques sous-jacents, mélange produit par l'action destructive des eaux, qui peut-être encore étaient à une température élevée. Sur le sommet des Bruyères, à l'Ouest de Saint-Saulge, on voit reposer sur le porphyre, dont la surface a été usée par les eaux, des micaschistes, puis des grès rouges très-micacés, des arkoses et des grès; il est difficile de déterminer exactement à quels étages il faut rapporter ces roches. Les grès rouges pourraient bien être rapportés à l'étage permien (*rothtodligende*) [2]; les

1. Je ne parle ici que du métamorphisme du terrain houiller et des terrains jurassiques; je réserve la question des étages plus anciens, tels que silurien et dévonien. Je dois cependant faire remarquer que la température de l'eau à laquelle ont pris naissance les premiers mollusques a pu descendre jusqu'à 60 degrés; or, comme on peut admettre entre la température des pôles et celle de l'équateur une différence d'au moins 150 degrés, il s'ensuit que si la mer aux pôles offrait la température de 60 degrés, la température de ce même liquide (eau ou vapeur) devait atteindre 200 degrés au moins vers l'équateur.

Nous savons qu'à cette température, sous l'influence de la vapeur d'eau et d'actions moléculaires dont nous remarquons souvent les effets, sans savoir en préciser exactement la cause, les roches pseudo-ignées ont pu se former; donc, pendant que, dans certaines contrées de la terre, il se produisait des roches sédimentaires fossilifères et siluriennes, dans d'autres contrées des roches cristallisées pouvaient prendre naissance.

2. L'étage permien repose sur l'étage carboniférien; dans la Nièvre, ce

arkoses appartiendraient aux marnes irisées, et les grès à l'infralias. Cette classification ne repose que sur une analogie de position, et n'est pas étayée par les fossiles, dont je n'ai pu découvrir la présence. Avant d'arriver à la butte des Chaumes, se remarquent des lambeaux de calcaires infraliasiques et quelques couches de calcaires à gryphées arquées, avec des inclinaisons très-fortes [1]. Ces strates paraissent avoir été fortement dérangées par l'action mutuelle des deux lèvres de la faille, qui se décèle ici avec beaucoup de netteté. Presque immédiatement après l'infralias apparaissent les marnes supraliasiques (étage thoarcien) et le calcaire à entroques. Ce dernier terrain occupe le point culminant de la butte des Chaumes, et représente sur cette lèvre le dernier lambeau oolithique que les courants diluviens aient respecté. En comparant la cote (344) avec l'altitude du même terrain à Crux-la-Ville (240) et à Saint-Révérien (220), on trouve que la lèvre Est de la ramification Est s'est redressée environ de $0^m 01$ vers le Sud.

En continuant à étudier la coupe (fig. 8), et en se dirigeant vers l'Est, on voit les affleurements des marnes supraliasiques (lias supérieur), les calcaires à gryphées cymbium et les argiles sous-jacents qui viennent affleurer un peu avant le ruisseau de l'Aron, immédiatement après, s'aperçoit l'infralias; la partie inférieure du lias moyen et tout le calcaire à gryphées arquées disparaissent de la surface du sol.

Nous venons en effet de traverser la faille de l'Aron, que

premier étage se compose de grès rouges de couleur foncée, dans lesquels je n'ai pas, jusqu'à ce jour, rencontré d'empreintes de plantes fossiles; mais comme leur position géologique est entièrement semblable aux grès que M. Coquand a étudiés dans le Midi et dans l'Est de la France, et comme ce géologue a rencontré dans ces couches des empreintes de Walchia Schlotheimii (Bron), je suis disposé à ranger les grès rouges en question dans l'étage permien.

1. Cette inclinaison de l'étage sinémurien s'observe surtout très-bien à la sortie de Saint-Saulge, dans les déblais de la route de Saint-Saulge à Châtillon.

nous avons déjà signalée dans la coupe précédente, et qui
suit à peu près la direction de ce ruisseau, qui est environ
Sud-Nord. Des environs d'Agland, la faille suit une direction sensiblement rectiligne jusqu'à Billy. L'oolithe inférieure
et la terre à foulon occupent toujours la lèvre Ouest; la lèvre
Est au contraire se redresse sensiblement vers le Sud.

A Saint-Saulge, la ramification Est change de direction;
elle paraît s'irradier et se diviser en plusieurs rameaux, dont
le plus facile à suivre passe un peu à l'Est des Cordat, et
met les calcaires infraliasiques et les calcaires caverneux au-
dessus du lias moyen.

La faille de l'Aron, par suite de l'irradiation de cette partie de la faille principale, se rapproche de plus en plus de
cette dernière rupture, et finit par se joindre à elle un peu
au Sud des Cordat.

Coupe rectiligne passant par Saxi-Bourdon et Lucy.

Pl. V, fig. 9.

Près La Bretonnière, la faille met en contact la grande
oolithe avec le lias moyen. En se dirigeant vers Saxi-Bourdon, on voit les étages liasiques non modifiés buter avec de
faibles inclinaisons vers le porphyre. Cette disposition est
due à la faille secondaire que nous avons déjà signalée dans
la coupe précédente, et qui suit le pied des collines porphyriques. De l'autre côté de ces collines, se remarquent vers
Varennes les arkoses du keuper [1], qui présentent une analogie frappante avec les grès houillers; puis viennent les calcaires infraliasiques, et, par suite de la faille, les marnes du
lias moyen, qui occupent au fond de la vallée un très-faible

1. Le keuper représente l'étage saliférien de d'Orbigny, et comprend les
marnes irisées, les grès inférieurs aux marnes irisées et les arkoses qui
forment la base de l'étage.

espace; car la faille de l'Aron opère sa jonction au sud de Varennes, en établissant une sorte de compensation dans les dénivellations de l'écorce de la terre.

En effet, vers le Creuset, les étages liasiques suivent, du côté Est, des directions régulières, et non interrompues par les failles.

La rupture secondaire du pied de l'arête porphyrique se dirige de Saxi-Bourdon vers le château de Vêvre, où elle vient se joindre avec une partie irradiée de la ramification Est, qui a traversé le massif porphyrique, et dont nous constaterons l'effet dans la coupe suivante [1].

PARTIE COMPRISE ENTRE ROUY ET DECIZE.

Nous venons d'entrer dans une période que nous aurons l'occasion de signaler dans l'étude de beaucoup de nos grandes failles. A mesure que l'importance du regard théorique diminue, la faille s'irradie et se divise en ramifications. On ne rencontre plus alors ces crêtes élevées, qui à elles seules font foi des dislocations intérieures de la croûte terrestre; on ne voit plus ces grandes plaines qui s'étendent comme déposées au pied des montagnes, que beaucoup de géologues considèrent encore comme les côtes des anciennes mers jurassiques; le sol, au contraire, est ballonné; de nombreuses collines peu élevées et souvent parallèles entre elles viennent lui donner un cachet particulier; l'hydrographie se ressent aussi de l'irradiation des failles, car des ruisseaux nombreux et peu importants sillonnent les replis du terrain.

En supposant les couches assez régulièrement orientées, ce qui arrive quelquefois, il est facile de démontrer que le regard théorique de la faille simple est égal à la somme des regards des failles irradiées; cela résulte de la construction

1. Voir le plan général des failles.

d'une figure dans laquelle on projette les regards partiels sur le regard unique, mais on obtient ce même résultat par les considérations suivantes :

Soit : r, r', r'' les regards des failles irradiées comprises dans l'espace d'une faille unique;

d, d', d'' les portions de la croûte affaissée correspondante aux failles irradiées;

R, D les côtés homologues du grand triangle de la faille unique,

on aura :

$$\frac{r}{R} = \frac{d}{D} \quad \frac{r'}{R} = \frac{d'}{D}, \text{ etc.; d'où :}$$

$$r = \frac{R.d}{D} \quad r' = \frac{R.d'}{D}, \text{ etc.; d'où :}$$

$$r + r' + \ldots = \frac{R}{D} \, (d + d' + \ldots); \text{ or :}$$

$$d + d' + \ldots = D; \text{ donc :}$$

$$r + r' + \ldots = R.$$

Ces considérations sont loin de présenter une généralité, car elles reposent sur une hypothèse qui ne se réalise pas toujours, et qui même souvent ne se réalise pas : cette hypothèse est le parallélisme des lambeaux affaissés. De plus, une faille peut être remplacée par des contournements. Cependant on se rend compte par ces calculs comment il arrive souvent que l'irradiation ait pour conséquence une diminution dans les regards, et que quelquefois, comme dans la faille de Chevannes, la somme des regards des failles irradiées soit approximativement égale au regard de la faille unique.

Jusqu'ici, nous avons toujours vu les marnes irisées et les arkoses qui en dépendent reposer sur les terrains cristallisés ; nous avons à peine constaté à Saint-Saulge, sur le sommet des Bruyères, des grès, qui, peut-être, représentent les grès rouges de l'étage permien.

Soit que, dans quelques cas, le terrain houiller se présente sous une forme peu habituelle, soit que des dénudations survenues à la fin des dépôts carbonifériens aient contribué à faire disparaître cet étage, soit enfin, ce qui me paraît le plus probable, que le massif porphyrique des environs de Saint-Saulge ait formé un îlot que les mers houillères n'ont pu submerger, ces couches intéressantes ne nous sont point apparues jusqu'ici.

Certains indices de grès, qui se remarquent au contact des porphyres, paraissent cependant indiquer que ce terrain a commencé à se déposer aux environs de Rouy, pour augmenter rapidement d'épaisseur vers le Sud; car, à la Machine, le terrain houiller a au moins 400 peut-être plus de 800 mètres de puissance.

Coupe rectiligne passant par la Maison-Rouge et Rouy.

Pl. V, fig. 10.

Vers la Maison-Rouge, sur le flanc droit des coteaux qui bordent le ruisseau l'Ixieure, se remarquent, dans les déblais de la route, des calcaires tendres au-dessous desquels se rencontre une petite couche à oolithes ferrugineuses et contenant une grande quantité de fossiles, tels que : *Am. bullatus, Am. arbustigerus, Am. Parkinsoni, Collyrites analis;* puis vient un banc dur criblé de trous de *Pholades*, percé par les lithophages, et un système argileux avec Am. Parkinsoni. Ces couches représentent la terre à foulon et le commencement de la grande oolithe.

De l'autre côté du ruisseau, une argile bleue sans fossiles (le lias supérieur), surmontée du calcaire à entroques, vient démontrer l'existence d'une première faille, qui se perd à peu de distance au Nord de ce point; puis, en remontant la côte vers l'Est, affleurent successivement la terre à foulon, la grande oolithe avec ses systèmes argileux et oolithiques, le kelloway-rock et le calcaire à chailles. Mais à 200 ou 300 mètres du faîte de la colline, le calcaire à gryphées cymbium vient démontrer l'existence d'une deuxième faille, beaucoup plus grande que la première, et qui se trouve dans la direction de la ramification Ouest de la faille principale, dont jusqu'ici nous n'avons cessé de rencontrer les traces.

Billy-Chevannes est situé sur les couches du calcaire à gryphées arquées en strates sensiblement horizontales; ce terrain est bientôt remplacé par les parties inférieures de l'infralias, situé à un niveau supérieur à ces premières couches; une faille peu importante existe donc encore en ce point.

L'infralias, surmonté de quelques bancs de calcaire à gryphées arquées, se poursuit jusqu'à la ferme, le Boulet, où les étages jurassiques viennent buter contre le porphyre.

Les calcaires ne sont pas transformés en calcaires saccharoïdes[1]; les inclinaisons des couches ne présentent rien d'anormal; tout indique qu'ici, encore, l'apparition du porphyre résulte d'un ensemble de failles qui se sont produites à une époque où cette roche cristallisée existait déjà à l'état solide.

Le porphyre, à Rouy, est fort peu étendu, car une cinquième faille met cette première roche en contact avec les arkoses, qui, vers l'Est, sont bientôt remplacées par les marnes irisées, l'infralias et le calcaire à gryphées arquées.

---

1. Lorsque les calcaires sont mis en contact avec les roches ignées à une température élevée, leur état moléculaire change; ils deviennent saccharoïdes, et offrent une cassure grenue quelquefois subcristalline.

Une sixième faille secondaire, de peu d'étendue, se remarque entre Chazault et Méas ; elle a pour effet de faire affleurer sur la gauche du petit ruisseau les grès infraliasiques, et sur la droite le lias moyen.

Les failles situées à l'Est ou à l'Ouest du massif porphyrique ne sont pas parallèles, et se joignent au Sud du château de Vêvre, en faisant disparaître, mais seulement momentanément, les dernières traces de la ramification Est de la faille de Chevannes.

La ramification Ouest de cette rupture, que nous avons suivie jusqu'ici sans interruption, et sensiblement en ligne droite, change légèrement de direction à Billy. Elle s'incline un peu vers l'Ouest, elle traverse les bois du Mont, et vient passer au pied de la butte des bois d'Anlezy, près la tuilerie de Lavault. La succession anormale des étages devient évidente en suivant le chemin n° 26 de Guérigny, à Cercy-la-Tour ; car, immédiatement après les étages du système oolithique inférieur (terre à foulon et calcaire à entroques), affleurent les marnes supraliasiques ; puis, de l'autre côté de la faille, se remarque l'infra-lias, qui se redresse sous une forte inclinaison vers l'Est. La figure 11, pl. VI, donne la disposition des couches en ce point de faille.

Coupe rectiligne passant par Lavault et Aubigny.

La lèvre Est de cette ramification est occupée par l'infra-lias et les marnes irisées, dont les couches inférieures, composées de grès et d'arkoses, affleurent aux environs du quartier Damas ; puis on voit se redresser, sous un angle de 10 à 12 degrés, des masses de grès rouge passant quelquefois à l'arkose. Ces grès sont recouverts en stratification discordante par les étages triasiques et jurassiques que l'on peut facilement étudier à la tuilerie de Chassy. On voit dans cette dernière localité l'infralias reposer sur les marnes.rouges, au-dessous desquelles se développe clairement la série des grès keupériens, qui se transforment insensiblement en arkoses gypsifères. Au-dessous de ces arkoses, se remarque un banc de calcaire siliceux, qui, soumis à l'acide chlorhydrique, m'a donné seulement 10 pour 100 de matières non solubles dans cet acide. Puis viennent des argiles et des grès bigarrés, et en dernier lieu les grès rouges.

Ce n'est pas le lieu de discuter ici le synchronisme de ces couches. On peut cependant, d'après les travaux de M. Coquand [1] sur les grès rouges, et d'après les analogies de position, rapporter les arkoses aux marnes irisées, les couches calcaires inférieures aux arkoses, à l'étage conchylien, les grès et marnes bigarrés aux grès bigarrés, et les grès rouges à l'étage permien.

L'épaisseur des grès rouges est très-variable, et paraît beaucoup plus grande à l'Ouest du bassin houiller qu'à l'Est. Ainsi, en combinant la longueur de l'affleurement que l'on observe sur le chemin de Saint-Benin d'Azy à Cercy-la-Tour avec l'inclinaison des couches, on obtient une puissance d'au moins 200 mètres pour ces grès rouges, puissance qui concorde assez bien avec le sondage de Rozières. En gravissant la côte que l'on rencontre, après avoir traversé la route départementale de Moulins à Avallon, on aperçoit de nouveau, après avoir constaté les affleurements des calcaires conchyliens dans les fossés de la route, les arkoses, les marnes irisées, et enfin l'infralias, qui bute contre les marnes à Am. fimbriatus et bélemnites umbilicatus. Cette juxtaposition résulte d'une faille située, à peu de chose près, dans la continuation de la ramification Est de la faille de Chevannes-Changy, et qui paraît s'étendre vers Bussières et le fonds Judas.

---

1. *Bulletin de la Société géologique*, 2ᵉ série, t. XII.

La ramification Ouest de la grande faille se poursuit sans interruption jusqu'à Travant, et fait successivement buter, suivant les altitudes résultant de l'action des courants diluviens, l'oolithe inférieure, le lias supérieur et le lias moyen contre le lias à gryphées arquées, l'infra-lias et les marnes irisées.

C'est dans cette dernière position que se rencontrent les couches à Travant.

Le calcaire à chailles de l'étage callovien affleure tout près de cette ferme, et c'est ce calcaire à chailles, dans lequel abonde le collyrites elliptica, que M. Boulanger a rapporté à l'oolithe inférieure, en s'exprimant ainsi (Description du bassin houiller de Decize) :

« Vers le Nord du bassin houiller, on trouve, au-dessus des grès houillers, l'étage oolithique inférieur caractérisé par la présence d'une grande quantité de silex provenant de couches très-chargées de matières siliceuses.

Coupe rectiligne passant par Travant et Bussières.

Pl. VI, fig. 12.

Travant est un point assez singulier; car, comme nous le verrons à l'occasion de la faille de Poizeux, cette rupture vient couper la ramification ouest de la faille de Chevannes aux environs de cette ferme. Les couches doivent donc être bouleversées sur de grandes distances, et c'est à ces bouleversements que l'on doit probablement attribuer les dislocations qui ont été rencontrées dans le fonçage du puits neuf de la concession de la Machine, et qui ont déjà occasionné tant de dépenses à l'administration des houillères.

Il est probable que plusieurs des ramifications que nous avons signalées dans les coupes précédentes traversent le terrain houiller; mais le sol couvert de bois épais, l'absence de voies de communication, qui par leurs déblais sont toujours si utiles au géologue, la similitude des différentes couches du terrain houiller, empêchent la reconnaissance des ruptures par l'inspection superficielle du sol. L'exploitation souterraine pourra seule fournir des données[1]. Nous avons dit qu'à Travant on voit buter le calcaire blanc jaunâtre contre le lias à gryphées arquées et même contre l'infralias. Ces dernières couches se relèvent fortement vers l'Est et laissent affleurer successivement les étages du trias et les premières couches du terrain houiller qui se redresse sous une pente de 30 à 40 centimètres par mètre vers Bussières.

Il est difficile de suivre la faille que nous avons constatée dans la coupe précédente au sommet de la côte du chemin de Cercy-la-Tour, près la ferme de Chouix; elle passe à l'Est de la butte de Thianges, et met les parties inférieures des marnes irisées en contact avec le lias à gryphées arquées; de là elle se dirige dans la dépression de Bussières, et traverse le terrain houiller, qui, en ce point, n'a pas encore été exploité. On ne saurait donc préciser, à cause de la discordance profonde du terrain houiller avec le trias et les étages jurassiques, l'endroit exact du passage de la faille; la similitude des différentes parties du terrain houiller ne permet pas non plus de calculer la dénivellation; ce qui me paraît probable, c'est que la faille suit le pied du coteau abrupte qui termine, pour ainsi dire, l'affleurement du terrain houiller, et qui se dirige des Germignons, par Fond-Judas, vers le château du Port.

A Bussières même on voit les terrains jurassiques et le trias reposer, en discordance de stratification, sur le terrain houiller. Au sud de Travant, la faille suit, à peu de chose

---

1. J'ai prié M. Machecourt de vouloir bien faire classer les failles nombreuses qui se rencontrent dans le bassin de Decize, suivant les différentes directions qu'elles affectent; cet ingénieur m'a promis de me donner ces renseignements, et j'espère que j'en tirerai des conclusions utiles.

près, la vallée au fond de laquelle coule le petit ruisseau qui débouche dans la Loire vers Beard. A l'Est du terrain houiller, on voit les effets de la faille se prolonger jusque sur la rive gauche de l'Aron. Le bombement orographique sur lequel sont situées les carrières de Corcelle, et à l'Est duquel apparaît, dans une position inférieure, le lias moyen paraît résulter de l'action de cette faille, qui, avant de passer la Loire, s'irradie et se divise en une série de petites dislocations faillées dont plusieurs d'entre elles sont visibles dans les carrières de Corcelle.

Coupe rectiligne passant par Beard et le château de Brain.

Pl. VII, fig. 13.

Beard est situé sur les dépôts tertiaires du calcaire d'eau douce qui reposent ici sur le lias supérieur. Au Sud de la vallée, on voit les couches du calcaire à gryphées arquées, les calcaires infraliasiques et les calcaires caverneux se redresser vers le Sud-Est. La transition brusque du lias supérieur au calcaire à gryphées arquées résulte de la ramification Ouest de la faille de Chevannes que nous avons suivie sans interruption depuis Andries jusqu'à Beard.

Les marnes irisées sortent bientôt et occupent une large surface située entre Derdan et Sougy, où l'on constate de nouveau l'infralias surmonté du calcaire à gryphées arquées, dans lequel sont taillées d'importantes carrières. Ce système de couches s'affaisse environ de 3 degrés vers la Charbonnière, de telle sorte que le calcaire à gryphées arquées se rencontre de nouveau dans le fond de la dépression de la tuilerie du Carnet ; mais ce calcaire est immédiatement remplacé par la partie moyenne des marnes irisées. Cet effet résulte d'une faille dont la direction semble correspondre avec celle de la faille de Poizeux que nous avons vu couper la ramification Ouest de la faille de Chevannes à Travant.

De la tuilerie du Carnet jusqu'au delà de Decize, on aperçoit constamment le Keuper, qui a ici un grand développement; car, d'après le sondage exécuté à Rozières par M. Degousée, les marnes irisées auraient au moins 200 mètres de puissance, les grés bigarrés 60 à 80 mètres, et les grés rouges 140 mètres.

Au Sud-Est de Decize apparaissent les calcaires à gryphées arquées qui sont promptement recouverts par des terrains en transport fort puissants et fort étendus.

Il est difficile de suivre la continuation de nos failles sur la rive gauche de la Loire; nous avons vu qu'elles s'amoindrissent et qu'elles finissent par se produire dans l'épaisseur même de l'étage géologique, de plus des terrains récents recouvrent les deux lèvres.

Nous aurons à revenir sur les dépôts qui ont recouvert les lèvres des failles, lorsque nous étudierons l'âge des dislocations que nous décrivons.

CHAPITRE VI

DESCRIPTION DE LA FAILLE OCCIDENTALE DU MORVAN.

Nous décrivons, sous le nom de faille occidentale du Morvan, un système de deux ruptures sensiblement rectilignes, qui forment la séparation à peu près exacte du Morvan et du Pays-Bas.

La rupture septentrionale étend ses dernières ramifications jusqu'au centre du département de l'Yonne. L'une de ces ramifications passe par Vézelay et Pierre-Pertuis, la seconde, se dirigeant par Pontaubert et Cure, vient se joindre à la première aux environs de Domecy-sur-Cure, pour former une faille unique qui se dirige sur Bazoches, Vauban, Bois-Vigne, Pouques et Cervon.

La rupture méridionale s'étend jusque dans le département de Saône-et-Loire, passe au Midi du département par Saint-Honoré, Moulins-Engilbert, Sainte-Perouze, Niault, et vient se joindre, au milieu d'accidents géologiques divers, à la première rupture, aux environs de Corbigny.

L'étude de cette faille est très-importante, car elle nous montre comment et à quelle époque les montagnes du Morvan sont arrivées au jour.

HISTORIQUE.

M. Élie de Beaumont décrit, sous le nom de système du Thuringerwald, du Böhmerwaldgebirge et du Morvan un système de soulèvement qui, d'après sa théorie, se serait opéré à la fin du dépôt des marnes irisées.

Cet auteur prétend « que le terrain jurassique, déposé par couches presque horizontales dans un ensemble de mers et de golfes, a dessiné les contours des divers systèmes de montagnes dont nous parlons, et en même temps ceux d'un système particulier qui se distingue par la direction Ouest 40 degrés Nord-Est, 40 degrés Sud environ de la plupart des lignes de faîtes et des vallées qu'il détermine, et par la circonstance que les couches du grès bigarré, du muschel-kalk et des marnes irisées s'y trouvent dérangées de leur position originaire, aussi bien que toutes les couches plus anciennes [1]. »

M. Élie de Beaumont, dont les théories ont eu une grande influence sur la géologie, n'est pas le seul géologue qui ait émis ces idées sur l'âge de la formation du Morvan. M. Rozet voit aussi dans la présence de lambeaux d'arkoses triasiques qui occupent le point le plus élevé de quelques montagnes du Morvan, la preuve que les mers jurassiques n'ont pas submergé ces points élevés, et que les arkoses ont été portés à des hauteurs aussi considérables, par suite d'un soulèvement qui se serait produit à la fin de l'époque du keuper.

M. Gruner, ingénieur en chef des mines, dit aussi : « Le Morvan qui sépare le lias du trias. »

---

1. *Notice sur les systèmes de montagnes*, par M. Élie de Beaumont, de l'Académie des sciences, etc., p. 382 et 392.

M. Élie de Beaumont reconnaît cependant qu'il y a liaison entre le lias et les marnes irisées ; mais il attribue cette liaison à la rapidité du mouvement ascensionnel.

Relativement à l'époque de la sortie du porphyre quartzifère, M. Dufrenoy prétend qu'elle est plus récente que le terrain houiller [1].

Malheureusement les faits et les études détaillées contredisent formellement ces assertions et ces théories. En effet, nous avons déjà vu qu'une grande plaine liasique s'étendait au pied du Morvan, et que *l'œil*, au premier abord, était disposé à voir dans ces couches, peu inclinées, un dépôt provenant d'une mer qui baignait ces montagnes.

Mais lorsque, débarrassé de la première impression d'une simple apparence, on analyse en détail les couches géologiques qui s'étendent depuis Château-Chinon jusqu'à Bourges, on arrive à des conclusions bien opposées.

Nous verrons qu'un vaste système de failles, cause dominante des reliefs du sol [2], se manifeste au pied du Morvan pour se propager en lignes droites presque parallèles jusqu'au delà de la Loire ; que ces failles, en produisant des dénivellations, ont formé des arêtes d'autant plus saillantes que les regards étaient plus élevés et que les matériaux constituants résistaient mieux à l'action dissolvante des eaux. Nous montrerons, ce qui, d'ailleurs, résulte déjà de la faille de Chevannes, que des dénudations, dont jusqu'à ce jour on n'a pas su évaluer l'importance, sont la cause de l'enlève-

---

1. *Notice sur les Systèmes de Montagnes,* par Élie de Beaumont, page 286.

2. Les courants diluviens, qui ont agi d'une manière si intense sur le Morvan et probablement sur la France entière, ont façonné et amoindri l'action des failles ; ils ont creusé des vallées secondaires, fait changer, par les érosions, la direction primitive et naturelle des chaînes en attaquant le sol irrégulièrement, suivant des lois complexes résultant de la direction des courants et de la dureté relative des matériaux. Il est clair que ces effets énormes, dont nous avons donné des preuves mathématiques, ne peuvent s'expliquer que par l'invasion de la mer, et non pas par la rupture des digues d'un grand lac, comme le lac de la Bresse.

ment des terrains supérieurs aux arkoses du keuper rencontrés sur quelques points du Morvan. Nous verrons aussi sur nos coupes et sur des cimes élevées de ces montagnes, les lambeaux jurassiques, qui, à eux seuls, viennent détruire l'âge assigné par le célèbre géologue, aux montagnes cristallisées du Nivernais.

Nous déterminerons enfin l'époque de la production, relativement très-récente, de l'ensemble des dislocations que nous étudions en ce moment.

Quant à la sortie du porphyre, nous avons déjà démontré (page 71) que ce terrain existait à l'état solide à l'époque du dépôt du terrain houiller.

Nous avons à parler des travaux de M. Belgrand [1]. Cet ingénieur a reconnu et décrit les dernières ramifications de la partie septentrionale de la rupture que nous étudions; il rapporte les dérangements stratigraphiques au système de soulèvement de la Côte-d'Or (Élie de Beaumont), malgré la direction de ces failles qui s'éloigne beaucoup de celle qui est attribuée à ce système par l'auteur de la théorie des soulèvements [2]; voyant, en effet, les couches jurassiques dérangées de leur position, et ne se rendant pas compte de l'importance des dénudations qui permet de supposer l'existence antédiluvienne de la craie inférieure au-dessus de Vézelay, M. Belgrand devait ranger ces dislocations dans le système de la Côte-d'Or. La liaison intime de ces failles avec tout le réseau que nous décrivons assigne, comme nous l'avons déjà dit, un âge beaucoup plus récent à ces dislocations.

D'un autre côté, le même géologue, dont nous analysons

---

1. *Annuaire statistique du département de l'Yonne*, 1850, et *Notice sur la carte agronomique et géologique de l'arrondissement d'Avallon*, par M. Belgrand, ingénieur des ponts et chaussées.

2. D'après M. Élie de Beaumont, qui suppose que la croûte terrestre a été soulevée d'époques à époques, le système de la Côte-d'Or date de la fin de la formation jurassique sans affecter la formation crétacée. La direction de ce soulèvement serait Est 40 degrés Nord à Ouest 40 degrés Sud.

les travaux utiles, ayant eu probablement sous les yeux la carte géologique de M. Élie de Beaumont, qui indique autour de Bazoches et de Pouques le lias inférieur, au lieu de mentionner la grande oolithe, voyant en outre la vallée de Bazoches cesser brusquement derrière ce village, fut disposé à donner à la faille une longueur seulement de 14 kilomètres, et à l'arrêter vers la limite du département de la Nièvre, précisément au point où elle acquiert sa plus grande puissance en mettant en contact, sur une longueur considérable, l'étage bathonien avec le granite [1], ou le gneiss.

DESCRIPTION DE LA PARTIE COMPRISE ENTRE VÉZELAY, PONTAUBERT ET CORBIGNY,

Coupe rectiligne passant par Vézelay et Pontaubert.

Pl. VIII, fig. 15.

La ville de Vézelay est bâtie sur les couches inférieures et moyennes de la grande oolithe; le calcaire à entroques et l'oolithe ferrugineuse ont été largement entamés par la route d'Avallon; l'étage thoarcien (lias supérieur) occupe la partie la plus inférieure du versant Ouest de la vallée de la Cure; en se dirigeant vers Nanchèvre, le sol change subitement, et la présence de la gryphée arquée vient prouver que les couches ne se suivent pas d'une manière normale; en remontant les hautes collines du Gros-Mont, l'observateur recoupe des étages de plus en plus récents; le lias moyen est bientôt suivi du lias supérieur et du calcaire à entroques. Le Gros-Mont, par le point culminant duquel notre coupe ne

---

1. L'ouvrage de M. Belgrand forme, sous le rapport agronomique, un ouvrage très-utile, qui montre clairement la relation de la géologie avec l'agriculture; il serait à désirer que chaque arrondissement de la France possédât des renseignements agricoles aussi bien coordonnés.

passe pas, et qui est situé un peu au Nord de la direction que nous étudions, a été visité par la Société géologique [1] lors de sa réunion extraordinaire à Avallon. La Société a rencontré sur le sommet de cette haute colline les couches oolithiques de l'étage bathonien, et au-dessus des blocs considérables de grès sur l'origine desquels il s'est produit des opinions diverses [2], mais qui ont été considérées comme tertiaires par la plus grande partie des membres de cette Société. En descendant vers Pont-Aubert, on rencontre le lias supérieur et le lias moyen (calcaire à gryphées cymbium), puis, par l'effet de la faille, affleure le lias à gryphées arquées; les marnes du lias moyen disparaissent ainsi de la surface du sol.

M. Belgrand donne aux marnes liasiennes une puissance de 30 mètres. En remarquant que les puissances des systèmes argileux et sablonneux, qui résultent de l'étude des affleurements, sont toujours inférieures aux puissances réelles résultant des sondages, je suis porté à augmenter de beaucoup ce chiffre de 30 mètres; il est même probable que la puissance de 60 à 70 mètres que je suppose aux marnes de l'étage liasien est encore, dans beaucoup de cas, trop faible.

La dénivellation des deux lèvres de cette ramification est au moins de 60 mètres.

L'influence de ces failles sur l'orographie est bien sensible. Le regard théorique de la ramification Ouest peut être évalué à 144; Vézelaÿ étant à la cote 300, le Gros-Mont à la cote 360, on obtient 60 mètres pour le regard lointain pris au Gros-Mont; la différence qui existe entre le regard théorique et le regard lointain prouve qu'en raison de la saillie de la lèvre restée en place, l'action de l'eau sur ces points

1. *Bulletin de la Société géologique de France*, 2ᵉ série, t. II.
2. J'ai suivi ces blocs dans le département de la Nièvre, où j'en ai rencontré un grand nombre sur le plateau qui précède la faille de Chevannes vers Villaine et Breugnon; il en existe aussi quelques blocs vers Corbelin.

élevés a été plus forte que celle qui s'est produite sur la lèvre affaissée.

Les effets orographiques de la ramification Est sont peu appréciables, le regard théorique n'étant plus que de 60 à 80 mètres, et les terrains du lias étant d'un enlèvement plus facile que les roches résistantes du système oolithique inférieur; la lèvre Ouest se trouve à un niveau plus élevé que la lèvre Est, circonstance qui permet la production d'un faux regard (page 52).

Comme les couches dont se compose la ramification Ouest se relèvent, de même que celles de la lèvre voisine, vers le Sud, la dénivellation géologique reste à peu près stationnaire sur une assez grande distance; les deux failles tendent, en outre, constamment à se rapprocher l'une de l'autre, car la distance qui les sépare à Vézelay et Pont-Aubert est de 10 kilomètres, tandis que cette distance ne se trouve être que de 7 kilomètres entre Pierre-Pertuis et Menades.

Coupe rectiligne passant par Pierre-Pertuis et Menades.

Pl. VIII, fig. 16.

Derrière une petite maison située sur la route de Bazoches à Vézelay se remarquent, immédiatement après le lias supérieur qui occupe la lèvre Ouest de la ramification dont nous avons constaté l'existence à proximité de cette dernière ville, des affleurements de lias à gryphées arquées au-dessous desquels sortent les arkoses infraliasiques contemporaines, suivant M. de Bonnard [1], du lias inférieur.

Le fond de cette vallée pittoresque est occupé par les roches pseudo-ignées qui, dans beaucoup de lieux, sont sépa-

---

1. *Notice géologique sur quelques parties de la Bourgogne*, par M. de Bonnard.

rées des arkoses par un cordon d'argile durcie [1] ayant l'apparence d'un schiste rouge, probablement triasique, car ce schiste se transforme souvent en marnes rouges ayant tous les caractères des marnes irisées.

En remontant vers Précy, le calcaire à gryphées arquées reparaît et se continue jusqu'à Menades, où se remarquent de nouveau les grès infraliasiques à une altitude supérieure à celle du calcaire à gryphées arquées.

La succession anormale de ce dernier terrain aux marnes supraliasiques d'une part et aux grès infraliasiques d'autre part résulte de l'action des deux failles; le regard théorique de la ramification Ouest peut être évalué à 160 mètres, celui de la ramification Est à 60 mètres environ.

A partir de la direction transversale que nous venons d'étudier, les deux failles se rapprochent de plus en plus par suite de leur convergence, et viennent se réunir en une seule dislocation aux environs de Cure.

Déjà à Domecy on ne rencontre-la trace que d'une seule faille dont la disposition est donnée pl. VIII, fig. 17. Le lias supérieur que l'on voit aux environs de l'église de Domecy reposer sur le calcaire à gryphées cymbium est adossé à l'infralias, qui lui-même est supporté par les marnes rouges dont on constate quelques légers affleurements le long du chemin vicinal.

La dénivellation théorique (regard théorique) atteint ici 180 mètres environ.

En se dirigeant vers le Sud, la faille augmente d'importance; la lèvre Ouest se maintient au même niveau, tandis que la lèvre Est se redresse fortement, car on voit peu à peu les grès infraliasiques faire place à des *gneiss*, puis à des granites; le lias moyen, le lias supérieur et même quelques petits lambeaux de calcaire à entroques viennent s'adosser à

---

1. L'épaisseur de cette argile a été un peu exagérée sur la coupe.

ces roches : c'est dans cette situation que se trouvent les deux lèvres de la faille à Bazoches.

Coupe rectiligne passant par Nuars et Bazoches.

Pl. IX, fig. 18.

Le fond de la vallée de l'Yonne, aux environs de Champagne, est occupé par le lias supérieur. Par suite d'un léger redressement vers l'Est affleurent à Teigny le calcaire à entroques et l'oolithe ferrugineuse; ces dernières couches sont très-fossilifères, car on y rencontre en grande abondance des trigonia costata, Am. Parkinsoni, terebratula spheroidalis, pleurotomaria proteus, Ebrayana, ornata, collyrites ringens, pecten fibrosus, hemithiris spinosa. Les déblais du nouveau chemin de grande communication de Tannay à Vézelay ont largement entamé l'oolithe ferrugineuse.

En se dirigeant vers Saint-Aubin, le sol s'élève et est recouvert par le calcaire blanc jaunâtre de la grande oolithe, puis vers Bazoches on recoupe le calcaire à entroques et le lias supérieur. La gryphée cymbium, qui se rencontre dans les fossés du chemin aux environs des premières maisons de ce village, indique les parties supérieures du lias moyen.

Après avoir traversé le ruisseau et marché pendant quelques instants sur un sol argileux qui doit être rapporté aux parties inférieures de l'étage thoarcien, on voit apparaître des rochers de gneiss avec mica noir (ferro-magnésien) surmontés de blocs de grès et de quartz avec baryte sulfatée : la faille est donc évidente; le regard théorique n'a pas moins de 300 mètres.

On ne peut pas admettre que la mer se soit arrêtée comme par enchantement le long de cette faille, car alors il faudrait admettre aussi que les mers bathoniennes se fussent arrêtées à Vézelay, chose impossible, puisque l'on retrouve des lambeaux de la grande oolithe au Gros-Mont. Je dois ici mettre en relief l'impossibilité d'expliquer les failles par des discordances d'étages, comme cela a été fait par quelques géologues [1] qui probablement n'ont pas eu 'occasion de suivre ces accidents dans toute leur étendue et de constater la réalité de la dislocation.

Les failles du Cher, de l'Yonne et de la Nièvre sont des dislocations, comme l'ont admis MM. Belgrand, Raulin, Joly, Boulanger, Bertera, etc., et non des effets de discordances, par les raisons suivantes :

1° Dans le cas de discordance transgressive, on devrait, dans les puits et les sondages, retrouver au-dessous de l'étage transgressif, l'étage sur lequel a eu lieu la transgressivité ; mais dans les puits et sondages, on retrouve la série régulière des étages ;

2° Dans le cas de discordance transgressive, la côte de l'étage transgressé devrait présenter les sinuosités des côtes ordinaires ; c'est le contraire qui existe : les lignes séparatrices sont en général des lignes sensiblement droites ;

3° Dans le cas de discordance, on devrait rencontrer à côté des lambeaux de l'étage transgressif des affleurements de l'étage transgressé ; c'est toujours le contraire qui existe : lorsqu'un lambeau supposé transgressif laisse apparaître autour de lui des affleurements, ces affleurements représentent la succession régulière des étages ;

4° Toutes les fois qu'une faille a été attaquée par des travaux importants, comme dans les tranchées de l'Aiguillon près de Nevers, dans la tranchée de Gimouille près du Guetin, on voit le joint de rupture, preuve palpable de la dislocation [2].

---

1. Cotteau, *Aperçu d'ensemble sur la géologie et la paléontologie du département de l'Yonne.*
2. Je suis loin de nier la transgressivité de certains étages jurassiques ;

La dénudation est donc manifeste ; la grande oolithe a dû recouvrir une partie du Morvan, et la puissance des terrains enlevés sur ces montagnes granitiques est au moins de 300 mètres ; mais ce chiffre est un minimum ; le chiffre réel nous échappe, et tout prouve qu'il peut être porté au double de la puissance que nous venons d'indiquer.

En se dirigeant de Bazoches vers Bois-Vigne, on voit la vallée disparaître, les altitudes des deux lèvres se rapprochent, et les traces orographiques de la rupture s'atténuent.

Mais par cela même que les courants destructeurs ont ménagé la contrée située entre Bazoches et Bois-Vigne, par suite de leur régime dont il nous est impossible de spécifier tous les détails, la faille devient plus manifeste et plus imposante, car à 1 kilomètre environ au Sud de Bazoches on voit la grande oolithe buter contre le granite [1] ; nous constatons alors un regard théorique de plus de 400 mètres, une dénudation minima du même chiffre, et une dénudation possible ou probable de 7 à 800 mètres.

Coupe rectiligne passant par Tannay et Bois-de-Mont-Vigne.

Pl. IX, fig. 19.

Après avoir dépassé la ville de Tannay, qui repose sur les couches du calcaire blanc jaunâtre et sur le calcaire à entroques, on voit le lias moyen affleurer vers le thalweg de la vallée de l'Yonne.

ainsi j'ai constaté depuis longtemps, avec d'Orbigny, que le lias moyen repose sur les roches azoïques aux environs de Saint-Maixent, que le lias supérieur repose sur les granites aux environs de Ligugé ; mais il est toujours facile de distinguer, avec un peu d'attention et par les moyens précités, si on a affaire à une faille ou à un étage transgressif.

1. On remarque de part et d'autre des couches de la grande oolite les affleurements des étages bajocien et liasien ; la théorie de la discordance ne peut donc pas être soutenue en présence de faits semblables qui se rencontrent à chaque pas au pied du Morvan.

Par suite de la pente rapide du sol vers l'Est, le calcaire à entroques reparaît vers Chitry, puis vient le calcaire blanc jaunâtre, dont est composée en grande partie la haute butte du Mont-de-Bois-Vigne, qui, vers le sommet, permet à la grande oolithe de se maintenir. Quelques silex rubanés indiquent même la présence au moins altérée de l'étage callovien. En descendant la butte, on retrouve le calcaire à entroques et quelques indices de lias supérieur, puis tout à coup vient un granite très-dur qui apparaît ici par suite de la faille.

L'action de cette rupture sur l'orographie est facile à saisir ; c'est à son action qu'il faut rapporter les montagnes de Lormes, qui se dressent à des hauteurs de 5 à 600 mètres.

En continuant notre marche vers le Sud, on se rend de plus en plus compte de l'action immense des eaux diluviennes : le sol s'abaisse promptement vers la tuilerie des Aubus ; des lambeaux de marnes irisées, d'infralias et même de calcaire à gryphées arquées reposent çà et là au bord de la faille et en désordre sur les roches cristallisées. Ces lambeaux ne sont probablement pas en place, car les marnes irisées ont servi de véhicule dans ces grands et brusques mouvements de l'écorce de la terre.

En poursuivant notre marche dans la même direction, on voit la lèvre Ouest, de plus en plus dénudée, laisser affleurer successivement les calcaires à gryphées cymbium, les marnes sous-jacentes sans fossiles, les marnes et calcaires argileux à belemnites umbilicatus, et enfin les premières assises du lias à gryphées arquées.

Coupe rectiligne passant par Ruages et Lormes.

Pl. X, fig. 20.

Ruages est une petite commune située pour ainsi dire à la séparation du lias inférieur et du lias moyen. Ce dernier

étage affleure sur les versants des hautes collines traversées par le chemin vicinal ; la partie supérieure de ces marnes est, comme partout, surmontée par les calcaires à gryphées cymbium qui, aux environs d'Athien et de Magny, contiennent une quantité prodigieuse de ces bivalves, presque toujours accompagnés de pecten (*æquivalvis*), de bélemnites (*niger*) et de térébratules d'espèces très-variées (*Rhynchonella variabilis, acuta, serrata, terebratula lampas*).

En descendant le coteau raviné à l'Est de Magny et après avoir constaté la présence du lias supérieur, on recoupe des étages de plus en plus anciens, et l'on arrive même sur les couches les plus supérieures du lias à gryphées arquées qui butent contre le granite.

La faille est donc accusée, ici, par l'absence de l'infralias et des marnes irisées ; elle n'offre pas en ce point une grande dénivellation, mais cet effet n'est qu'apparent parce que le granite lui-même a dû être dénudé.

Nous remarquons que le sommet de la butte de Mont-de-Bois-Vigne est à la cote 428 et que le fond de la vallée, dans laquelle passe la faille, est à la cote 210 ; nous constatons donc, sans l'auxiliaire des failles, des dénudations d'une puissance de plus de 200 mètres, peu comparables cependant aux dénudations qui ressortent de l'étude de nos ruptures.

Il est difficile de poursuivre la faille au delà du point que nous venons de décrire, car elle se rapproche de la jonction de la rupture méridionale, et cette jonction est accompagnée de failles secondaires et de contournements dont la description, peu utile, fatiguerait sans doute le lecteur ; la ramification la plus apparente, et dont les dénudations empêchent de reconnaître toute l'importance, passe à l'Ouest de la côte de Cervon et suit la direction de la petite vallée située au pied du village le Pontot.

La fig. 21, pl. X, donne la disposition des couches suivant une ligne passant par Corbigny et Cervon. On remarque

7

qu'à Cervon le lias à gryphées arquées existe sur le sommet
de la montagne, tandis que ce même terrain affleure aussi
dans le fond de la vallée où il est immédiatement recouvert
par les marnes à bélemnites. La colline de Cervon étant à la
cote 305, la vallée à la cote 205, on obtient une dénivellation de 100 mètres environ pour cette ramification.

Nous quittons ici la faille septentrionale dont nous déterminerons la direction exacte avec celle des autres ruptures,
lorsque, appuyé sur tous les faits qui ressortent de l'ensemble du réseau, nous examinerons l'âge de ces dislocations; cependant nous pouvons constater, dès à présent,
que la longueur de la faille irradiée passant par Nczelay ou
Pontaubert est de 18 kilomètres; la longueur de la faille
unique de Domecy au Sud de Pouques est de 19 kilomètres;
la longueur de la partie méridionale est de 16 kilomètres, ce
qui fait un total de 53 kilomètres; ce chiffre est un minimum, car je suppose la faille arrêtée à Vezelay tandis qu'elle
se prolonge plus loin encore vers le Nord.

La ramification Ouest se dirige environ N. 20° O., et la
ramification Est N. 20° E.; la moyenne de la direction serait
S.-N. La faille unique se dirige environ N. 10° E., S. 10° O.
Les lignes de ruptures affectent des directions sensiblement
rectilignes.

DESCRIPTION DE LA PARTIE COMPRISE ENTRE CHATEAU-GAILLARD ET SAINT-HONORÉ.

Un des premiers points qui permettent de constater avec facilité le passage de la faille, est Montauté. Déjà au Nord de ce
dernier village, à Thavenau, on voit la transition brusque du
porphyre au lias à gryphées arquées; en joignant Montauté
et Thavenau par une ligne droite, on remarque qu'elle passe
aussi par Frasnay et Niault. Nous verrons que ces derniers
points sont sur la faille, qui dans ces localités paraît offrir

une plus grande dénivellation, à cause de l'action plus faible des courants diluviens. La diminution apparente du regard à Montauté ne provient pas seulement de la diminution de la grande faille que nous décrivons, mais elle résulte aussi, et surtout, de l'action énorme des courants diluviens qui ont dénudé cette lèvre jusqu'au niveau de l'infralias. Le passage brusque du calcaire à gryphées au porphyre s'observe encore très-bien dans la rigole d'alimentation entre les routes d'Aunay à Lormes et d'Aunay à Corbigny, où l'on voit les bancs supérieurs des calcaires infraliasiques buter contre les roches cristallines.

Coupe rectiligne passant par Bazolles et Montreuillon.

Pl. XI, fig. 22.

On observe à Bazolles au fond du canal, les marnes irrisées au-dessus desquelles se développe l'infralias qui, aux environs de Bazolles, d'Achun et de Châtillon, acquiert une forte puissance. Ce dernier terrain est remplacé bientôt en se dirigeant vers Montauté par le lias à gryphées arquées; quelques indices de marnes à bélemnites prouvent que les hauteurs, plus ou moins recouvertes par le diluvium, offrent des affleurements de l'étage liasien. On ne tarde pas néanmoins, en descendant dans la dépression de Montauté, de rencontrer du lias à gryphées arquées, dont on reconnaît les premières couches, dans les carrières exploitées pour le service des fours à chaux, situés à la limite des deux terrains; en effet, le banc le plus supérieur est argilo-calcaire et contient la gryphée, qui fait le passage entre la gryphée arquée et la gryphée cymbium; il fournit de la chaux hydraulique contrairement aux bancs inférieurs qui fournissent de la chaux grasse. Les roches cristallines s'élèvent immédiatement après ces carrières à des hauteurs de

464 mètres. On observe à Montreuillon, sur la rive droite de l'Yonne, près de l'issue remarquable que cette rivière a dû se frayer en entamant péniblement les roches dures qui lui barraient le passage, des roches cristallines parfaitement stratifiées et qui, d'après leurs caractères minéralogiques, sont encore classées dans le porphyre quartzifère par beaucoup de minéralogistes. L'arête qui part de Niault et qui se dirige environ du Sud au Nord paraît résulter de l'action de la faille.

En se dirigeant le long de la rupture vers cette dernière localité, le sol s'élève graduellement et permet de monter dans l'échelle géologique; aussi rencontre-t-on bientôt les argiles du lias moyen et les calcaires à gryphées cymbium qui buttent à Niault contre le porphyre quartzifère.

Coupe rectiligne passant par Aunay et Niault.

Pl. XI, fig 23.

Les berges du canal, à l'Ouest de la Roche, montrent des affleurements d'arkoses triasiques, et il est probable que le porphyre n'est pas loin du thalweg de la vallée.

Vers Achun affleurent d'abord les marnes rouges, les grès et les calcaires infraliasiques, puis apparaît le calcaire à gryphées arquées.

Ce dernier terrain se poursuit jusqu'au delà d'Aunay. A l'Est de cette dernière commune le sol s'élève et permet de reconnaître sur une assez grande longueur les argiles du lias qui sont bientôt recouvertes par les calcaires à gryphées cymbium assez faciles à reconnaître à Niault, car au Nord du chemin vicinal il existe, au contact des roches cristallines, une carrière dans laquelle pullulent les fossiles caractéristiques du lias moyen.

La coupe que nous étudions prouve encore clairement que

les courants diluviens ont raviné d'une manière remarquable tout l'espace compris entre Niault et le canal; en faisant abstraction des conséquences que l'on peut tirer de l'existence de la faille, qui montre que les dénudations se sont faites sur une bien plus vaste échelle, on est néanmoins conduit à se demander comment le petit lambeau de lias moyen a pu se maintenir dans une position aussi élevée et aussi isolée; il est clair que les mers n'ont pas pu submerger ce petit espace sans s'être étendues sur tous les points d'une altitude égale, et qu'une partie du Morvan a dû être envahie par les eaux jurassiques.

Le lias moyen est adossé à des montagnes de porphyres rouges quartzifères avec gros cristaux d'orthose; la faille fait donc disparaître à la superficie du sol les marnes sans fossiles, les marnes à bélemnites, le calcaire à gryphées arquées, l'infralias et les marnes irisées. En se dirigeant de Niault vers la tuilerie de Bucherolles, on voit constamment le lias moyen à gryphées cymbium buter contre les roches cristallines; au-dessous de Sainte-Péreuse, la faille se montre avec beaucoup de netteté et nous allons donner la disposition des couches en ce point de faille.

Coupe rectiligne passant par Tamnay et Sainte-Péreuse.

Pl. XII, fig. 24.

La commune de Tamnay repose sur la limite du lias moyen et du lias supérieur; en remontant la côte située à l'Est de cet endroit, on continue à cheminer sur ces mêmes couches qui, sur les points culminants du coteau, sont recouvertes par une espèce d'arène diluvienne[1]. A gauche et à

---

1. L'arène résulte ordinairement de la décomposition sur place du granite ou du porphyre par suite de l'action de l'eau, de l'air et des forces moléculaires. Quelquefois l'arène a été transportée par les courants; alors le quartz est arrondi et le feldspath altéré.

droite de la vallée du Veynon affleurent les calcaires à gryphées cymbium, sur lesquels repose le lias supérieur, et au-
dessus de celui-ci, le calcaire à entroques qui est exploité
aux environs de Chamnay; des traces de calcaires blancs
jaunâtres s'aperçoivent même sur les points culminants. Le
calcaire à gryphées cymbium occupe depuis la tuilerie de
Bucherolles jusqu'au pied de la montagne de Sainte-Péreuse
une large surface à la suite de laquelle apparaissent le granite et le porphyre quartzifère. Ici encore la faille est bien
indiquée et se dirige en ligne droite de Champy à Niault.

Au Sud de cette première localité située à la limite du
Morvan et du Pays-Bas, la faille se dirige en suivant la vallée
du ruisseau des Garats vers Moulins-Engilbert; à la droite
de ce ruisseau, on a constamment le calcaire à entroques;
sur les points culminants se rencontrent quelques îlots de
calcaire blanc jaunâtre et le thalweg est occupé par le lias
supérieur qui bute contre les porphyres et autres roches
cristallines, sur le flanc desquelles se rencontrent des lambeaux de trias, d'infralias et de calcaire à gryphées arquées.

A Moulins-Engilbert la situation des lèvres dans la faille
est donnée par la planche XII, figure 25.

Coupe rectiligne passant par Mons et Moulins-Engilbert.

Les calcaires à gryphées cymbium s'observent le long de
la côte de Mons; les argiles sous-jacentes affleurent jusque
dans le thalweg de la vallée, dont l'élargissement vers Limanton résulte probablement de la dénudation facile de cet
étage.

En remontant la côte vers Montembert, on recoupe les calcaires liasiens; puis, vers Moulins-Engilbert, on rencontre
d'autres argiles qui contiennent des *Am. bifrons* et qui, par
conséquent, doivent être rapportés au lias supérieur; la côte

située au-dessous de la Motte est encore thoarcienne; mais de l'autre côté du thalweg on aperçoit des roches cristallines qui apparaissent dans cette position par l'action de la faille.

La dénivellation est ici de 160 mètres seulement, et en ajoutant à la cote de Moulins-Engilbert la puissance de cette dénivellation, on obtient l'altitude de 400 mètres qui correspond bien à la hauteur de Poizeux; mais en remarquant qu'en raison de la saillie de la lèvre Est, le côté du Morvan a dû être beaucoup plus fortement attaqué par les eaux que le côté du Pays-Bas, et que malgré cela le regard théorique est à peu près égal au regard lointain pris à Poizeux, on est porté à conclure que la dénivellation géologique des deux lèvres de la faille doit être plus forte que ne l'indiquent les chiffres que nous venons d'obtenir; circonstance qui s'explique facilement par la remarque que les lambeaux liasiques de la lèvre Est ne sont pas en place et qu'ils ont dû glisser, à l'époque des cataclysmes, sur les marnes irisées qui servaient de véhicule. Entre Moulins-Engilbert et Saint-Honoré, le calcaire à entroques, l'oolithe ferrugineuse et même le calcaire blanc-jaunâtre butent (fig. 27, pl. XIII) contre les divers termes du lias moyen, du lias inférieur, et contre le granite. A Saint-Honoré, on constate la présence du calcaire à entroques et de l'oolithe ferrugineuse dans une petite carrière située au bord de la route de Vandenesse. A quelques pas de ce point, les arkoses et le porphyre viennent indiquer le passage de la faille dans les joints de laquelle coulent probablement les sources d'eaux thermales.

Nous venons d'étudier la faille occidentale en faisant des sections dirigées en général de l'Est à l'Ouest, c'est-à-dire perpendiculaires à la direction de la rupture qui a, en partie, donné naissance à la chaîne du Morvan. L'examen de la disposition des couches des lèvres suivant une direction parallèle à la rupture, fait remarquer (pl. XIV, profil de la lèvre Est) que, de part et d'autre d'une région désignée par région anticlinale [1], les couches s'affaissent vers le Nord-Ouest et vers le Sud-Est.

La même circonstance s'observe (pl. XIV, profil de la lèvre Ouest); les couches s'affaissent de part et d'autre de la région anticlinale située aux environs d'Égrolles.

1. Dans un système quelconque de couches il existe différentes lignes singulières dont il importe de bien saisir la définition; ces lignes sont la direction, l'inclinaison et l'axe anticlinal. Dans un plan incliné on peut tracer une infinité de lignes d'une inclinaison variable; mais parmi toutes ces lignes il en existe une pour laquelle l'inclinaison est à son maximum. C'est cette ligne qui détermine l'inclinaison des couches; la direction est une ligne perpendiculaire à cette première; l'axe anticlinal est la ligne autour de laquelle les couches se sont affaissées.

CHAPITRE VII

FAILLES DE SAINTE-COLOMBE ET DE MENOU.

Nous venons de décrire deux failles qui ont eu pour action de faire affleurer vers les points anticlinaux des roches cristallisées. A mesure que nous nous éloignons du massif granitique du Morvan, les dépôts deviennent de plus en plus récents. Les étages, étant alors formés de matériaux moins durs, ne résistent plus aussi bien à la force puissante des courants destructeurs. A une certaine distance du centre de l'affaissement, les couches, plus libres dans leurs mouvements de bascule, se succèdent assez régulièrement; les altitudes diminuent, de grands cours d'eau sillonnent le sol, en portant dans les vallées la fertilité et la richesse, et nous entrons enfin dans les pays de plaine, où le géologue trouve sans grand effort les données nécessaires pour dresser l'histoire de l'écorce de la terre.

Les failles que nous décrivons dans ce chapitre se produisent au milieu des affleurements des étages jurassiques et crétacés. Elles se perdent aussi dans le département de l'Yonne; c'est donc encore là que nous aurons à reconnaître les premières traces de leur existence, et cette tâche nous est rendue plus facile, car l'origine d'une de ces ruptures a déjà été signalée et décrite par M. Raulin [1] sur une lon-

---

1. *Statistique géologique du département de l'Yonne*, par M. V. Raulin, et *Bulletin de la Société des sciences historiques et naturelles de l'Yonne.*

gueur de 20 kilomètres, depuis la vallée du Branlin jusqu'aux environs de Ciez.

Ce dernier géologue constate que la lèvre affaissée de la
faille est située à l'opposé du Morvan, et il fait observer
que cette disposition se remarque dans les six failles décou-
vertes dans le département de l'Yonne.

Si cette observation est exacte pour les six failles de ce
dernier département, elle ne peut être admissible pour l'ensemble du réseau qui se développe surtout dans le département de la Nièvre ; la faille occidentale du Morvan, dont
les accidents de Vezelay et de Pontaubert ne forment que les
échos lointains de cette grande rupture, et la faille de Sainte-
Colombe, sont les seules dans lesquelles les lèvres affaissées
soient à l'Ouest ; les autres dislocations, y compris celle de
Sancerre, présentent les parties affaissées à l'Est de la faille.

L'ensemble des lambeaux ne présente donc pas la disposition en amphithéâtre dont parle M. Raulin dans le travail
précité.

La faille de Menou n'a pas été observée dans l'Yonne ; il
serait cependant possible que la faille de Chevannes (Yonne)
ne fût qu'une ramification extrême de cette rupture, qui dis-
paraîtrait ou s'atténuerait alors sur une certaine distance
comprise entre la route d'Entrains à Clamecy et Escamps [1].

Coupe rectiligne passant par Saint-Sauveur et Saints.

Pl. XV, fig. 30.

La faille de Sainte-Colombe commence, d'après M. Raulin,
« dans la vallée du Branlin, entre le Pont-de-Sauroy et les
Bressus, et se dirige, pendant trois kilomètres au moins, du
N.-N.-O. au Dupuits ; là elle devient très-visible, et suit,

---

1. Comme cette faille est entièrement située dans l'Yonne, et comme M. Raulin l'a déjà décrite, il est inutile de s'en occuper dans cet ouvrage.

pendant quatre kilomètres, la direction N. 6° E. par la Chapelle et les Pilloux jusqu'à Branlin, où elle dévie un peu plus à l'E. pendant deux kilomètres. Des Noues elle suit, par les Thomas, Sainte-Colombe, le Rameau et Péreuse, jusqu'à la limite du département, à l'Ouest des Cours, une ligne orientée N. 15° E. et parfaitement droite sur une longueur de plus de huit kilomètres. Des Bressus aux Noues on voit constamment les sables de la Puisaye adossés au calcaire portlandien, au calcaire jaune, à Spatangues, aux argiles à lumachelles et aux sables bigarrés néocomiens. Aux Thomas, le calcaire portlandien, le calcaire à Spatangues, les argiles à lumachelles, les sables bigarrés et ceux de la Puisaye butent contre le kimmeridgelay et le calcaire portlandien.

« A Sainte-Colombe, aux Graissiens, aux Guittons et aux Devaux, on voit le calcaire portlandien, le calcaire à Spatangues, les argiles à lumachelles et les sables bigarrés adossés au kimmeridgelay. En descendant au Sud de Péreuse par le chemin du Petit-Thée, la surface du calcaire portlandien est abaissée presque au niveau du kimmeridgelay et du coralrag. Dans la plaine, enfin, le coralrag bute contre les couches oxfordiennes moyennes. »

J'ai commencé l'étude de cette faille au point où elle devient incontestable, c'est-à-dire à partir de la route de Saint-Sauveur à Saints.

La fig. 30, pl. XX, donne la coupe suivant une ligne passant par Saint-Sauveur et Change.

La ville de Saint-Sauveur est bâtie sur les sables ferrugineux de la Puisaye, que nous avons classés (page 17) dans l'étage albien (d'Orb.). En se dirigeant vers Saints, on rencontre quelques affleurements des argiles bleues micacées ; mais, après avoir traversé le ruisseau du Branlin, on constate la présence des parties moyennes de l'étage portlandien, apparition qui résulte de l'action de la faille, qui, en ce point, peut présenter une dénivellation de 40 mètres.

En se dirigeant vers le Sud, on voit les lèvres de la faille se relever d'une manière très-sensible. L'étage néocomien ne forme plus, aux environs de Malerue, que des lambeaux isolés qui occupent les points culminants des mamelons; au Sud de Malerue, l'étage disparaît sur la lèvre Est. La lèvre Ouest ne paraît pas se relever aussi rapidement que la lèvre Est, car dans cette dernière localité on rencontre encore les sables ferrugineux avec quelques affleurements des argiles du gault. La fig. 31, pl. XV, donne le point de faille à la Malerue.

Dans le trajet compris entre la Malerue et Sainte-Colombe, on voit les sables ferrugineux avec les argiles albiennes adossés à l'étage portlandien; à Sainte-Colombe même, ce dernier étage bute, comme l'indique la fig. 32, pl. XV, contre l'étage kimmeridien. La faille se poursuit en ligne droite vers Péreuse; elle passe entre le point culminant sur lequel est bâtie la commune et le mamelon du moulin à vent; la différence qui se remarque dans les altitudes de ces deux points, provient de l'action de la faille (fig. 33, pl. XVI).

La disposition générale des couches, suivant une ligne passant par Péreuse et la montagne des Alouettes, est donnée (fig. 34, pl. XVI); une des ramifications de la faille de Menou passe un peu à l'Est de ce dernier point; mais elle présente ici une dénivellation insignifiante [1].

Sur le sommet de la montagne de Péreuse se rencontre un petit îlot de calcaire néocomien très-riche en fossiles et principalement en échinodermes; il est entièrement entouré de roches portlandiennes. En descendant le chemin vicinal

---

1. Ces petites failles peuvent se suivre plus loin vers le Nord, mais leur constatation se fait, dans certains cas, assez difficilement; cependant c'est à ces ruptures qu'il faut rattacher le passage brusque, entre Etais et Andryes, des calcaires oolithiques de l'étage callovien avec les chailles aux parties moyennes de l'étage oxfordien. Ces calcaires oolithiques à *Am. anceps* ont été rangés à tort par quelques géologues dans la grande oolithe.

de Péreuse à Entrains on rencontre au même niveau le calcaire portlandien et le coralrag.

La faille présente donc, en ce point, une dénivellation de 70 mètres environ.

A partir de Péreuse, elle devient moins apparente et passe par les Cours, en se dirigeant vers les Claudes; au pied de la côte de Bouhy, elle met les couches moyennes de l'étage kimmeridgien en contact avec l'étage corallien.

La fig. 35, pl. XVI, donne la disposition des étages suivant une ligne passant par Ciez et Menestreau; les couches moyennes du coralrag butent à l'Est de Ciez contre la partie inférieure du même étage; vers Menestreau, on constate des dislocations multipliées qui résultent de l'irradiation de la faille de Menou.

En se dirigeant vers le Sud, cette dernière faille devient de plus en plus puissante. Déjà, entre les Bardins et les Grandes-Herbes, on constate au même niveau des calcaires blancs jaunâtres à pholadomyes en contact avec l'étage oxfordien; à Menou même, la rupture présente une dénivellation de 300 mètres environ, et met en contact le calcaire à entroques avec l'étage corallien inférieur.

La faille de Sainte-Colombe traverse la vallée du ruisseau de Talvane vers la Bretonnière, où l'on voit, en suivant le chemin vicinal de Donzy à Colmery, la grande oolithe à un niveau supérieur et en contact avec le Kelloway-Rock.

Coupe rectiligne passant par Donzy et Menou.

Pl. XVII, fig. 36.

Les environs de Donzy permettent de constater un grand développement de kelloway's-rock; d'importantes carrières, qu'il ne faut pas cependant confondre avec les carrières de Verger de l'étage oxfordien supérieur, montrent une série importante de bancs à *Am. anceps* et à *Am. macrocepha-lus* adulte. Le calcaire à chailles avec *collyrites nirernensis* (elliptica) couronne les hauteurs qui, en général, sont cou-vertes de forêts épaisses et étendues. L'ensemble de ces strates n'est pas fortement incliné : on serait même disposé à le considérer comme horizontal; mais l'étude générale des assises démontre qu'il existe une légère inclinaison vers l'Ouest.

Le kelloway's-rock s'observe tout le long du ruisseau de Talvanc; il est encore très-apparent aux forges de Lepeau, où l'on voit même, dans une petite carrière, le calcaire à chailles reposer sur les calcaires compactes; mais, à un bon kilomètre de cette forge, on voit le sol changer brusquement, et une carrière aujourd'hui abandonnée vient offrir des cal-caires oolithiques qui appartiennent à l'étage bathonien; c'est entre cette carrière et les forges, que passe la faille de Sainte-Colombe.

En continuant notre étude vers Menou, on marche longtemps sur les strates de l'étage bathonien supérieur; mais le re-dressement des couches devient bientôt très-sensible, de telle sorte que tout en gravissant les pentes assez fortes, on ne tarde pas à rencontrer les calcaires à Pholadomyes qui surmontent le calcaire à entroques.

C'est sur ce dernier étage qu'est bâtie la partie occidentale du village de Menou; il est même probable qu'il existe, non loin de cette localité, des affleurements de marnes supra-liasiques.

Comme nous l'avons déjà dit, l'étage corallien, très-visible à la jonction de la route de Menou à Corbelin et de la route impériale, prouve qu'une faille importante a disloqué les couches, et que cette faille passe à l'extrémité Est du village. La faille de Sainte-Colombe cesse d'être observable au Sud de Lepeau, car des bois considérables, joints à un diluvium épais, interdisent toute étude; on constate cependant, vers

Villarnaud et Sainte-Colombe, un passage très-brusque des
parties supérieures de l'étage callovien à l'étage bathonien ;
ce passage résulte, sans doute, de l'action de la faille, dont
nous cherchons à découvrir les traces.

Au Sud de Sainte-Colombe (Nièvre), existent encore de
grands bois recouverts, tantôt d'une forte végétation, tantôt
d'un diluvium fort épais. Les traces de la faille échappent
donc encore une fois à l'observation, et ce n'est qu'aux environs de Gichy que l'on peut constater avec netteté, le passage de la rupture qui met en contact les calcaires oxfordiens
avec la grande oolithe, ou, au moins, avec les marnes inférieures de l'étage callovien.

Coupe rectiligne passant par Vielmanay et Châteauneuf.

Pl. XVII, fig. 37.

La fig. 37, pl. XVII, donne la disposition des couches suivant une ligne passant par Vielmanay et Châteauneuf.

La paroisse de Vielmanay est bâtie à la limite du coralrag
inférieur et des calcaires oxfordiens à *ostrea dilatata* et à
Am. plicatilis adulte, qui affleurent encore à plus d'un kilomètre à l'Est de Vielmanay ; car, vers les Revennes, on rencontre une petite carrière taillée dans ces calcaires.

Mais en se dirigeant vers Gichy, on arrive bientôt au pied
de la côte rectiligne qui part de Donzy pour ne cesser qu'au
bord de la Loire, et qui montre orographiquement la direction de la faille ; cette arête se compose à Gichy, comme l'indiquent les marnières des environs, de la partie inférieure
de l'étage callovien et de la partie supérieure de l'étage
bathonien.

En se dirigeant vers Châteauneuf, on rencontre, par suite
du redressement des étages vers l'Est, tous les termes de la
grande oolithe ; le faîte qui sépare la vallée de Nannay de

celle de la Nièvre, est occupé par le calcaire à entroques, que l'on voit reposer sur les marnes à bélemnites, exploitées, au bas de la côte, pour les tuileries des environs des Bornets; les assises inférieures du coralrag, dont on aperçoit des affleurements dans les fossés du chemin vicinal de Chamery à Chaume, butent, par suite de l'action de la faille, contre les marnes supraliasiques.

Comme on le voit, les affleurements de la lèvre Est de la faille de Menou n'ont guère changé depuis cette dernière localité; mais la lèvre Ouest s'est redressée notablement, puisqu'il existe, entre le calcaire à entroques de Menou et celui des hauteurs de Châteauneuf, une différence de cinquante mètres sur une distance de huit kilomètres, ce qui fait un redressement moyen de 0, 01 par mètre.

Les environs de Châteauneuf et de Chamery forment la région anticlinale de la lèvre Ouest; car, à partir de ces lieux, les couches s'affaissent dans le sens de la faille vers le Nord-Est et vers le Sud-Ouest (pl. XVII, fig. 48). Au Sud de Gichy, la faille de Sainte-Colombe s'atténue beaucoup et se divise en deux ramifications, dont la première passe par les Quatre-Vents et Germigny.

La faille de Menou, au contraire, se montre avec sa puissance habituelle jusqu'à Bizy, où elle gravit le faîte qui sépare la vallée de la Nièvre de la vallée de la Loire, mais avant de suivre cette dernière direction elle se ramifie déjà, en jetant le désordre dans la stratification vers Poizeux; une autre ramification continue à suivre la vallée de la Nièvre pour déboucher vers la Loire un peu en amont de la Maison-Rouge (pl. XXI, fig. 46).

De Chamery, près de Châteauneuf, à l'Hôpital, la lèvre Ouest de la faille de Menou laisse toujours affleurer les marnes supraliasiques et le calcaire à entroques, qui butent constamment contre l'étage oxfordien supérieur et l'étage oxfordien inférieur. Cette dernière disposition est indiquée pl. XVIII, fig. 38, qui donne une coupe suivant une direction passant par Narey et Arbourse.

De Narey au ruisseau le Mazou, on voit les étages de l'oolithe moyenne se redresser vers l'Ouest; les calcaires oxfordiens sortent à Narcy de dessous le coralrag inférieur et sont encore visibles dans une carrière située aux Mues; de l'autre côté de la vallée s'observent les parties inférieures de l'étage callovien.

Tout ce dernier système se relève fortement vers Arbourse, où l'on constate déjà le calcaire à entroques et les marnes supraliasiques; enfin, comme nous l'avons déjà dit, la faille de Menou est nettement accusée à l'Est de cette dernière commune par l'apparition subite du système oolithique moyen.

Si la faille de Menou conserve son caractère de dislocation profonde, celle de Sainte-Colombe continue à se manifester dans ses deux ramifications par des dénivellations souvent sensibles, souvent aussi difficiles à suivre, à cause de la présence du calcaire à chailles callovien, souvent remanié par les actions diluviennes. Cependant on constate avec netteté, aux Quatre-Vents et dans tout l'espace compris entre cette dernière localité et Bel-Air, le passage brusque de l'étage callovien aux parties supérieures de l'étage oxfordien ou à l'étage corallien.

La figure 39, planche XVIII, montre cette dernière disposition de couches, le passage de la ramification Est de la faille de Sainte-Colombe dans les bois de Raveau, et enfin la disposition des lèvres de la faille de Menou vers Beaumont.

L'affleurement tout à fait inattendu de l'étage corallien inférieur au fond de la vallée de la Nièvre, depuis la ligne de faîte qui sépare le bassin de l'Yonne du bassin de cette dernière rivière jusqu'à Beaumont et Saint-Aubin, est un des résultats les plus surprenants de la rupture que nous étudions.

La ramification Ouest de la faille de Sainte-Colombe tra-

8

verse la route impériale de Paris à Antibes, entre Barbeloup
et l'auberge de la Malle, où elle met en contact et au même
niveau l'étage callovien supérieur avec les bancs sublamellaires à *Am. macrocephalus*; puis elle coïncide ou au moins
elle paraît concomitante du faîte qui sépare les eaux qui
coulent vers la Loge de celles qui se dirigent vers Germigny;
enfin cette ramification s'atténue et finit par s'éteindre entre
Soulangy et Germigny, après avoir traversé la Loire.

La ramification Est de la faille de Sainte-Colombe est plus
persistante : nous la reconnaissons très-facilement près
d'Eugne, où elle met (pl. XIX, fig. 40) les couches marneuses à pholadomya Vezelayi inférieures aux calcaires de
la grande oolithe, en contact avec les calcaires à chailles à
collyrites nivernensis; ce passage anomal peut facilement
se constater dans les déblais du chemin vicinal de la Charité à Guerigny, derrière Eugne.

Nous venons de voir que la faille de Menou se divise, aux
environs de Beaumont, en plusieurs ramifications; la première passe par Poizeux et se dirige vers le bassin houiller
de Decize; la deuxième suit à peu près la vallée de la
Nièvre, et la troisième traverse la Loire vers le domaine
le Sac, aux environs des Saulaies, et coupe la ligne du
chemin de fer à l'Aiguillon.

La faille de Sainte-Colombe, après avoir jeté son rameau
peu persistant vers Germigny, continue à être apparente
jusqu'à Marzy et s'étend même, après avoir traversé la
Loire, jusque vers le Guetin.

Nous allons nous occuper des points les plus remarquables
de ces ramifications.

La ramification Ouest de la faille de Menou passe au pied
de la côte de Bizy et se reconnaît bien, en suivant le chemin
vicinal de Pougues à Guerigny : en effet, en gravissant la
colline située à l'Est de Parigny, on coupe les assises de
l'étage bathonien supérieur, et l'on constate sur le sommet

de l'arête, à une altitude d'environ 290 mètres, les parties inférieures du Kelloway-Rock; puis, en cheminant toujours dans la même direction, on rencontre, dans les fossés du chemin de Guerigny à La Charité, des traces de calcaires à *Am. plicatiles* qui, au lieu de se trouver à une altitude supérieure à celle du Kelloway's-Rock, affleurent à la cote 215. Ce passage anomal s'explique par l'action de la ramification que nous étudions. A Bizy même, il existe une carrière abandonnée, qui donne une coupe fort instructive, dans laquelle on voit les calcaires oxfordiens reposer sur l'étage callovien, par l'intermédiaire d'un cordon ramanié que nous avons constaté dans beaucoup d'autres localités.

En se dirigeant vers Poizeux, on remarque que l'étage callovien affleure sans interruption, en présentant les bancs sensiblement horizontaux jusqu'à l'Ouest de Poizeux; mais après avoir traversé la vallée de la Nièvre, on constate, à environ 25 mètres au-dessus du fond de cette vallée, les bancs à *collyrites ovalis*, *mystitus Sowerbyanus*, *mystitus gibbosus*, qui caractérisent la partie moyenne de l'étage bathonien.

La présence au même niveau de l'étage oxfordien supérieur d'une part, et de l'étage bathonien moyen d'autre part, indique le passage de la ramification Est de la faille de Menou, qui est représenté fig. 42. Cette coupe est faite suivant une ligne déterminée par Lautrion et Borsalée. La fig. 43 donne la disposition des couches au même point; elle résulte d'une coupe faite suivant le flanc gauche de la vallée de la Nièvre, vis-à-vis de Poizeux.

La faille de Sainte-Colombe passe à Pougues, au pied du mont Givre, et coïncide avec les sources minérales; nous avons, d'ailleurs, déjà constaté un fait de cette nature à Saint-Honoré.

Cette rupture se voit facilement à Pougues, en comparant les terrains du mont Givre avec les déblais du chemin de fer. La partie la plus élevée de cette colline est occupée par les sables à silex et à *collyrites nivernensis;* puis se remarquent, en descendant la côte, les carrières taillées dans les bancs épais à *Am. coronatus;* enfin à la base du mont Givre affleurent les argiles à *Am. macrocephalus,* dans lesquelles on a creusé le nouveau lavoir.

A la station de Pougues et sur tout le parcours du chemin de fer, on constate au contraire les marnes à *Am. Parkinsoni,* qui indiquent la disparition superficielle de la presque totalité de l'étage bathonien.

Les ramifications de la faille de Sainte-Colombe et de celle de Menou se manifestent à la surface par une série de petites protubérances qui affectent, en plan, la forme des côtes d'un éventail.

La faille de Sainte-Colombe traverse l'arête de Garchizy, passe sous le diluvium sableux sur lequel s'appuie le chemin de fer; la ramification Ouest de la faille de Menou met, près des Varennes et la Croix, les calcaires sableux en contact avec les calcaires marneux de la grande oolithe; puis elle suit l'arête du plateau de Veninges et de la Bonne-Dame-de-l'Orme; enfin elle se dirige par Vauzelles et le Château-des-Murgers, près l'Aiguillon. A Vauzelles même, la faille est assez apparente, et est représentée pl. XX, fig. 44. Après avoir traversé la Bonne-Dame-de-l'Orme et avant d'arriver au grand déblai du chemin vicinal, on constate la présence de l'étage oxfordien supérieur sous forme de calcaires grisâtres à cassure légèrement concoïdale et contenant quelques spongiaires; puis on trouve brusquement les bancs inférieurs des calcaires à *Am. coronatus* et la partie supérieure des marnes à *Am. macrocephalus* [1], qui eux-mêmes butent

---

1. Ce passage brusque de l'étage oxfordien supérieur aux parties inférieures de l'étage callovien résulte d'un petit rameau qui se détache de la faille principale au Sud de Bizy. Nous aurons l'occasion d'en signaler la présence à la sortie de la tranchée de l'Aiguillon.

au bas de la côte contre les assises à *Am. arbustigerus* de l'étage bathonien moyen; enfin on arrive vers Fourchambault, par suite de la faille de Sainte-Colombe, sur le calcaire à entroques.

Les dislocations qui résultent de la ramification Ouest de la faille de Menou peuvent facilement s'étudier dans les déblais du chemin de fer; la faille de Sainte-Colombe, quoique cachée sous les sables diluviens de l'époque quaternaire, ressort clairement de l'étude des inclinaisons des couches et de l'apparition du calcaire à entroques vers Fourchambault (fig. 45).

En examinant la coupe suivant l'axe du chemin de fer (pl. XXI), on constate d'abord immédiatement à la sortie de Nevers les bancs inférieurs du Kelloway-Rock; puis apparaissent, par suite de la dislocation déjà signalée à la Bonne-Dame-de-l'Orme et à l'origine de la tranchée de l'Aiguillon, les bancs argileux des calcaires oxfordiens supérieurs qui reposent sur des strates peu épaisses contenant de rares oolithes ferrugineuses et des ammonites *plicatilis, perarmatus, cordatus*, etc. Tout ce système, qui, d'après ces fossiles, appartient, sans aucun doute, à l'oxford-clay supérieur, est suivi d'une petite couche contenant des fragments de fossiles roulés, quelquefois transformés en sulfure de fer; ces fossiles appartiennent généralement à l'étage callovien; mais on constate aussi dans ce petit cordon remanié des fossiles oxfordiens.

L'ensemble de ces strates se relève vers Fourchambault, et par conséquent laisse affleurer des étages de plus en plus anciens; l'étage callovien sort de dessous la petite couche à fossiles remaniés, et se développe, sous une inclinaison environ de 0,30 par mètre jusqu'au sommet de la butte de l'Aiguillon; là un changement brusque se manifeste dans la nature des couches, car les calcaires du Kelloway-Rock sont remplacés par les argiles bleues de la terre à foulon; une fissure peu inclinée et visible dans la tranchée sépare les deux terrains.

Une autre fente, qui résulte d'une cassure secondaire, se remarque plus près du point culminant. A partir de ces ruptures, les bancs de la terre à foulon s'affaissent vers Fourchambault et font monter l'observateur dans l'échelle géologique; on voit, en effet, un banc percé par les lithophages (*f* de la coupe) reposer sur les argiles de la terre à foulon; puis une série de couches composées de calcaires jaunâtres à *Am. arbustigerus, collyrites ovalis,* à la base desquelles on rencontre l'*Am. Parkinsoni, polymorphus, discus,* plongent sous le diluvium sableux des environs. L'affaissement des couches se prolonge jusqu'à la rencontre de la faille de Sainte-Colombe; elle met probablement en contact les parties moyennes de l'étage bathonien avec le calcaire à entroques sous le diluvium qui recouvre les deux lèvres.

Les accidents orographiques qui résultent de ces ruptures sont, dans ces dernières localités, fort atténués. Les dislocations de la ramification Ouest de la faille de Menou sont accusées par le coteau abrupt du parc et par la petite butte de l'Aiguillon, où le regard de la faille, qui formait un escarpement de 80 mètres environ, a été enlevé par les courants diluviens.

Les accidents orographiques qui résultent de la faille de Sainte-Colombe sont plus apparents; c'est à cette rupture qu'il faut attribuer l'arête du château de Mimon, le contrefort de Garchizy et le promontoire de Marzy.

Nous sommes ramené ici aux mêmes considérations que nous avons développées page 76, à propos de l'irradiation des failles.

Dans les lieux où les failles sont uniques et profondes, on voit des arêtes élevées et rectilignes se prolonger sur de grandes étendues. Des Bardins à Menou, à Châteauneuf, à Saint-Aubin et à Bizy, l'œil est frappé par une ligne de faîte continue qui atteint quelquefois une altitude de 400 mètres; puis, au Sud de Bizy, la faille s'étant irradiée, les collines s'abaissent, se multiplient, et donnent au terrain ce cachet ballonné qui s'observe dans le Nord et dans le Midi du département.

La faille de Sainte-Colombe nous permet de faire les mêmes observations; unique, elle forme les arêtes de Belary, de Gichy, de Raveau; irradiée, elle donne naissance aux protubérances du château de Mimon, aux arêtes de Garchizy et de Marzy d'une part, et aux collines de Germigny et de Soulangy d'autre part.

Comme on le voit fig. 46, la faille de Sainte-Colombe et les ramifications Ouest de la faille de Menou se divisent aux environs de Nevers au moins en quatre cassures, dont on constate encore l'existence en parcourant les bords de la Loire. Nous partirons, pour découvrir les traces de ces ramifications, de Fourchambault, et nous remonterons le cours de ce fleuve. Nous constaterons d'abord, entre cette dernière ville et le village de Marzy, l'affleurement du calcaire à entroques qui se redresse vers Nevers, en laissant apparaître les marnes supraliasiques. Ces dernières occupent au pied du promontoire de Marzy un assez grand espace.

La faille de Sainte-Colombe est indiquée en amont de cette butte par l'apparition subite des couches marno-ferrugineuses qui surmontent les bancs supérieurs de la terre à foulon, percés par les lithophages et contenant l'*Am. parkinsoni*, l'*Am. polymorphus* et l'*Am. arbustigerus*.

Lorsque les eaux de la Loire sont basses, on constate facilement l'existence de ces couches dans les berges et dans le lit de ce fleuve.

En amont de ce point, les couches reprennent des allures régulières (fig. 46); la terre à foulon ne tarde pas à sortir de dessous les bancs à *Am. arbustigerus*, et le calcaire à entroques affleure une deuxième fois vers la Pétroque où il est exploité dans des carrières appartenant à M. Avril; cet af-

fleurement a peu de développement, car la ramification Ouest
de la faille de Menou, déjà constatée dans la tranchée de
l'Aiguillon, fait apparaître l'étage callovien dans la petite
dépression située entre la Pétroque et les Saulaies, et met
ainsi en contact et au même niveau le calcaire à entroques
avec ce premier étage.

En continuant à remonter le cours de la Loire, nous constatons à partir des Saulaies la même série descendante que
celle que nous venons d'étudier; car, après avoir marché sur
tous les affleurements des couches du Kalloway-Rock et de la
grande oolithe, nous retrouvons pour la troisième fois le
calcaire à entroques et la terre à foulon vers la Maison-Rouge;
un peu plus loin, l'étage callovien reparaît et indique le passage de la ramification Est de la faille de Menou.

Les couches forment donc, aux environs de la Loire, une
série de lambeaux disloqués dont les strates se redressent
vers le Sud-Est, et qui, à trois reprises différentes, ont fait
affleurer le même terrain (calcaire à entroques) qui bute par
suite des failles contre des étages plus récents.

Toutes les ramifications que nous venons d'étudier traversent la Loire et reparaissent, quoique sensiblement atté-
nuées, sur la rive gauche du fleuve.

On observe dans la tranchée du Guetin, à peu de distance
au Nord du souterrain de Sampanges, une petite faille qui
n'offre pas plus de 5 à 6 mètres de dénivellation, et qui met
le calcaire à entroques moyen au niveau de la terre à foulon;
au Sud du même souterrain (côté de Nevers) on observe une
autre faille plus importante qui paraît correspondre à la ramification Est de la faille de Sainte-Colombe, et qui met en
contact la terre à foulon avec le lias supérieur (pl. XXIII,
fig. 49); le léger affaissement des couches vers le Sud-Est
fait bientôt apparaître, dans les déblais du chemin de fer, le
calcaire à entroques; à ce dernier étage succède brusquement, près de la ferme du Marais et par suite de la ramifica-

tion que nous avons constatée au pied de la côte de Marzy, la terre à foulon qui se redresse vers Sermoise [1] où apparaît l'étage thoarcien et même la partie supérieure du lias moyen.

La ramification Est de la faille de Menou, que nous avons suivie jusque vers Saint-Éloi, fait affleurer, à Chevenon, l'étage callovien qui bute contre ces premiers étages.

Il est fort difficile de suivre les failles au delà des points que nous venons de citer; elles se divisent en une série de petites cassures qui ne peuvent plus être constatées à la superficie du sol, car elles ne font plus affleurer, sur les deux lèvres, des étages différents les uns des autres; la ramification la plus persistante est la ramification Est de la faille de Menou qui, après avoir traversé la Loire vers Saint-Éloi, se prolonge jusqu'au delà de Saint-Parize-le-Châtel, où l'on constate une transition anomale des marnes irisées au lias supérieur qui, sur quelques points, est encore couronné par le calcaire à entroques. La situation des sources minérales de Saint-Parize-le-Châtel vient encore offrir un exemple frappant de la coïncidence des sources minérales avec les failles [2].

Nous avons, avant de terminer la description des failles de Sainte-Colombe et de Menou, à dire quelques mots sur le prolongement de la ramification Est de cette dernière rupture qui se dirige vers le bassin houiller de Decize et dont nous avons déjà cité un passage à la ferme de Travant. Cette ramification se détache, avons-nous vu, de la faille principale aux environs de Beaumont.

La figure 43 donne le passage de cette ramification à Poizeux. A partir de cette dernière localité, on voit une arête sensiblement rectiligne se diriger par Champadon, Montigny-aux-Amognes, Saint-Père-à-Ville, environs de Thiernay et

---

1. Il est probable que la ramification de la faille de Menou, étudiée sans interruption jusqu'à la Pétroque, disparaît ou s'atténue beaucoup entre cette dernière localité et la ligne du chemin de fer d'Orléans.

2. *Bulletin de la Société géologique*, t. XVI, sur la coïncidence des sources minérales de la Nièvre avec les failles, par Th. Ébray.

Travant; cette arête détermine la direction de notre ramification qui, sur la lèvre Est, fait apparaître des terrains plus anciens que sur la lèvre Ouest, comme cela est indiqué sur la planche XXIII, figure 50, qui donne la disposition des couches aux environs de Montigny-aux-Amognes.

Au pied de la côte située à l'Ouest de cette localité se remarque la couche si fossilifère à *collyrites oralis*, *mytilus Sowerbyanus*, *nucleolites clunicularis*; cette couche supporte le système marneux, qui contient encore la *pholadomya Vezelayi* et quelques autres bivalves, qui caractérisent les stations vaseuses; au-dessus, vient la grande oolithe (oolithe de Minchinhampton) réduite à des épaisseurs insignifiantes et le Kelloway-Rock surmonté par ses chailles qui occupent tout le plateau et sur lesquels se rencontrent le minerai de fer.

Contre ce système de couches vient buter la partie moyenne du calcaire à entroques en faisant disparaître superficiellement le grand système marneux d'au moins 100 mètres d'épaisseur, situé entre les couches à *mytilus Sowerbyanus* et ce premier étage.

Nous remarquons sur presque tout le parcours de cette faille l'existence d'un faux regard (page 44) dû probablement au régime irrégulier des courants diluviens.

CHAPITRE VIII

DE LA FAILLE DE SANCERRE.

HISTORIQUE.

M. Raulin a décrit, dans les *Mémoires de la Société géo-logique de France*, tome II, deuxième partie, une petite partie de la faille de Sancerre, située entre les environs de Sainte-Gemme et Vinon.

Ce géologue établit que cette dislocation s'est opérée après les calcaires d'eau douce et avant les argiles quartzifères de la Sologne. Nous reviendrons sur cette importante question, que nous traiterons dans un chapitre spécial.

M. Raulin indique aussi la présence d'un axe anticlinal qui court de l'Est 20° Nord à l'Ouest 20° Sud. Il est probable que M. Raulin a confondu l'axe anticlinal avec un axe de dénudation qui court en effet dans la direction ci-dessus indiquée, car les causes que ce géologue donne ne mettent nullement en évidence ce prétendu axe anticlinal, qui n'a été observé ni par MM. Boulanger et Bertera, auteurs de la carte géologique du département du Cher, ni par moi; les couches se redressent même assez régulièrement vers le Sud-Est, et (*Description de la Carte géologique du département du Cher*, page 115) « ce terrain (la craie affectée par la faille et concordante avec les terrains jurassiques) présente deux inclinaisons bien prononcées [1], l'une vers l'Ouest, paraissant provenir en partie de la faille, l'autre vers le Nord, qui résulte de l'inclinaison générale de toutes les couches des terrains stratifiés de cette partie de la France. On trouve ainsi une inclinaison moyenne de 10 millimètres dans un sens et de 3 millimètres par mètre dans l'autre, ce qui fait que l'inclinaison maximum doit être de 11 millimètres par mètre dans la direction Nord 17° Ouest. »

Quant à l'âge de la dislocation, ces géologues s'expriment ainsi dans le texte explicatif de leur carte :

« Cette faille n'affecte pas seulement le terrain jurassique, mais également tout le terrain crétacé et nécessairement aussi les marnes irisées; les terrains tertiaires seuls n'ont éprouvé aucun changement. »

MM. Boulanger et Bertera ont suivi la faille de Sancerre depuis les environs de Sancoins jusqu'au Nord de cette première ville. Nous renvoyons donc aux coupes qu'ils ont données.

M. d'Archiac (*Histoire des Progrès de la Géologie*, tome II, page 530) s'occupe aussi de la faille de Sancerre et examine spécialement les travaux de M. Raulin.

DESCRIPTION SOMMAIRE DE LA FAILLE DE SANCERRE.

La faille de Sancerre ayant déjà été étudiée par divers géologues, nous nous bornerons à une description fort sommaire. Cette dislocation traverse d'ailleurs le département du Cher sans pénétrer dans celui de la Nièvre. Elle fait évidemment partie du grand réseau que nous venons d'étudier. La position géographique de cette faille, comparée à la posi-

---

1. MM. Boulanger et Bertera auraient pu même ajouter deux ou plusieurs, car sur un plan incliné on peut tracer une infinité d'inclinaisons; mais la seule qui soit stable est la ligne de plus grande pente, qui donne l'inclinaison maximum.

tion des autres ruptures, l'apparence de parallélisme[1] qui se remarque dans leurs directions, la distribution régulière des lambeaux disloqués, ne laissent pas de doutes sur le fait ci-dessus énoncé.

La lèvre affaissée est située, comme pour les failles de Menou et de Chevannes-Changy, à l'Est de la faille ou du côté du massif granitique du Morvan.

Cette faille part des environs de Savigny en se dirigeant vers Sancerre, Carigny, Germigny et Sancoins ; sa longueur est donc de 90 à 100 kilomètres ; elle est sensiblement parallèle au cours de la Loire jusqu'au bec d'Allier, et parallèle à l'Allier jusque vers Sancoins, ce qui indique que, sous le rapport géologique, l'Allier est l'artère principale, et que la Loire n'est qu'un affluent.

Au Nord de Sancerre, la faille a pour action de mettre en contact et au même niveau, les terrains jurassiques moyens et supérieurs avec les parties moyennes et supérieures des terrains crétacés. La figure 51, planche XXIII, donne la disposition de la faille à Sancerre.

On voit, en étudiant cette coupe, que les terrains qui composent la lèvre Ouest se relèvent fortement vers l'Est jusqu'à la faille où l'on constate un maximum d'altitude de 400 mètres, puis le terrain s'abaisse et dénote bientôt un changement notable dans la nature des affleurements. Aux parties supérieures de l'étage corallien que l'on rencontre jusqu'au delà de la Croix-Saint-Ladre, succèdent brusquement les poudingues de l'époque tertiaire[2], qui reposent sur les dif-

---

1. Les failles sont en apparence parallèles quand on considère des longueurs partielles ; mais en réalité elles offrent dans leur ensemble une disposition en éventail très-allongé. (Voir la carte des failles.)

2. Je classe ici provisoirement les poudingues dans l'époque tertiaire pour me conformer à l'opinion générale ; mais il me paraît certain que ces poudingues résultent d'énormes courants qui ont balayé et remanié les parties supérieures de la craie à la fin de la période crétacée ; les dépôts réguliers de l'époque tertiaire se sont produits après ces cataclysmes. (Voir *Études sur les poudingues de Nemours*, par Th. Ébray ; Baillière, Paris.)

férents étages de la craie. Cette transition anomale est le résultat d'une dénivellation qui atteint en ce point 250 mètres environ, et qui annonce une dénudation de 300 à 400 mètres. Une autre petite faille, toute secondaire, existe dans le lit même de la Loire, et résulte probablement des actions mutuelles des deux lèvres, qui en ce point ont été gênées dans leurs mouvements. Cette petite cassure a pour effet de mettre en contact et au même niveau les parties inférieures de l'étage portlandien avec les argiles à grains de silicate de fer de l'étage cénomanien inférieur, sur lesquelles reposent les calcaires marneux de la station de la Roche.

Au Sud de Sancerre, les étages de la craie ont été enlevés par les courants diluviens, et la faille met en contact, comme à l'Ouest de Sancergue, d'abord l'étage corallien supérieur et l'étage oxfordien, puis l'étage oxfordien supérieur et la grande oolithe, ou le calcaire à entroques.

La figure 51, planche XXIII, donne la disposition des couches suivant une ligne reliant Nérondes à Sancergue. En se dirigeant de Nérondes vers Carigny, on voit les couches se redresser fortement vers l'Est; la terre à foulon sort de dessous le calcaire blanc jaunâtre, et bientôt on rencontre les affleurements du calcaire à entroques, qui est exploité aux environs de Mornay-Berry; mais entre cette localité et Carigny, l'étage bajocien est brusquement remplacé par l'étage oxfordien supérieur, qui, dans l'échelle géologique, est séparé de ce premier étage par au moins 250 mètres.

Les deux lèvres continuent à se relever vers le Sud, et l'action de la faille se décèle à Germigny par le contact anomal de l'infralias et de la grande oolithe. Ce point de faille est représenté (fig. 52, pl. XXIII), et se constate très-facilement, car on rencontre sur la route de la Guerche à Germigny, et à une distance très-rapprochée de cette dernière commune, deux carrières, dont l'une fournit de la pierre dure (infralias), et dont l'autre donne de la pierre tendre (grande oolithe). Au sud de Germigny, la faille fait buter les marnes irisées contre le lias supérieur [1].

La rupture que nous étudions s'irradie vers le Nord ; mais les ramifications sont difficiles à suivre, parce qu'elles sont, en général, recouvertes par les argiles quartzifères ; vers le Sud, elle se divise en deux rameaux importants : le premier passe, comme nous l'avons déjà vu, à Sancoins ; le second se détache de la faille principale à Veraux et se dirige vers Saint-Amand en donnant naissance à la vallée de l'Armagne.

Les effets orographiques de la faille de Sancerre sont surtout visibles aux environs de cette ville, où il existe un regard assez important, car l'arête de Bué et de Sury-en-Vaux indique la direction de la lèvre soulevée, qui se maintient sur une assez grande distance à des altitudes qui approchent de 400 mètres.

Au Sud de Sancerre, les courants diluviens ont entièrement nivelé les deux lèvres, quoique aux environs de Carigny la dénivellation se compose de :

Calcaire à entroques (Pars.)	6m,00
Terre à foulon	30m,00
Grande oolithe	150m,00
Étage callovien	50m,00
Étage oxfordien (Pars.)	20m,00
Total	256m,00

Ce qui donne une dénudation probable de 400 mètres.

[1]. Il existe, sur toute la longueur de la lèvre affaissée, des calcaires d'eau douce sur lesquels nous reviendrons dans un autre chapitre.

CHAPITRE IX

DES FAILLES POST-JURASSIQUES.

Il existe, dans le département de la Nièvre, quelques indices d'un système de failles qui coupe à angle droit le système que nous venons de décrire et qui ne paraît pas avoir affecté les dépôts crétacés.

Il est fort difficile, sinon impossible, de suivre ce système dans toute son étendue, car il n'a produit que des accidents secondaires, et la dénivellation est, en général, fort minime. Comme nous le verrons dans le chapitre suivant, les grands reliefs du sol dérivent du réseau des failles du Morvand, qui, en beaucoup de points, a détruit, ou au moins profondément modifié les accidents dont nous nous occupons ici.

Je signalerai quelques points où ces petites failles sont apparentes et où elles peuvent facilement se constater.

En suivant, à partir de Menou, la route de Clamecy par Corvol, on rencontre d'abord l'étage corallien inférieur et l'étage oxfordien supérieur qui se redressent faiblement vers le Nord; on voit sortir successivement de dessous ces dernières assises les divers termes de l'étage callovien. A Corbelin, on remarque une marnière ou une castinière taillée dans les marnes à *Am. macrocephalus*, qui sont supportées par les premières assises de la grande oolithe : cette dernière est visible, au-dessous de la castinière, dans les fossés de la route; la faille, que nous cherchons à mettre en évidence, se décèle à quelques centaines de mètres au Nord de cette castinière, par le contact anomal des parties moyennes de la grande oolithe (oolithe de Minchinhampton) avec les marnes à *Am. macrocephalus*. Cette faille coupe la·vallée sous un angle qui se rapproche d'un angle droit.

Une autre rupture, qui paraît être parallèle à la petite faille de Corbelin, et qui est une des causes du changement de la direction du ruisseau le Nohain, aux environs de Donzy, s'observe non loin de la jonction du chemin vicinal d'Alligny avec la route de Cosne à Douzy ; on constate, en effet, le passage brusque de l'étage callovien supérieur et des bancs inférieurs de l'étage oxfordien aux parties moyennes de l'étage corallien.

Je citerai enfin une petite faille qui traverse la Loire en amont de Charenton, et qui fait disparaître, sur les bords de ce fleuve, les calcaires oolithiques coralliens de Malvaux. Quand les eaux sont basses, on marche pendant longtemps au bas de la berge, entre Charenton et Mesves, sur les feuillets presque perpendiculaires des calcaires lithographiques disloqués par la rupture.

CHAPITRE X

DE L'OROGRAPHIE ET DE L'HYDROGRAPHIE
DU DÉPARTEMENT DE LA NIÈVRE.

On commence ordinairement les descriptions géologiques par l'examen de l'orographie et de l'hydrographie de la contrée que l'on décrit. Comme on le voit, nous avons fait précéder ce sujet de l'étude des dislocations du sol : car, tout en nous occupant des reliefs, nous chercherons à analyser les causes qui ont façonné la surface du département.

Quoique nous ayons examiné, en décrivant nos failles, les accidents orographiques qui résultent de ces ruptures, nous allons cependant, dans ce chapitre, jeter un coup d'œil d'ensemble sur l'orographie et l'hydrographie.

Nous avons démontré que le relief du sol est concomitant — de l'intensité et de la direction des failles, — de la direction et de l'importance des courants qui ont façonné ou détruit les arêtes ou regards, — de la résistance variable à l'enlèvement des matières qui constituent les étages, — de la stratification générale des couches dont se compose l'écorce du département.

Nous avons fait ressortir que, dans une faille, on peut discerner quatre régions principales : la région où la dénivellation des lèvres est à son maximum de puissance, la région où les lèvres se rapprochent, tout en ne formant qu'une seule rupture; la région où la faille s'irradie et où elle se divise en plusieurs ramifications; enfin nous avons constaté (pl. XIV et XXIII) qu'il existe, pour chaque lèvre d'une faille, une région autour de laquelle les couches se sont affaissées, et qui coïncide souvent avec le maximum de dénivellation.

Chacune de ces régions correspond, comme nous allons le voir, à un point singulier de l'orographie et de l'hydrographie.

Par suite des énormes dénudations qui se sont opérées et par suite de l'impossibilité dans laquelle on se trouve, à cause de l'uniformité de la composition minéralogique, de déterminer la quantité des dénudations qui ont amoindri la lèvre Est de la faille du Morvan, la région du maximum de dénivellation ne peut pas être déterminée exactement, mais la planche XIV démontre que la région anticlinale des deux lèvres se trouve à l'Est de Corbigny et de Châtillon.

Comme nous l'avons vu (page 89), l'irradiation vers le Nord commence à Domecy; vers le Sud, elle doit se manifester entre Saint-Honoré et Bourbon-Lancy; mais l'étude des ramifications Sud est rendue difficile, et même peut-être impossible, par suite du recouvrement des lèvres par les terrains de transport.

La région du maximum de dénivellation de la faille de Chevannes-Changy s'observe entre Brinon et Saint-Saulge. L'irradiation se fait vers Oisy du côté Nord, l'irradiation Sud commence déjà vers Brinon; mais c'est à Rouy que la faille se divise en plusieurs ramifications.

La région anticlinale des lèvres coïncide sensiblement avec la région du maximum de dénivellation, et correspond, pour la lèvre Ouest de la ramification Est, à la contrée située entre Champallement et Rouy.

La faille de Menou offre la plus grande dénivellation des deux lèvres entre Menou et Châteauneuf, la région anticlinale de la lèvre Ouest s'observe entre Châteauneuf et Arbourse (pl. XXII), et coïncide aussi avec le maximum de dénivellation.

L'irradiation Nord de la faille de Menou commence vers les Bardins; l'irradiation Sud se manifeste aux environs de Beaumont.

La faille de Sainte-Colombe offre des irrégularités dans le régime de la stratification des deux lèvres, et les régions singulières ne peuvent pas être déterminées ou n'existent même pas.

La faille de Sancerre offre une région de maximum de développement fort étendue; de Sancerre à Germigny, le regard théorique varie de 200 à 300 mètres.

Les couches des deux lèvres se redressent assez régulièrement vers le Sud-Est, et il n'existe pas de régions anticlinales prononcées.

Si maintenant nous réunissons les régions anticlinales des différentes failles par une ligne droite, nous obtenons une région anticlinale générale qui se dirige environ du Sud-Est Est au Nord-Ouest Ouest, suivant une ligne sensiblement perpendiculaire au réseau et passant par Arleuf, Corbigny, Champallement et Châteauneuf.

En jetant un coup d'œil sur les altitudes des montagnes situées sur la région anticlinale, nous verrons que cette région correspond aux points les plus élevés; elle passe en effet par le centre du Morvan, elle coupe l'arête de Saint-Saulge, résultant de la faille de Chevannes-Changy et elle coïncide à Châteauneuf avec les points culminants de l'arête de la faille de Menou.

Nous pouvons donc conclure que la région anticlinale correspond au maximum d'altitude des arêtes des failles.

D'un autre côté nous voyons que les sources de la Nièvre, qui verse ses eaux dans la Loire, sont séparées des sources du ruisseau du Sauzay et du ruisseau d'Eugénie, qui débouchent dans l'Yonne par un faîte qui correspond à la région anticlinale de la faille de Menou; nous remarquons aussi que la source du ruisseau du Beuvron, affluent de l'Yonne, est séparée de la source du ruisseau de l'Aron, affluent de la Loire, par un faîte qui correspond à la région anticlinale de la faille de Chevannes-Changy; enfin les sources de l'Yonne et de la Cure, du bassin de la Seine, sont séparées des sources de la Selle et du Ternin, du bassin de la Loire, par un faîte élevé qui est concomitant de la région anticlinale de la faille du Morvand.

Nous concluons alors que la cause déterminante des limites du bassin de la Seine et de celui de la Loire doit être recherchée dans la région anticlinale du réseau que nous venons d'étudier.

Nous voyons aussi que les cours d'eau principaux se dirigent environ du Sud au Nord; la direction de l'Yonne est déterminée par la partie septentrionale de la faille du Morvan; l'Aron et le Beuvron sont guidés par la faille même ou par les ramifications de la faille de Chevannes-Changy; le ruisseau du Sauzay et la rivière de la Nièvre dérivent des arêtes de la faille de Menou; la Loire enfin ou son prolongement, l'Allier, coule au pied de l'arête de la faille de Sancerre.

Il est donc clair que la direction des fleuves et des rivières importants du département de la Nièvre, est déterminée par la direction du réseau des failles du Morvan.

A l'exception de la faille de Sancerre, toutes les ruptures du réseau ont une région anticlinale qui fait déverser les eaux, soit au Nord, dans le bassin de la Seine, soit au Sud, dans le bassin de la Loire.

La Loire, seule, traverse tout le département du Sud-Sud-Est au Nord-Nord-Ouest.

Ce dernier fait, qui n'est, par conséquent, pas en rapport avec ce que nous avons observé ailleurs, s'explique par l'inclinaison constante des étages qui, suivant la direction de ce fleuve, plongent de 15 à 16° vers le Nord-Nord-Ouest et par l'absence de la région anticlinale de la faille de Sancerre.

Enfin, il n'y a que les petits ruisseaux[1] qui, dans la Nièvre, coulent de l'Est à l'Ouest; ce fait s'explique facilement, attendu que, dans cette direction, les vallées résultent du système des petites failles anté-crétacées que nous avons étudiées (page 128) et du fendillement de l'écorce de la terre.

Ce que nous venons de dire sur l'orographie et l'hydrographie du département semble démontrer que même les détails des dislocations ont été prévus dans un but d'organisation sublime; en effet tout porte à croire que ces dernières deviennent d'autant plus importantes que la croûte terrestre est plus solide, et l'on voit que si la perpendicularité[2] des époques successives de dislocations venait à être démontrée comme un fait général, l'aménagement des eaux pour les époques géologiques futures serait assuré de la façon en même temps la plus certaine et la plus rationnelle, puisque les cours d'eau principaux et les affluents résulteraient alors du croisement, à angle droit, des deux systèmes inégaux de dislocations d'âges différents.

Mais si les reliefs principaux du sol dérivent du réseau des failles du Morvan, les courants diluviens sont venus, après ces cataclysmes, modifier ces reliefs primitifs en donnant des formes en rapport avec la direction et l'intensité du courant d'une part et la résistance à l'enlèvement des étages, d'autre part.

Nous établirons, lorsque nous nous occuperons de l'étude du diluvium, que les courants diluviens se sont dirigés du Sud-Est au Nord-Ouest, fait qui ressort déjà de notes lues

---

1. L'Aron fait cependant exception à cette règle, en ce qui concerne la partie la plus voisine de son embouchure; mais il faut remarquer que cette dernière partie coule à l'extrémité des ramifications, et est donc en dehors du réseau que nous étudions.

2. Cette perpendicularité paraît ressortir des travaux de beaucoup de géologues, et en particulier de ceux de M. Élie de Beaumont; mais, à mon avis, les données que l'on possède sur cette matière ne sont pas assez étendues pour permettre de considérer ce principe comme parfaitement établi.

à la Société Géologique de France, tome XV, p. 142. (Note
sur le *Disaster ellipticus*, par Th. Ébray, tome XIV, p. 813),
sur le *Diluvium de la Nièvre*. Cette circonstance dénote
que les arêtes des failles ont été assez régulièrement attaquées et l'on conçoit facilement que si les courants eussent
saisi les arêtes perpendiculairement à leurs directions, la
lèvre affaissée aurait été protégée en partie contre la dévas-
tation.

C'est aussi le parallélisme des courants diluviens et des
failles, qui explique pourquoi l'orographie du département
est si intimement liée à ces ruptures et pourquoi la partie
faillée du sol ne présente pas de vallées importantes de dénudations se dirigeant de l'est à l'ouest.

La forme des détails des protubérances provient de la résistance variable à l'enlèvement des couches dont se composent les étages et de la nature de la stratification.

Quand les masses attaquées par les courants offrent des matériaux d'égale résistance, comme les granites, les calcaires
jaunâtres de la grande oolithe, les flancs des montagnes présentent des pentes sensiblement uniformes et d'autant plus
douces que les matériaux sont moins résistants; on obtient
alors les formes dont le type doit être recherché dans les
montagnes du Morvan, et surtout dans les protubérances
souvent si bizarres qui annoncent l'affleurement du calcaire
blanc jaunâtre. (Mont-Sabau, Montenoison, Vezelay, etc.)

Lorsque, peu de temps avant la fin de l'action de ces courants, le calcaire blanc jaunâtre a été surmonté par les couches solides de la grande oolithe, et qu'une partie de celle-ci
est encore restée en place en couronnant les protubérances,
les montagnes ne présentent plus ces formes en *pain de sucre*
que l'on constate au Mont-Sabau et ailleurs. Les calcaires
durs ont alors été inférieurement minés par les eaux et se
sont affaissés en donnant à la coupe transversale de la montagne une forme triangulaire. Suivant le profil en long, au

contraire, les eaux ont d'abord enlevé les marnes supérieures
aux calcaires durs; puis, arrivées à ces calcaires, l'action cor-
rosive a été arrêtée par ces derniers; l'arête longitudinale
de la montagne suit alors l'inclinaison des couches, et l'ensemble des protubérances présente l'aspect de grands prismes
renversés, tous inclinés du même côté, parallèlement à cette
inclinaison. Les environs de Warzy permettent d'étudier ces
formes en même temps sauvages et pittoresques.

Quelquefois c'est la grande oolithe qui affleure en surmon-
tant les bancs marneux à Pholadomya Vezelayi; on obtient
alors des escarpements verticaux comme aux environs de
Thurigny, dans le vallon qui débouche à l'Est de la vallée
du Beuvron [1]. L'oolithe moyenne offre aussi, surtout aux environs de Clamecy, une succession de bancs tantôt tendres,
tantôt durs; les formes orographiques se ressentent toujours
de ces circonstances, car on observe quelquefois des mu-
railles abruptes qui résultent souvent de l'existence de failles
secondaires et que les courants n'ont pu entamer, comme à
Basseville ou ailleurs, des pentes inclinées analogues à celles
qui se rencontrent plus vers le Nord, au milieu du coralrag
supérieur.

L'oolithe supérieure enfin et les étages crétacés ne présentent plus que des collines à profils adoucis et accessibles
partout à la culture, car les étages ne se composent que de
matériaux tendres et d'un enlèvement facile.

---

1. La grande oolithe a dans la Nièvre une puissance relativement assez
faible, et les escarpements en question ne sont jamais bien élevés; mais il n'en
est pas de même dans la Côte-d'Or et le Poitou, où ces parois verticales atteignent quelquefois 100 mètres de hauteur.

CHAPITRE XI

DE L'AGE DES DÉNUDATIONS.

Nous avons eu l'occasion de faire remarquer lors de l'étude de nos failles que des dénudations colossales se sont opérées à la surface du département de la Nièvre ; ce fait a d'abord été considéré par quelques géologues comme un accident local, mais j'ai prouvé dans différentes notes lues à la Société géologique de France que ce phénomène, au contraire, a embrassé de grandes étendues [1].

Il est donc évident que des courants immenses, qui ne peuvent provenir que de l'invasion de la mer, ont sillonné les continents actuels en ravinant et détruisant la superficie du sol à une telle profondeur que notre imagination se trouve quelquefois effrayée de la grandeur de ces phénomènes.

Nous allons tâcher de découvrir dans ce chapitre à quelle époque ces dénudations se sont produites.

On appelle généralement *diluvium* le terrain de transport qui couvre indistinctement tous les étages et même les étages les plus modernes, tels que l'étage falunien ; ce diluvium est rangé dans les terrains quaternaires ; mais on peut aussi appeler diluvium tout étage qui résulte de transports vio-

---

1. *Bulletin de la Société géologique de France*, t. XVI et XVII. Les affleurements ne représentent pas les limites des anciennes mers ; coupe de la colline de Sancerre ; reconstitution approximative de l'écorce terrestre. En Angleterre, les mêmes dénudations s'observent. (Voir *Manuel de Géologie élémentaire*, par Charles Lyell, p. 106, t. Ier.)

lents par les eaux, et l'on sait que l'on rencontre des terrains de cette nature à tout niveau géologique; comme un diluvium donné doit correspondre à une dénudation, il est clair qu'il y a eu aussi des dénudations à toutes les époques [1].

Mais nous n'entrerons pas ici dans l'examen de l'époque de ces dénudations quelquefois peu importantes, nous en ferons mention lorsque nous étudierons les limites des étages, et nous nous bornerons à rechercher l'âge de la dénudation qui nous a le plus frappé jusqu'ici, c'est-à-dire de celle qui a détruit les arêtes des failles et façonné en dernier lieu la superficie du département.

La figure 53, planche XXIV, donne la disposition du calcaire d'eau douce dans la vallée de la Nièvre; nous voyons que ce calcaire s'est déposé après la production des dénudations, car si cela n'avait pas été ainsi, il aurait lui-même été emporté par les courants qui, d'après nos calculs, ont enlevé des épaisseurs bien plus fortes que la puissance du calcaire d'eau douce.

La figure 54, planche XXIV, donne une coupe entièrement semblable à la coupe précédente; elle montre la situation du calcaire d'eau douce aux environs de Sancerre.

Mais l'âge de ce calcaire n'est pas facile à déterminer. On connaît les discussions sans nombre auxquelles a donné lieu le calcaire de Château-Landon, dont la détermination au-dessous des sables de Fontainebleau n'est cependant pas d'une bien grande difficulté. On arrive toutefois à une probabilité en examinant les couches sur une grande longueur. Ainsi, en partant d'Étampes, on voit sur une certaine distance le calcaire d'eau douce reposer sur les sables de Fontainebleau, qui eux-mêmes sont supportés par le travertin inférieur; mais, en se dirigeant vers Château-Landon, on

---

1. Il faut cependant remarquer qu'en général, plus on se rapproche de l'époque actuelle, plus les dénudations et les courants diluviens paraissent avoir été violents. Cette loi est cependant sujette à quelques intermittences.

remarque que ces sables s'amoindrissent, pour disparaître
au Sud de cette localité. Le travertin supérieur repose alors
directement sur le travertin inférieur, et il est probable que
ces deux formations existent dans la Nièvre ; mais elles ne
forment alors qu'un seul et même ensemble, très-difficile,
sinon impossible, à diviser. Il ressortirait donc de cette manière de voir que le centre de la France a été émergé pendant que la mer déposait les sédiments tertiaires dans le bassin de Paris, et que ces points élevés furent parsemés d'une
série de lacs d'eau douce dont les dépôts ont été interrompus, au centre du bassin tertiaire, par l'invasion de courants
marins [1].

Comme le calcaire d'eau douce de la Nièvre a été lui-
même raviné par les courants post-tertiaires, il est probable
que la partie supérieure de ce calcaire a été emportée, et
que les lambeaux restants doivent être classés dans le travertin inférieur.

Nous voyons donc que les dénudations se sont produites
avant les dépôts de ce dernier terrain ; et entre lui et la craie,
concordante [2] avec les étages jurassiques, il existe le calcaire grossier qui a pu se déposer avant ou après la grande
dénudation.

Mais il arrive souvent, dans les sciences d'observation,
que deux faits pris isolément sont incapables de donner la
solution d'une question, tandis que leur réunion offre un ensemble qui permet d'arriver à une conclusion certaine.

Si, en effet, l'existence du calcaire d'eau douce sur les lè-

1. Les courants marins qui donnèrent naissance aux sables de Fontainebleau
n'ont pas été animés d'une grande vitesse et n'ont pas eu pour cause un cataclysme : la finesse du sable le prouve suffisamment.

2. Tous les auteurs ont constaté cette concordance dans le Cher et la Nièvre ;
il ne faut pas cependant y attacher un sens mathématique. Le néocomien
repose partout sur le portlandien ; mais ce dernier étage a été souvent plus ou
moins raviné par des courants qui, ailleurs, ont pu atteindre une grande
puissance.

vres dénudées n'est pas suffisante pour déterminer exactement l'époque de notre grande dénudation, la présence de
l'étage de l'argile plastique, et principalement des poudingues de Nemours et des conglomérats, dépôts essentiellement de transports violents, l'absence de dépôts analogues
entre le calcaire grossier et le travertin inférieur, nous auto-
rise à conclure que l'époque que nous cherchons à déterminer, coïncide avec la fin de la période crétacée, qui porte
partout, à la partie supérieure de ses étages, des traces incontestables d'une énorme dénudation.

La rupture de l'équilibre dans la distribution des mers,
qui correspond à la fin de la craie, est concomitante d'un
changement important dans l'organisme animal. Nous voyons
disparaître à la fin de cette période les formes les plus abondantes et les plus caractéristiques de la craie et des calcaires
jurassiques. La famille des *Belemnitidæ*, beaucoup d'autres
céphalopodes acétabulifères, la famille des *Ammonidæ*,
avec leurs formes si nombreuses et si variées, ont été détruites par ce grand cataclysme, après avoir donné des si-
gnes évidents de leur caducité progressive. Une faune plus
en rapport avec la faune contemporaine est venue remplacer
ces êtres, dont le génie de l'homme a pu, il est vrai, avec
peine, découvrir l'organisme et la fonction dans l'économie
générale de ces temps reculés.

Une autre dénudation qui correspond à la fin de l'époque
tertiaire, et qui a donné lieu aux terrains de transport de
l'époque quaternaire, a façonné, en dernier lieu, ce sol déjà
si tourmenté par des tempêtes antérieures; mais tout annonce que cette dernière dénudation, quoique fort importante, a eu des effets moins profonds que la dénudation postcrétacée ou anté-tertiaire.

CHAPITRE XII

DE L'AGE DU RÉSEAU DES FAILLES DU MORVAN.

Nous avons vu, à l'occasion de la faille de Sancerre, que diverses opinions se sont produites sur l'époque de la production de cette faille, qui, avons-nous dit, fait partie du réseau du Morvan.

M. Raulin suppose que cette faille s'est produite après la formation du calcaire d'eau douce; MM. d'Archiac, Boulanger et Bertera, prétendent, au contraire, que les terrains tertiaires n'ont pas participé au mouvement; enfin M. Beau, lors de la réunion de la Société géologique de France à Nevers, a présenté un travail sur les minerais de fer de l'Aubois, et dans lequel ce géologue suppose que les calcaires d'eau douce ont été réellement dérangés par la faille de Sancerre.

Je vais d'abord examiner les raisons qui ont amené ces auteurs aux conclusions contradictoires que nous venons de citer, et nous tâcherons d'arriver à un résultat en réunissant nos propres observations à celles des géologues qui nous ont devancé dans ces recherches.

M. Raulin développe les bases de son opinion dans les *Mémoires de la Société géologique,* tome II, deuxième partie, page 238.

Nous remarquons que son raisonnement est appuyé sur deux suppositions :

1° Les sables à silex du sommet de la colline de Sancerre seraient les représentants des sables de Fontainebleau;

2° Ces mêmes sables se lieraient aux calcaires lacustres, qui auraient été par cela même entraînés dans le mouvement.

Mais ce géologue ne justifie pas sa manière de voir, car tout prouve, au contraire, que les sables à silex ne représentent pas les sables de Fontainebleau.

Nous avons vu, en effet, que ces derniers sables disparaissent en biseau un peu au Sud de Château-Landon, en permettant aux deux formations d'eau douce de se souder et de faire un tout inséparable. Il est donc peu probable que les sables de Fontainebleau, après avoir régulièrement disparu, viennent encore une fois affluer dans une position anomale. D'un autre côté, les sables à silex contiennent beaucoup de fossiles appartenant à la craie blanche; ils prouvent que ce terrain, immédiatement superposé à la craie moyenne, n'est autre chose que la craie blanche remaniée et même quelquefois seulement altérée par les courants dont nous avons déterminé l'âge dans le chapitre précédent.

Enfin, quand on part de Nemours et que l'on entre au Sud de Montargis dans la vallée de la Loire, on voit que les sables à silex sont le prolongement des poudingues de Nemours, qui, avec un peu d'attention, peuvent se suivre jusqu'à Sancerre.

M. Raulin semble lui-même émettre avec doute sa deuxième supposition; nous voyons, en effet, que les sables à silex ne se lient pas au calcaire d'eau douce, puisqu'ils sont séparés de celui-ci par le calcaire grossier, qui, il est vrai, n'a pas pu se déposer aux environs de Sancerre, et qui, par son absence, a pu faire croire à cette apparence de liaison dont parle M. Raulin.

Les bases sur lesquelles s'est appuyé ce géologue sont donc loin d'être solides.

Elles ont, d'ailleurs, déjà été combattues par M. d'Archiac, qui s'est exprimé ainsi dans son *Histoire des Progrès de la Géologie* (tome II, deuxième partie, page 531) :

« Il nous paraît douteux que le relèvement des collines du

Sancerrois soit postérieur à ces diverses couches lacustres, puisqu'elles n'en ont été affectées sur aucun point, tandis que les poudingues que nous étudierons tout à l'heure, et auxquels l'auteur les réunit, ont été soulevés de manière à présenter aujourd'hui des lambeaux isolés qui couronnent les points culminants de l'axe du mouvement. »

Et page 551 :

« Cependant M. Raulin est porté à placer le soulèvement entre le dépôt des calcaires lacustres et celui des faluns des sables de la Sologne. Mais le motif qu'il donne à l'appui de cette opinion, savoir : d'une part, la liaison des calcaires lacustres avec les poudingues, et, de l'autre, leur séparation tranchée d'avec les argiles sableuses de la Sologne, peuvent-ils contre-balancer la preuve déduite de la constante régularité des couches lacustres? C'est un doute que nous soumettons à ce géologue distingué. »

L'opinion de M. d'Archiac est entièrement contenue dans les lignes que nous venons de citer; M. Bertera, avons-nous dit, est de l'avis de ce premier géologue, mais il ne développe pas son opinion.

M. Beau, au contraire, pense que l'inclinaison considérable que présentent certaines couches du calcaire d'eau douce sur les bords de la faille prouve en faveur de l'opinion de M. Raulin.

Les principaux moyens qui ont guidé les géologues dans la détermination de l'âge des dislocations sont, en premier lieu, le parallélisme constant des ruptures ou soulèvements d'un même âge, puis l'existence de couches horizontales déposées sur d'autres couches disloquées, enfin la présence ou l'absence de certains terrains sur le sommet des protubérances.

Beaucoup de géologues se sont occupés de la détermination de l'âge des dislocations (soulèvements, affaissements, failles, etc.); mais c'est certainement M. Élie de Beaumont qui a publié le plus de travaux sur cette matière. Les vues de ce géologue sont exposées dans plusieurs mémoires lus à l'Académie des Sciences; mais on trouvera dans sa *Notice sur les Systèmes de Montagnes* les principales bases de la théorie des soulèvements.

Il faut cependant le reconnaître, aucun de ces principes n'est vrai d'une manière absolue, et tous sont quelquefois d'une application difficile et souvent dangereuse.

Nous avons vu que les failles du Morvan sont parallèles entre elles sur une faible étendue, et qu'en réalité elles ont un centre vers lequel elles convergent; que, même dans certains cas, les parties irradiées de la faille font un angle assez ouvert avec la faille principale.

La preuve du parallélisme n'est pas non plus applicable, lorsque les protubérances suivent des directions difficiles à aligner, et nous savons que beaucoup d'auteurs ont été tentés de multiplier le nombre des soulèvements en s'appuyant sur cette base incertaine.

Nous avons démontré (page 87) combien il est facile de se tromper sur la cause de l'horizontalité des couches, qui souvent viennent simplement buter contre des massifs plus anciens par suite de l'action des failles.

Mais le moyen le moins solide est certainement la constatation de la présence ou de l'absence de tel ou tel étage sur le sommet des protubérances; on sait que ce moyen a souvent été mis en œuvre pour démontrer qu'un soulèvement est antérieur ou postérieur à une certaine époque.

L'énormité des dénudations, qui, d'après mes calculs, se sont approchées de la puissance de 1,000 mètres en France, et qui ont été encore plus largement évaluées par M. Lyell en Angleterre [1], ne permet plus de compter sur cette base, qui devient donc très-fragile.

---

1. *Manuel de Géologie élémentaire, ou Changements anciens de la terre et des habitants,* par sir Charles Lyell.

On conçoit que, dans ces conditions, la détermination de l'âge d'une dislocation soit souvent fort difficile, puisque les moyens sur lesquels on peut s'appuyer ont besoin, dans chaque cas, d'une vérification spéciale ou préalable.

Nous allons commencer par dresser un tableau indiquant les altitudes des dépôts de calcaire d'eau douce qui entourent les parties disloquées; nous nous appuierons, pour certains de ces dépôts, sur les renseignements donnés par M. d'Archiac[1].

DÉSIGNATION DES LAMBEAUX.	ALTITUDES.
Nord-Est de Bonny	222 m
Bannay	180
Nord d'Allouis	240
Entre Méhun et Bourges	155
Montapins	235
Poiseux	220
Fermeté	220
Imphy	211
Béard	214
Decize	200

Nous voyons, en comparant ces altitudes, que dans tout l'espace affecté par les dislocations qui constituent le réseau des failles du Morvan les lambeaux du calcaire d'eau douce n'ont pas été sensiblement dérangés de leurs positions relatives; il y a donc probabilité, en s'appuyant sur cette base, que les dislocations dont nous cherchons à déterminer l'âge sont antérieures à ce calcaire.

D'un autre côté, nous avons remarqué, page 188 (fig. 53, 54, pl. XXIV), que les lambeaux de Sancerre et ceux que l'on observe dans la vallée de la Nièvre sont toujours situés sur les lèvres affaissées des failles; cette observation peut se

---

1. *Histoire des Progrès de la Géologie*, tome II, 2ᵉ partie. — Cette preuve sur laquelle s'est appuyé M. d'Archiac ne donne pas une certitude complète, car on pourrait supposer que les dépôts d'une altitude supérieure à celle indiquée sur le tableau ont été enlevés par les eaux.

faire dans le département, partout où il existe des travertins, et elle semble encore démontrer qu'après la production
des failles des lacs d'eau douce se sont formés au pied des
escarpements déjà existants.

Nous avons établi que les grandes dénudations ont atteint,
dans la Nièvre, des épaisseurs de 200 à 600 mètres ; si donc
les failles s'étaient produites après la formation du calcaire
d'eau douce qui, dans les contrées où l'on peut constater
toute sa présence, n'a pas plus de 20 à 30 mètres d'épaisseur, il aurait été complétement enlevé par ces courants qui
se sont produits à la fin de la craie.

Une dernière preuve de l'antériorité de la production des
failles au calcaire d'eau douce, est la situation des minerais
de fer en grain du Berri et de la Nièvre, qui se rencontrent
sous ce calcaire et sur le bord des lèvres affaissées ; ces
minerais se sont formés par les sources ferrugineuses qui
s'échappaient à travers les fissures des failles, immédiatement après leurs productions [1].

Si la constance des altitudes du terrain d'eau douce, qui
environne les dislocations du Morvan, semble indiquer que
ces dernières sont antérieures à ce calcaire, la comparaison
des hauteurs au-dessus de la mer de ce même terrain, en
amont de Decize jusqu'en Auvergne, paraîtrait démontrer
qu'en se rapprochant des dislocations plus récentes qui ont
affecté ce pays, le calcaire d'eau douce aurait été déplacé
en grand. En effet, on trouve, *Bulletin de la Société géologique de France*, tome XIV, 1843, les altitudes suivantes :

1. *Considérations sur quelques questions de géologie*, par Th. Ébray (Baillière, 1861).

DÉSIGNATION DES LAMBEAUX.	ALTITUDES.
Arkose tertiaire entre Decize et Moulins................	242 m
Marnes lacustres entre Moulins et Varennes............	262
Calcaire d'eau douce de Gannat........	427
Marnes d'eau douce de Chevalet.......................	553
Marnes situées à l'Ouest de la montagne de Gergovia.....	724
Marnes et calcaires sableux jaunâtres, au-dessous des basaltes, au Puy-Saint-Romain, au Sud-Est de Clermont..	736
Marnes vertes et jaunes avec lits de calcaire à Helia, au-dessous des basaltes, au Puy-de-Barreyre, près de Saint-Sandoux........ ....-...........	810

Notre analyse nous conduit naturellement, en outre, à émettre un avis sur la question de savoir si les îlots des terrains d'eau douce que l'on rencontre sans interruption entre Orléans et l'Auvergne résultent d'un seul et même lac, ou bien si ces îlots représentent les dépôts d'une série de lacs et de mares qui ne communiquaient pas entre eux.

Malgré la possibilité qu'une partie du calcaire soit le résultat de sources, l'étude détaillée des couches de ce terrain est sans contredit une des données les plus importantes sur lesquelles on doit s'appuyer pour décider cette question, car si les dépôts de ces lacs se fussent formés dans un même bassin, on devrait rencontrer une certaine continuité dans les parties constituantes, comme cela a lieu pour d'autres formations [1].

Or, en consultant les descriptions des terrains d'eau douce situés au Sud de Decize, on voit, comme je l'ai déjà même remarqué dans le département de la Nièvre, que rien n'est plus irrégulier que les parties constituantes de ces terrains.

1. La constance d'un même banc qui fait partie d'un système déposé sous des influences identiques a été déjà remarquée par Brongniart. On lit (*Description géologique des environs de Paris*) : « Cette constance dans l'ordre de superposition des couches les plus minces, et sur une étendue de douze myriamètres au moins, est, selon nous, un des faits les plus remarquables que nous ayons constatés dans la suite de nos recherches. Il doit en résulter pour les arts et pour la géologie des conséquences d'autant plus intéressantes qu'elles sont plus sûres. »

Ici se rencontrent des bancs épais de pierres dures propres aux constructions, là des marnes fort argileuses; quelquefois la formation se borne à quelques mètres d'épaisseur, plus loin elle offre une grande puissance.

A l'époque où le centre émergé de la France était situé en dehors des mers tertiaires, les continents devaient présenter le même aspect que celui que présentent les continents actuels au milieu desquels les lacs et les mares se succèdent avec des altitudes des plus inégales; mais cette indépendance des lacs tertiaires n'est pas incompatible avec la supposition de dislocations postérieures : l'inclinaison considérable que présentent certaines couches en Auvergne démontre bien que les calcaires d'eau douce ont été dérangés dans ces contrées, et ces dernières considérations nous permettent même d'expliquer la remarque de M. Beau (réunion extraordinaire à Nevers), qui s'est appuyé sur quelques couches inclinées pour prétendre que les calcaires d'eau douce ont été disloqués par l'effet des failles que nous avons décrites.

Il est vrai que l'on constate, vers le Sud du réseau, quelques couches disloquées de terrain d'eau douce; mais ces dislocations n'étant que partielles et n'ayant pas dérangé les altitudes de ce terrain, il y a lieu de supposer que ce dernier s'est déposé après la production du grand réseau des failles du Morvan, et qu'il a été faiblement atteint par le contre-coup des efforts dus à la sortie des roches basaltiques qui ont agité le sol de l'Auvergne à une époque plus récente.

En tenant compte des faits que nous avons exposés, chapitre XI, et des observations que nous venons de faire, on conclut que les failles dont se compose le réseau du Morvan se sont produites à la fin de la période crétacée et avant les dépôts réguliers des terrains tertiaires, les poudingues et les argiles du sommet de la colline de Sancerre et de La Roche n'étant alors que les résidus agglomérés de la grande dénudation postcrétacée.

CHAPITRE XIII

DES PHÉNOMÈNES GÉOLOGIQUES CONTEMPORAINS.

Quand on compare la veille au lendemain, tout dans la nature paraît d'une stabilité absolue.

Le soleil se lève périodiquement au même point pour se coucher fatalement, après avoir décrit sa courbe trompeuse; les corps dont se compose le firmament paraissent conserver leurs positions relatives; les mers cantonnées semblent avoir pour limites éternelles ces falaises élevées devant lesquelles nous sommes si petits; les rivières conservent leurs lits, et les montagnes ont l'air d'être pour toujours rivées au même point de la surface de la terre.

De temps en temps des météores lumineux sillonnent l'espace, se brisent avec fracas en lançant leurs éléments sous la forme d'aérolithes; on se demande quelle est la cause anormale qui a produit ces corps, mais la science se tait; elle constate et elle n'explique rien.

Ailleurs ce sont des mondes, peut-être naissants, qui nous apparaissent, sans être annoncés, dans leur majestueuse puissance; ils embrassent une grande partie de la voûte éthérée qui nous entoure, se dérobent à nos yeux sans ralentir leur course impétueuse et disparaissent pour toujours, quand ils ne sont pas destinés à faire partie de notre système planétaire, en laissant aux astronomes le vain espoir de les observer plus tard.

Que sont ces astres majestueux? On n'en sait rien, et l'on va quelquefois jusqu'à nier ce qui constitue leur existence, c'est-à-dire leur masse, comme si un corps qui n'existe pas pouvait se mouvoir suivant les lois de la gravité universelle, être éclairé par le soleil, avoir été la terreur des anciens et faire l'admiration des modernes.

Des rochers quelquefois énormes se détachent du sommet des protubérances en détruisant tout ce qui se trouve sur leur passage; ces phénomènes ne se produisent pour nous que de loin en loin, leurs effets passent inaperçus. Le limon si ténu que charrient les rivières, ce sable si fin, toujours en mouvement, et qui constitue au-dessous du courant d'eau un courant d'une autre nature [1], n'attirent guère notre attention. La plus petite rivière entame la propriété du riverain au profit d'un autre; on se contente alors de faire des travaux de défense et l'on se croit assuré pour toujours, mais l'eau continue son action destructive qui, de tous les instants, finit par devenir importante. Ne savons-nous pas, en effet, que la somme de l'infiniment petit multiplié par l'infini n'est autre chose que l'infiniment grand?

Ainsi, tout paraît stable dans la nature [2], et cependant tout varie, tout se transforme et nous engage à ne pas me-

1. Dans les crues, la Loire charrie par mètre cube d'eau $0^m 0035$ de limon, ce qui fait environ 100,000 mètres cubes de limon par jour. Les sables ont une vitesse moyenne de $1^m 40$ par vingt-quatre heures, ce qui donne dans un an un cube de 400,500 mètres cubes de sable transporté à l'embouchure.

2. Le savant Lamark s'exprime ainsi : « J'ai établi sur des faits que les corps vivants subissaient des modifications dans leur forme, et même dans leur organisation, à mesure qu'ils éprouvaient des changements forcés dans leurs habitudes, leur manière de vivre et les impressions extérieures, et j'ai fait voir qu'ils sont assujettis à ces changements lorsque les circonstances de leur habitation se trouvent fortement changées. J'ai ensuite fait remarquer que, relativement à la chétive durée de notre existence, la lenteur des mutations essentielles que subissent les localités entraînent une lenteur semblable dans les modifications des corps vivants. L'homme n'a pu observer lui-même une seule de ces mutations, mais seulement une portion de l'intervalle qui sépare chacune d'elles. Il n'a donc vu qu'un état stationnaire à son égard, qui le porte à se tromper sur la conséquence de ses observations. »

surer au chronomètre de notre chétive existence, dont la durée, même cumulée, n'est rien vis-à-vis de l'âge de notre terre, l'ensemble des phénomènes qui se produisent autour de nous avec cette lenteur et cette constance qui caractérisent les causes dont les effets sont inévitables.

Nous examinerons dans ce chapitre les mouvements et les modifications qui s'opèrent à la surface du département, en prévenant que ces mouvements sont les mouvements lents des périodes de calme qu'il ne faut pas confondre avec les mouvements d'un autre ordre résultant des cataclysmes.

Beaucoup de géologues se sont occupés des mouvements plus ou moins lents qui se sont opérés de nos jours.

MM. de Buck et Lyell ont démontré que les côtes de la Scandinavie s'élèvent et qu'il existe, à des hauteurs de près de 100 mètres au-dessus du niveau de la mer, des coquilles qui vivent aujourd'hui sur les côtes; M. Fleuriau de Bellevue a décrit des buttes d'huîtres à Saint-Michel, situées à 15 mètres au-dessus des marées actuelles; M. Élie de Beaumont a constaté que les Pays-Bas s'affaissent; il en serait de même des côtes sur lesquelles s'élevaient le palais de Tibère, les anciennes constructions de Pouzzoles, qui, aujourd'hui, sont couvertes par les eaux de la mer.

Ces phénomènes géologiques sont fort difficiles à constater dans l'intérieur des continents, car les oscillations se font souvent avec une extrême lenteur, et les cartes qui nous donnent les altitudes sont toutes récentes; nous sommes donc, au sujet de ces mouvements, dans la plus grande ignorance en ce qui concerne le département de la Nièvre. Nos successeurs pourront peut-être plus tard profiter des bases qui viennent d'être établies pour élucider cette question [1].

Les seuls phénomènes sur lesquels il nous soit possible de

1. Nous appelons ici l'attention sur la nécessité d'établir des cartes qui donnent des altitudes exactes, telles que la carte topographique du département du Cher, par M. Bourdaloue.

recueillir quelques données sont l'exhaussement du sol des rivières, les ravinements des torrents et le déplacement de leur lit.

La science possède déjà quelques renseignements sur la marche des dégradations dues à l'action des rivières et des torrents. Une des observations les plus intéressantes a été faite sur le cône de déjection torrentielle de la Tinière, petite rivière qui se jette dans le lac de Genève, à Villeneuve ; ce cône, coupé par le chemin de fer, a été spécialement étudié par M. Morlot, professeur à l'Académie de Lausanne ; ce savant y a reconnu les traces de l'âge de la pierre, c'est-à-dire de l'âge pendant lequel l'homme, encore à l'état sauvage, ne connaissait pas l'usage des métaux. Au-dessus des couches de l'âge de la pierre fut trouvé l'âge du bronze, qui dénote déjà un commencement de civilisation ; enfin, on découvrit, tout à fait à la partie supérieure, l'âge du fer, qui date des Romains. L'étude de la succession des strates dont se compose le cône a permis à M. Morlot d'établir approximativement que l'âge du bronze a de trois à quatre mille ans de date et l'âge de la pierre de cinq à sept mille ans [1].

Le peu de renseignements que j'ai eus à ma disposition me permettent de conclure que le lit de la Loire est, depuis longtemps, dans une période d'exhaussement, par suite de l'accumulation des sables qui proviennent de la dégradation des montagnes primitives de l'Auvergne. Ce phénomène ne peut que devenir de plus en plus intense par suite de la diminution de la pente des rivières. D'un autre côté, le dé-

---

1. Les archéologues du département de la Nièvre ne se sont pas encore occupés de ces questions, qui intéressent en même temps l'archéologie et la géologie, et j'engage vivement les membres de la Société nivernaise des lettres, sciences et arts, qui compte dans son sein des hommes pleins de zèle et de savoir, à s'occuper de ces questions qui relient la connaissance de l'histoire des temps historiques aux temps plus anciens et peut-être même antédiluviens.

chaussement des anciens monuments situés sur les sommets indique que les pluies et les torrents diminuent les altitudes des points élevés; la tendance générale des eaux est donc le nivellement de la surface de la terre.

Quand on examine, d'un autre côté, la disposition des alluvions des cours d'eau qui sillonnent le département, on remarque que la Loire a une tendance marquée à envahir la rive droite située à l'Est de ce fleuve. Les alluvions laissées à l'Ouest atteignent quelquefois une largeur de 6 à 8 kilomètres.

D'après les données qui m'ont été fournies par les vieillards qui habitent la rive droite de la Loire, cette rivière aurait rongé une largeur moyenne de 20 mètres en soixante ans, soit $0^m,30$ environ par an. En admettant que depuis le commencement de l'époque actuelle la Loire soit soumise aux mêmes influences, et en lui supposant une largeur primitive de 2 kilomètres, on arriverait à conclure que le régime actuel date de quinze mille ans. Quoique ce calcul présente des incertitudes faciles à pressentir, il concorde avec les résultats qui ressortent de l'examen des alluvions des grandes rivières.

La cause de cette tendance d'envahissement de la Loire vers l'Est est facile à saisir; il suffit, pour s'en rendre compte, de se promener au bord de cette rivière dans un moment de grand vent venant de l'Ouest : on verra que l'eau de la rive Est est toujours plus trouble que celle de la rive Ouest, et comme les vents venant de l'Ouest (Nord-Ouest, Ouest et Sud-Ouest) sont les vents dominants, on conçoit fort bien que c'est la rive Est qui doit être corrodée.

Résumons maintenant les modifications principales qui s'opèrent à la surface de la terre :

1° Les sommets, les plateaux se dégradent; l'humus, la terre végétale descendent dans les vallées;

2° La vitesse des courants diminue, les sections des fleuves s'agrandissent, les pentes se détruisent et les inondations deviennent plus fréquentes;

3° Par suite de la stagnation des eaux, le climat change et devient plus humide et plus malsain ;

4° L'amaigrissement des plateaux et des montagnes, l'imprévoyance de l'homme, amènent le déboisement; l'air se vicie par l'absence de la végétation et les saisons deviennent irrégulières.

La surface de la terre vieillit donc comme l'homme, comme ont vieilli toutes les générations que la paléontologie a vues naître et mourir; il est donc probable que le renouvellement des continents est inévitable et que ce qui s'est vu dans le passé se verra dans l'avenir.

CHAPITRE XIV

DU DILUVIUM QUATERNAIRE.

Ce qui frappe le plus les yeux du géologue, ce sont assurément les phénomènes volcaniques. Quoi de plus saisissant, en effet, que ces montagnes entourées d'éclairs, qui vomissent, par intervalle, des flots de vapeurs, des flammes, des matières incandescentes, qui ébranlent le sol, souvent à de grandes distances, en dévorant des villes entières, comme Catane qui fut recouverte par un courant de lave, comme Torre, détruite par un autre courant sorti des flancs du Vésuve?

On conçoit qu'en présence de ces faits saisissants on se soit beaucoup occupé de ces phénomènes et qu'on ait ramené à la force volcanique la plus grande partie des théories géologiques.

L'effet des eaux en mouvement, quoique plus général que l'effet volcanique, n'a guère été étudié jusqu'à ce jour. Qui dirait que ces campagnes agrestes au milieu desquelles vivent et se multiplient des myriades d'êtres de toutes espèces, ont été naguère le théâtre d'immenses dénudations? Qui oserait supposer que ces montagnes élevées, que l'aigle seul fréquente et dont les cimes semblent pénétrer les cieux, furent sillonnées par des courants destructeurs?

L'agriculteur trouve bien, en faisant des fouilles, des épaisseurs souvent très-fortes de galets arrondis, à plusieurs

centaines de mètres au-dessus des rivières, et il se conten-
terait de dire : la Seine ou la Loire a passé par là, si le géologue n'avait pas reconnu, par l'étude des strates dont se
compose l'écorce de la terre, que des eaux qui ne peuvent
provenir que de l'invasion de la mer ont largement entamé
la superficie du sol, en séparant par exemple le Mont-Meillan
de Montmartre et du Mont-Valérien, en formant les montagnes de Montenoison et de Mont-Sabau (Nièvre), celle de
Vezelay (Yonne), etc.

Mais les dénudations ne se bornent pas à ces faits déjà
fort sensibles. Daniel Sharpe a prouvé que l'on reconnaît
dans les Alpes des traces d'érosion à des altitudes de
3,000 mètres ; j'ai démontré que les ravinements ont pu
atteindre des chiffres de 500 à 1,000 mètres, et que par
conséquent ils ont formé de véritables chaînes de montagnes.

Comme toute dénudation doit correspondre à un terrain
de transport, on conçoit facilement que la surface du département doit être revêtue d'une enveloppe d'épaisseur variable, qui n'offre pas le caractère des roches stratifiées.
Cette enveloppe se compose de matériaux d'origine hétéro-
gène ; ils portent le cachet du désordre, et les éléments dont
ils se composent sont en général des matériaux usés, quelquefois de la grosseur du sable, d'autres fois présentant de
véritables galets qui atteignent des dimensions considérables.

Quand on suit les terrains de transport du département et
que l'on étudie ses allures aux abords du terrain d'eau
douce, on remarque que ces premiers se divisent en deux
nappes : la première passe au-dessus des travertins ; la seconde passe au-dessous.

Cette circonstance permet d'établir des diluviums de deux
âges différents.

J'appellerai diluvium quaternaire celui qui repose sur le
calcaire d'eau douce, et diluvium tertiaire celui sur lequel
repose ce calcaire.

Nous nous occuperons dans ce chapitre du diluvium quaternaire.

Les causes du diluvium quaternaire du centre de la France ont été diversement expliquées; les uns se sont appuyés sur des causes glacières, les autres sur des causes diluviennes.

M. Fournet[1], il nous semble, s'est le plus rapproché de la vérité en annonçant que des torrents, qui auraient dépassé les sommités primordiales de 1,300 à 1,400 mètres, ont sillonné, en prenant des directions diverses, le centre de la France, suivant un plan méditerranéen et suivant un autre océanique. Ce serait vers la fin de l'époque tertiaire que ce phénomène se serait produit. M. Fournet explique la production de ces courants par l'existence supposée de grands lacs échelonnés à la surface du plateau central et dont la débâcle aurait eu lieu en même temps que celle de lacs semblables supposés dans les Alpes.

M. d'Archiac[2] fait ressortir avec raison le côté faible de la proposition de M. Fournet, car avant de supposer que des lacs aient pu déverser par-dessus les plus grandes sommités des quantités d'eau qui, pour produire les effets diluviens, auraient dû atteindre des volumes énormes, il eût convenu d'abord de démontrer la possibilité de cette supposition en indiquant au moins des traces de ces lacs ou même la position plus précise qu'ils auraient dû occuper, et dans ce dernier cas l'auteur n'aurait pas pu mettre les dénudations accomplies en regard des volumes restreints de ces lacs supposés, sans faire ressortir la disproportion de la cause et de l'effet.

Aujourd'hui qu'il est démontré que les mers ont pu en-

---

1. Sur le diluvium de la France, *Ann. des Sciences géologiques*, tome Ier, p. 981, 1812, *Revue du Lyonnais*.

2. N'ayant pu nous procurer la *Revue du Lyonnais*, nous avons extrait l'opinion de M. Fournet de l'*Histoire des Progrès de la Géologie*, par M. d'Archiac, tome II, deuxième partie, p. 199.

vahir les continents, la solution du problème se simplifie, car, en mettant à la place des lacs de M. Fournet la mer elle-même, on ne rencontre plus de difficultés sérieuses.

Avant d'étudier un diluvium quelconque, il faut bien se pénétrer de l'inconstance à laquelle est soumis tout terrain de cette nature; car on pourrait être tenté, comme cela est arrivé à plusieurs géologues, de considérer comme différant d'âge les diluviums, superposés ou non, de nature minéralogique dissemblable.

Il suffit, pour se rendre compte de cette vérité, d'étudier le régime actuel des dépôts des rivières. On reconnaît en effet que ces dépôts sont formés de couches superposées de composition variable, en rapport avec le régime local de la rivière et avec la position des roches qui fournissent les éléments charriés.

Le diluvium quaternaire du département de la Nièvre est donc très-variable; il est formé d'éléments provenant de terrains primitifs, de terrains jurassiques, de terrains crétacés et même de terrains tertiaires.

Dans le midi du département, depuis Saint-Honoré jusqu'à Decize, le sol est recouvert d'une enveloppe de terrains de transport dans laquelle on rencontre les éléments suivants:

$$\text{Volume.................. 100.}$$

Quartz......................	70	sable et fragments arrondis de 0^{m}03 au maximum; 0^{m}008, dimension moyenne.
Feldspath	9	dimension moyenne, 0^{m}007.
Galets jurassiques et crétacés....	21	dimension moyenne, 0^{m}05.

Dans le centre du département, comme sur les hauteurs des environs de Poiseux (rive droite de la Nièvre, au-dessus des calcaires d'eau douce), on rencontre un diluvium composé de galets plats provenant de la destruction de la partie supérieure de l'étage callovien; ce diluvium est assez répandu aux environs de Nevers, où il a été rencontré à la porte de Paris, aux environs de La Marche, aux environs de Sully-la-Tour; vers le Nord-Ouest, il se mélange avec le diluvium granitique; et vers le Nord, il se mélange avec les détritus des étages crétacés.

Vers le Nord-Ouest du département et dans le prolongement de la bande diluvienne qui se dirige vers les montagnes de l'Auvergne, par Héry, Saint-Germain, La Guerche, s'observent les dernières traces de détritus granitiques qui proviennent de ces points élevés; les plaines qui entourent les villages de Villechaux, les Froids, les Guérins, et dans lesquelles a été assis le chemin de fer du Bourbonnais, montrent dans de nombreux déblais un diluvium superposé au calcaire d'eau douce et offrant la composition suivante :

Sur 2,201 éléments roulés pris au hasard dans les sablières de Villechaux, on trouve :

Quartz blanc	31 galets d'une dimension moyenne de..	0^m02 sur 0^m01
—	200 galets d'une dimension moyenne de..	0^m01 sur 0^m005
—	1,600 galets de	0^m005 sur 0^m003
Feldspath rose	36 galets de	0^m008 sur 0^m003
Micaschiste et gneiss	120 galets de	0^m01 sur 0^m005
Jurassique et crétacé	11 galets de	0^m05 sur 0^m06
— —	2 galets de	0^m08 sur 0^m07
— —	1 galet de	0^m30 sur 0^m20
Minerai de fer en grain, remanié.	200 grains de	0^m003
Total	2,201	

Après avoir dépassé vers le Nord-Ouest les affleurements de la craie et des poudingues qui reposent sur cette formation, le diluvium se charge d'une grande quantité de matériaux crétacés quelquefois d'un volume considérable; cette composition s'observe très-bien à quelques kilomètres à l'Est de la ville de Cosne, sur la route de Donzy, où se trouvent un dépôt considérable de silex, de la craie mélangée avec quelques galets fort petits de quartz primitif, et dans lequel les éléments feldspathiques et de gneiss ont disparu.

Dans certains points on rencontre des sables très-fins, comme vers Saint-Andelain, près de Maltaverne, près d'Urzy, etc; ces sables résultent, soit du remaniement des sables ferrugineux, soit de celui de la partie sableuse du kelloway-rock, plus rarement du charriage des éléments primitifs.

Vers les limites du Loiret, le diluvium granitique de l'Auvergne perd beaucoup de son importance; les éléments granitiques reparaissent plus au Nord, mais alors ils proviennent de l'action des courants diluviens sur le Morvan.

Le diluvium quaternaire ne paraît pas dépasser l'altitude de 230 mètres, mais les courants n'ont pas moins balayé les montagnes de 400 à 500 mètres de hauteur, et si ces dernières ne sont pas recouvertes de détritus charriés, c'est que la vitesse des courants était trop forte pour déposer les matériaux déjà réduits.

La disposition générale des terrains de transport que nous venons de signaler indique qu'il se trouve au Nord-Ouest des affleurements réguliers des roches mères qui ont fourni les éléments, et que par conséquent la direction de ces courants était Nord-Ouest; ce résultat ressort aussi de la configuration générale des montagnes et a déjà été annoncé par Cuvier et Brongniart, car on lit (*Description géologique des environs de Paris*, page 18) : « Un caractère très-marqué d'une grande irruption venue du Sud-Est est empreint dans la forme des caps et les directions des collines principales. »

Le diluvium quaternaire de la Nièvre n'a pas encore permis de découvrir d'ossements fossiles; il contient beaucoup de mollusques remaniés, comme le *Micraster coranguinum*, qui se rencontre dans le Nord du département, et comme le *Collyrites ellipticus*, que l'on trouve surtout très-souvent dans le diluvium callovien des environs de La Charité et de Nevers.

TERRAINS TERTIAIRES

CHAPITRE XV

DU CALCAIRE D'EAU DOUCE (ÉTAGES TONGRIEN ET PARISIEN).

Après les catastrophes diluviennes qui, en général, ont séparé les grandes périodes géologiques, les eaux de la mer n'ont pas pu s'écouler librement ; des dépressions situées à des altitudes diverses se sont transformées peu à peu, par suite de la diminution de la salure des eaux, en lacs plus ou moins étendus, qui ont conservé leur position et leur importance jusqu'à ce qu'une nouvelle perturbation brusque ou lente soit venue les engloutir au fond de la mer.

Quand on jette les yeux sur les cartes de l'époque actuelle, on remarque de suite que la plus grande partie des lacs occupe les continents les plus rapprochés de la mer. Cette loi ne souffre d'exception que dans les pays de montagnes, où les accidents variés du sol ont créé des barrages qui ont contrarié les écoulements des eaux envahissantes.

Les plus importants dépôts d'eau douce doivent donc se trouver sur les rivages des anciennes mers, et surtout le long des rivages des mers des époques plus récentes, qui, moins que ceux des époques plus anciennes, ont été défigu-

11

rés par les dénudations [1]; l'intérieur des continents a dû cependant avoir été parsemé de lacs ou de mares moins importants qui déposaient leurs sédiments et qui nourrissaient des animaux, pendant que plus loin la mer formait des couches plus importantes et donnait naissance à des faunes qui différaient essentiellement de celles qui se développaient en dehors des eaux marines.

Pendant le grand laps de temps où les eaux des mers tertiaires du bassin parisien ne furent soumises qu'à des perturbations ne provenant que d'oscillations qui se manifestent encore de nos jours et qui permettaient ces superpositions en apparence si anormales, au fond si naturelles, de dépôts marins et de dépôts d'eau douce, des lacs n'ont cessé d'exister sur les portions des continents situés en dehors des limites d'envahissement des mers. On conçoit dès lors que le synchronisme des travertins qui s'observent en dehors de ces limites soit fort difficile, sinon impossible; car au milieu d'une épaisseur quelconque de dépôts lacustres, comment distinguer la portion qui s'est déposée pendant la formation du calcaire grossier? Comment rechercher celle qui correspond aux grès de Fontainebleau? et comment distinguer le calcaire lacustre moyen du calcaire lacustre supérieur?

Nous savons que la paléontologie est un grand moyen de distinction et un flambeau qui, dirigé avec prudence, a été capable de faire sortir la géologie de l'ornière qui la guidait il y a une vingtaine d'années; mais, dans le cas qui nous occupe, est-elle réellement d'un grand secours, est-elle réellement applicable sans restriction?

Ne peut-on pas supposer, par exemple, que pendant que

---

1. Des dépôts d'eau douce ont dû exister le long des rivages des mers jurassiques, et ces dépôts étaient sans doute aussi importants que ceux qui se remarquent le long des rivages des mers tertiaires; mais, les dénudations ayant emporté ces dépôts, la science ne peut plus qu'émettre des conjectures.

vers le milieu du bassin les alternances des eaux marines et des eaux douces tendaient à la destruction et au renouvellement des faunes, les animaux créés depuis l'origine des terrains tertiaires continuaient à vivre sans secousses sensibles au milieu des continents situés en dehors de la sphère d'activité des oscillations de l'écorce? et alors n'arriverait-on pas à conclure que la *Chara medicaginula* (Bro.), la *Lymnæa cylindrica* (Bro.), la *Paludina pygmæa* (Desh.), le *Planorbis Prevotensis* (Bro.) du calcaire lacustre supérieur au centre du bassin pussent être contemporains de la *Paludina pusilla*, de la *Lymnæa longiscata*, de la *Cyclostoma mumia* (Lam.) du calcaire lacustre moyen et supérieur des parties entièrement émergées? Nous ne chercherons donc pas la précision là où nous la croyons puérile, et nous supposerons que les calcaires lacustres du département peuvent être contemporains des calcaires lacustres inférieurs, du calcaire grossier, du calcaire lacustre moyen, des sables de Fontainebleau et du calcaire lacustre supérieur.

Vers le Nord du département, on rencontre des dépôts de calcaires d'eau douce à Neuvy et entre La Roche et Cosne. Ce calcaire est généralement exploité, et les carrières ouvertes à Monteconnore et aux Guérins permettent de relever les différentes assises figurées sur le diagramme suivant.

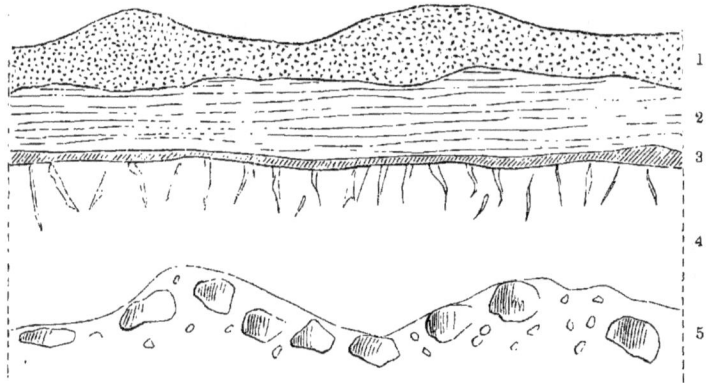

A la partie supérieure se rencontre le diluvium quaternaire composé, comme aux Guérins, d'éléments primitifs
avec silex quelquefois volumineux, provenant de la craie et
des terrains jurassiques; ce diluvium repose sur le calcaire
d'eau douce, dont la surface a été fortement ravinée; les premières assises sont marneuses; elles offrent très-souvent des
matières propres à l'amendement des terres et contiennent
près de 70 pour 100 de carbonate de chaux (couches 2).
Au-dessous de la partie marneuse se remarque, dans les
carrières de Bannay, un petit cordon argileux (3) fort variable de forme et d'épaisseur, et qui repose sur une série
de bancs de calcaires fort durs, sillonnés, surtout vers le
haut, d'une série de tubulures irrégulières (4).

En se dirigeant de Bannay vers Sancerre ou des Guérins
vers La Roche, on voit sortir de dessous ces derniers bancs
des silex tantôt agglomérés, tantôt isolés au milieu d'une
argile sableuse blanche ou jaune. Nous ne nous occuperons
pas de ce dernier terrain dans ce chapitre, et nous le décrirons plus loin [1].

1. La plupart des géologues n'ont pas séparé la partie inférieure des terrains

Les fossiles qui caractérisent le terrain d'eau douce des
environs de Cosne sont numériquement assez nombreux; ils
appartiennent aux genres *Lymnæa* (*longicostata*), *Planorbis*
(*rotundatus*), *Chara* (*medicaginula*).

On trouve des indices de calcaires d'eau douce dans la
vallée de la Nièvre, entre Beaumont et Bizy; cette formation
est fort peu épaisse dans cet endroit, et elle occupe, comme
aux environs de Cosne, la lèvre affaissée d'une faille.

A Poiseux, on voit ce même calcaire un peu plus puissant
reposer, en discordance de stratification, sur l'étage callovien et l'étage oxfordien dans les carrières situées à gauche
de la vallée. Le calcaire d'eau douce contient ici, mais seulement à sa partie supérieure, une grande quantité de fossiles; il repose sur une marne avec minerai de fer oolithique, qu'il ne faut pas confondre avec le fer oolithique de
l'oxfordien dont on rencontre des traces aux environs de
Bizy.

Le calcaire d'eau douce reparaît près de Nevers, aux
Montapins, au Nord d'Imphy; mais il y présente une faible
épaisseur. A La Fermeté, il est exploité et il fournit des
pierres à meules qui occupent la partie supérieure du terrain d'eau douce proprement dit, comme cela est indiqué
sur le croquis suivant.

---

tertiaires de la partie supérieure. Il suffit de lire les pages 130 et 131 du texte
explicatif de la carte du Cher pour se convaincre qu'il y a dix ans les savants
reconnaissaient déjà que la partie inférieure du calcaire d'eau douce pré-
sentait tous les caractères des terrains de transport. L'absence de notions sur
la grandeur des dénudations et sur l'époque de leur production a empêché les
géologues d'attribuer à ce phénomène l'importance qu'il présente.

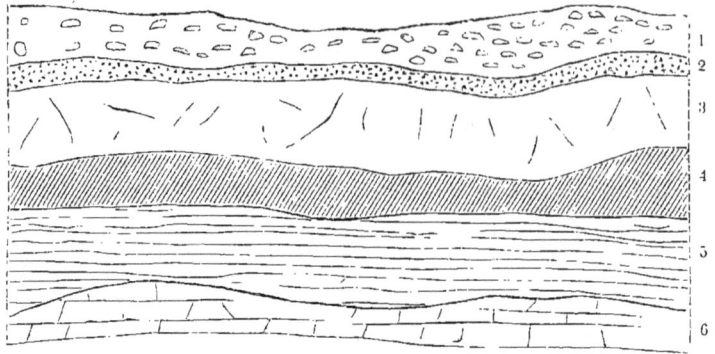

La partie supérieure de la carrière est recouverte par une épaisseur assez forte de matériaux rapportés qui reposent sur une petite couche de sable très-fin appartenant au diluvium quaternaire. La couche 3, dont l'âge n'est pas facile à déterminer, et qui probablement doit être aussi classée dans la période quaternaire, est composée d'argile sableuse jaune, avec veines d'argile blanche. L'assise 4 est la meulière exploitée, d'une puissance qui varie de 2 à 3 mètres; elle est caverneuse, très-dure, sans fossiles, et elle repose sur des marnes blanches et bleues qui constituent la base du terrain d'eau douce (5). Cet ensemble de couches est supporté par l'étage callovien (6).

Le calcaire d'eau douce reparaît vers Dienne, Béard, Decize, où il se présente sous une forme généralement argileuse ou marneuse. La position des meulières, leur constitution et leur relation avec les strates sous-jacentes semblent indiquer qu'elles résultent de l'action de quelque agent acide qui, à la fin de cette formation, a enlevé les parties calcaires en laissant la carcasse siliceuse. On sait que l'on a obtenu de véritables meulières en traitant par les acides certains calcaires d'eau douce ; d'autres agents, comme l'afflux de sources ferrugineuses et siliceuses, ont probablement contribué, dans certains cas, à la transformation du calcaire d'eau douce en meulière; ce n'est que sous l'influence combinée de ces forces que l'on peut s'expliquer la formation des meulières des environs de Saint-Père, près Cosne, occupant aussi la partie supérieure des calcaires d'eau douce et présentant le *facies* de véritables pétrosilex qui, à proximité de roches éruptives, seraient sans doute considérés par tout le monde pour des roches métamorphosées.

Outre les fossiles mollusques que l'on rencontre dans tous les dépôts d'eau douce du département, on rencontre encore des restes de quadrupèdes. J'ai trouvé dans les marnes, au-dessus de la formation de l'argile plastique des environs de Tracy, des tibias d'une espèce de cerf non encore décrite. M. le curé de Tracy a rencontré dans les mêmes couches des bois de ce même quadrupède. Aux environs de Decize, les ossements fossiles sont assez fréquents.

CHAPITRE XVI

FORMATION DE L'ARGILE PLASTIQUE (ÉTAGE SUESSONIEN, D'ORB.).

En partant de Nemours, où la formation de l'argile plastique et des poudingues est si bien développée, et en se
dirigeant vers Cosne, on ne cesse de rencontrer, sous les calcaires d'eau douce, des accumulations de galets crétacés,
des sables en général très-fins et des argiles plus ou moins
plastiques. Ces matériaux sont évidemment la continuation
de cette formation qui occupe la base des terrains tertiaires;
elle a franchi l'axe du Mellerault, qui sépare le bassin de la
Seine du bassin de la Loire, et dont les accidents principaux
se sont produits en même temps que le réseau de failles du
Morvan, reste d'une grande perturbation, qui sépare la craie
des terrains tertiaires.

Lorsque ces matériaux se rencontrent à la superficie du
sol, ils forment des poudingues fort durs, dont l'existence
est sans doute due à l'action prolongée d'infiltrations qui
ont cimenté les parties constituantes; ce phénomène s'observe d'ailleurs encore de nos jours, et il existe peu de géologues qui n'aient pas observé des macigno et des grès de
formation contemporaine.

L'étendue considérable de cette formation, sa complète
indépendance, résultent de la nature de la cause qui lui a
donné naissance, et qui ne peut être recherchée que dans

les courants diluviens dont nous nous sommes occupés dans
le chapitre XI; elle porte partout le cachet des terrains de
transport; on y rencontre, pêle-mêle, des silex arrondis ou
non, des sables et des argiles. Comme tous les terrains de
cette nature, la formation dont nous nous occupons n'offre
pas partout les mêmes éléments. La grosseur des matériaux,
leur nature, dépendent de la direction des courants, de la
disposition orographique du sol et de la situation des roches
auxquelles les éléments ont été enlevés.

Il serait sans doute utile de posséder sur ces matériaux
des données générales, recueillies avec précision sur de
grands espaces; mais la science n'en est pas encore là, et
nous attendrons peut-être encore quelque temps avant de
pouvoir tirer des conclusions certaines sur tous les détails
du régime des courants diluviens de cette époque.

Les environs de Sancerre, de La Roche et de Cosne permettent de constater les relations de la formation de l'argile
plastique avec les roches sous-jacentes et avec le calcaire
d'eau douce; ces relations sont d'ailleurs les mêmes que
celles qui s'observent plus au Nord, à Nemours et autres
lieux.

Jusqu'à ce jour on ne s'est pas encore rendu compte de
la véritable position des poudingues de Sancerre et de La
Roche; nous avons vu que M. Raulin les avait assimilés, à
tort, suivant nous, aux sables de Fontainebleau. M. d'Archiac (*Mémoires de la Société géologique de France*, 2ᵉ série, vol. II, p. 16) n'émet pas d'opinion positive sur ces
poudingues, mais il s'exprime avec prudence dans ces
termes : « *Si, d'une part, nous sommes portés à regarder
ces poudingues comme parallèles à ceux que nous retrouve-
rons si fréquemment à l'Ouest, et que recouvre le calcaire
lacustre supérieur, de l'autre leur ressemblance avec les
poudingues de Nemours et l'analogie des calcaires lacustres
précédents avec ceux de Château-Landon pourraient faire*

penser qu'il existe en cet endroit un lambeau des étages an-
térieurs si développés sur les bords du Loing. »

Pour nous, qui avons rencontré dans les calcaires d'eau
douce des fossiles identiques à ceux que contient le calcaire
d'eau douce moyen ou le travertin inférieur, qui avons suivi
les poudingues de Nemours jusqu'à La Roche, qui avons
constaté les ravages généraux de la dénudation postcrétacée, il ne nous reste pas de doute sur l'assimilation des
poudingues de Sancerre et de leurs matériaux subordonnés
à la formation de l'argile plastique [1].

De Sancerre à Bannay ou de Tracy à La Roche, on relève
la coupe suivante.

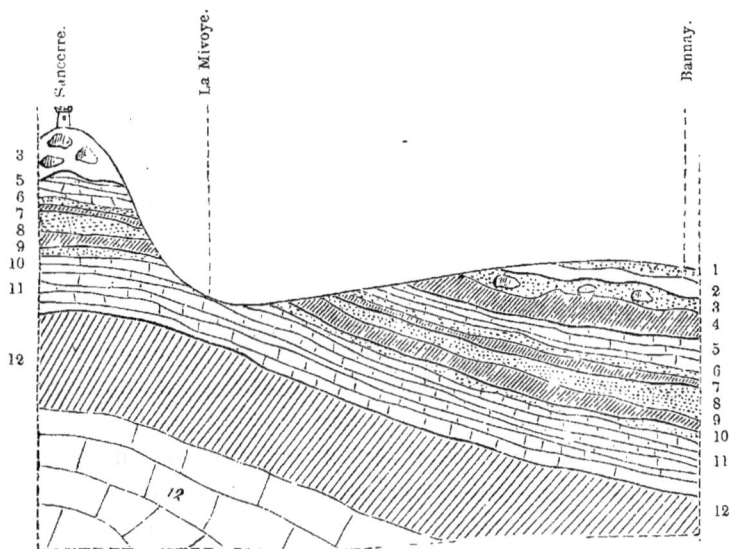

[1]. MM. Boulanger et Bertera ont rangé les brèches siliceuses de Sancerre
dans le terrain d'argile à silex qui recouvre le calcaire d'eau douce; mais il est
facile de voir que ces deux terrains sont parfaitement distincts.

Le diluvium quaternaire (1) repose sur les calcaires d'eau douce (2) que nous avons décrits dans le chapitre précédent. Les poudingues (3), sur lesquels le calcaire d'eau douce repose, affleurent un peu au Sud de Bannay, où l'on voit des blocs quelquefois d'un volume considérable épars au milieu des champs; ils reposent sur la formation de la craie, dont la surface est très-irrégulière. L'ensemble de la formation de l'argile plastique a été traversé et mis à nu par les déblais que le chemin de fer a faits à La Roche, vis-à-vis de Sancerre; la tranchée donne la coupe suivante.

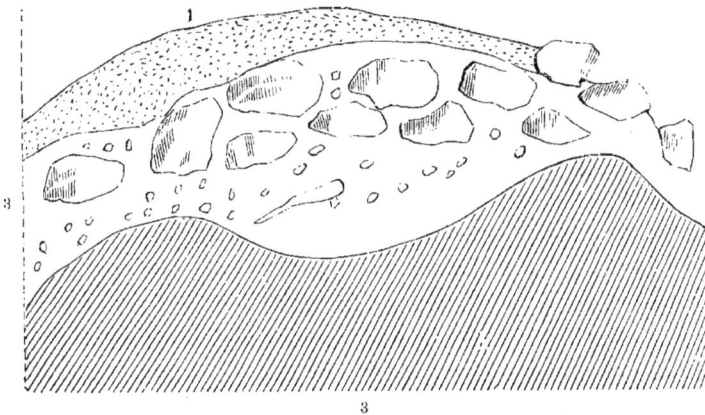

Le sommet de la tranchée est recouvert par le diluvium quaternaire, qui a la même composition que le diluvium des Guérins que nous avons décrit chapitre XIV; il contient quelquefois des fragments assez considérables de poudingues roulés, qui proviennent de la dénudation des blocs sous-jacents. Le massif (3) recouvre directement la craie à *Ostrea vesicularis*, et offre à la partie supérieure des blocs quelquefois d'un volume considérable et dont les surfaces, quoique anguleuses, sont polies et usées. Au-dessous de ces blocs,

qui ont été évidemment soumis aux actions diluviennes, se
trouvent d'autres poudingues plus tendres et grossièrement
stratifiés; leur composition est la même que celle des blocs
supérieurs : ce sont des silex de la craie agglutinés par un
grès lustré.

A mesure que l'on descend en profondeur, les poudingues
diminuent de dureté, et bientôt on ne rencontre plus que
des silex roulés ou anguleux disséminés dans des sables
marneux.

Tout ce massif repose sur la craie, dont la surface a été
profondément ravinée.

La disposition générale des matériaux qui ont été rencontrés dans la tranchée de La Roche prouve d'abord que l'ag-
glutination et la formation des poudingues se sont opérées
seulement à la surface, probablement par suite de l'action
de l'air et de certaines infiltrations.

La présence de morceaux de poudingues roulés au milieu
du diluvium quaternaire démontre ensuite que cette consolidation s'est principalement effectuée pendant le grand laps
de temps qui a séparé la craie des terrains quaternaires,
époque à laquelle les environs de La Roche étaient émergés.

Les fossiles que l'on rencontre dans les poudingues sont
caractéristiques de la craie blanche; ils sont nécessairement
remaniés : ce sont des *Micraster coranguinum*, *Echinocorys
vulgaris*, *Echinoconus conicus*, *Cidaris subvesiculosa*, *Inoceramus Lamarckii*.

Cette formation s'atténue considérablement vers le Sud;
aux environs de Beaumont, on constate encore la présence
de poudingues entièrement semblables à ceux de La Roche;
ils reposent sur les terrains jurassiques et sont accompagnés
ou plutôt surmontés par des argiles grises ou bleues, qui
servent à la fabrication de briques réfractaires. Entre Tintury et les Chailloux, il existe aussi une grande agglomération de silex roulés provenant de la craie, tantôt isolés au

milieu d'une argile jaunâtre, tantôt agglutinés et formant des poudingues.

La position de ces silex au milieu d'affleurements liasiques et au pied de la chaîne du Morvan est un des faits les plus remarquables et les plus propres à se convaincre de la force des eaux diluviennes.

La nature de la formation de transport dont nous nous occupons indique qu'elle a été déposée par des courants qui n'ont pas suivi la direction de ceux de l'époque quaternaire. On n'y rencontre plus de feldspath, plus de micaschistes, plus de galets de quartz d'une certaine dimension, et les éléments provenant des terrains primitifs sont fort réduits, car nous avons vu que ce sont des sables fins et des argiles plastiques. Les courants qui ont déposé cette formation de transport ne venaient donc ni du Sud, ni du Sud-Est, ni du Sud-Ouest; ils n'ont pu suivre que les directions opposées à ces premières, Sud-Est, Sud-Ouest.

Si nous cherchons ce que devient la formation que nous venons d'étudier vers l'Est et vers l'Ouest, nous verrons qu'elle se maintient avec les mêmes caractères dans le Cher, où elle se compose de poudingues entièrement semblables à ceux de La Roche. Vers l'Ouest, au contraire, les sables qui forment dans la Nièvre un élément peu important augmentent en épaisseur et forment de véritables grès, qui sont exploités comme pavés (forêt d'Othe).

C'est au milieu de la formation de l'argile plastique, au-dessus de la craie et des terrains jurassiques et au-dessous du calcaire d'eau douce [1], que se rencontre le minerai de fer en grain dit du Berri, et qui joue dans la prospérité métallurgique de la Nièvre et du Cher un rôle si important. Quelquefois le minerai occupe la superficie du sol, quand le

1. Il se trouve, comme nous l'avons vu chapitre XIV, des grains de minerais disséminés dans le diluvium quaternaire; mais nous considérons ces minerais, toujours peu puissants, comme remaniés.

calcaire d'eau douce a été dénudé; souvent aussi on est obligé de percer ce dernier calcaire (castillard des ouvriers) avant d'atteindre la couche ferrugineuse.

Quand on casse un grain de mine, on voit que son centre est occupé par une parcelle très-petite de sable ou d'argile. C'est autour de cette parcelle que sont venues se déposer, par voie attractive, des couches concentriques de peroxyde de fer.

Les minerais en grain du département de la Nièvre contiennent, en général, de 30 à 50 pour 100 de peroxyde de fer, de 24 à 30 pour 100 d'argile, des traces de chaux et de magnésie, de l'eau et de l'acide carbonique; ces mines sont des mines froides, c'est-à-dire réfractaires, qui ne fondent qu'avec l'addition d'une forte proportion de chaux et de silice; elles sont rouges ou grises; quand elles sont noires, elles doivent être abandonnées comme mines brûlées et contenant du manganèse.

On peut se demander par quelles actions le fer a été amené au milieu des terrains sédimentaires dans un état de concentration qui nous permet de l'exploiter, et sans lequel nous serions toujours restés privés de ce métal, sur lequel sont basées toutes les améliorations industrielles et agricoles.

Quand on examine la position des sources minérales actuelles, on ne tarde pas à voir qu'elles sont en relation avec les failles, fissures et fentes de l'écorce de la terre; cette vérité ressort déjà de la position des sources de Saint-Honoré, de Bourbon-Lancy, de Pougues et de Saint-Parize.

Ainsi les sources thermales de Saint-Honoré et de Bourbon-Lancy sont situées sur la faille occidentale du Morvan (page 103), et celles de Pougues et de Saint-Parize coulent dans les joints de la faille de Menou (page 115). Il est supposable que les joints de ces failles, qui se sont produites à la fin de la craie, se sont plus ou moins bouchés avec le temps, et que le phénomène des sources minérales n'est que le reste d'un régime qui, à l'époque de l'argile plastique, a dû se manifester avec une forte intensité en produisant des amas de minerai; la disposition des couches ferrugineuses au sein de la terre indique d'ailleurs que ces premières coïncident avec les mouvements géologiques, car elles forment en général la séparation des étages.

Il a été constaté, par des expériences exécutées par Alcide d'Orbigny et répétées par moi, qu'une certaine quantité de fer détruisait les mollusques, fait qui est corroboré par la multitude de fossiles de tout âge que l'on rencontre dans les couches ferrugineuses.

Il est donc probable que ces dernières couches, formées immédiatement après les cataclysmes, appartiennent à la formation supérieure, tandis que les fossiles qu'elles contiennent caractérisent les couches inférieures.

L'observation prouve cependant que l'on rencontre souvent dans les couches chargées de fer un mélange de fossiles qui s'expliquerait par l'habitude de certains bivalves de la formation plus récente de s'enfoncer dans la vase [1].

1. Voir Dewalque (*Description du Lias du Luxembourg*) et Ébray (*Observations sur quelques questions de géologie*).

TERRAINS CRÉTACÉS

CHAPITRE XVII

CRAIE BLANCHE (ÉTAGE SÉNONIEN, D'ORB.).

La craie proprement dite, c'est-à-dire le terrain crétacé supérieur et le terrain crétacé moyen, se divise assez naturellement en trois étages caractérisés autant par leur nature minéralogique que par les fossiles qu'ils contiennent.

La craie blanche, c'est-à-dire la partie la plus récente, se compose ordinairement de calcaires fort blancs, assez purs, donnant au commerce la craie traçante ; elle est sillonnée par des couches de silex qui suivent presque toujours la stratification.

Les fossiles décrits par plusieurs auteurs, et particulièrement par d'Orbigny, sont assez nombreux ; les échinodermes surtout abondent : ce sont des micrasters, des ananchytes ; les ammonites, les bélemnites et les scaphites font au milieu de ces couches leur dernière apparition.

Quand on examine la disposition générale des affleurements des terrains crétacés, on remarque qu'ils décrivent une courbe assez régulière autour de Paris ; cette courbe passe par Calais, Saint-Omer, Douai, Reims, Châlons, Troyes, Joigny, Saint-Fargeau : à partir de ce dernier point, l'action combinée des dénudations et des recouvrements dus aux dépôts de travertins, cache ou fait réellement disparaître les affleurements réguliers de la craie blanche; cette dernière montre cependant ses couches les plus inférieures sous forme de craie plus ou moins marneuse, connue sous le nom de craie de Villedieu, dans la Vienne, dans l'Indre-et-Loire et dans la Sarthe.

Le département de la Nièvre se trouve donc au Sud des affleurements réguliers de la craie blanche; mais les détritus abondants que l'on rencontre dans la majeure partie de ce département prouvent que cette formation a recouvert de grands espaces au centre de la France.

L'énorme quantité de silex, avec fossiles sénoniens, qui constitue la formation de l'argile plastique, démontre que les émissions siliceuses n'ont pas cessé de se faire jour à travers ces dépôts, et que le *facies* minéralogique de la partie enlevée par les dénudations devait être semblable à celui de la partie encore existante. Il y a lieu cependant de faire remarquer que les silex remaniés par les eaux ont perdu en général la couleur foncée des silex pyromaques de la craie blanche; mais nous savons que la silice consolidée subit, sous l'influence de l'air et de la lumière, les mêmes dégradations qui se remarquent dans les autres roches soumises aux mêmes influences.

Les caractères paléontologiques de la craie blanche, qui a dû recouvrir une partie du sol du département, n'ont pas non plus sensiblement varié. A l'exception du *Belemnites mucronatus*, dont on ne constate plus l'existence au milieu des détritus sénoniens, le reste des êtres organisés se retrouve dans les silex.

La liste de ces fossiles est la suivante :

Inoceramus Lamarckii.
Rhynchonella vespertilio (d'Orb.).

Spondylus spinosus (Deh.).
Lima Dujardini (Desh.).
Pecten cretosus (Defr.).
Galerites conica (Agas.).
Micraster coranguinum (Agas.).
Ananchytes ovata (Lam.).

Si nous recherchons ce que devient l'étage que nous étudions vers l'Est et vers l'Ouest, nous verrons que dans le Cher la craie blanche continue à être représentée par des silex remaniés, quelquefois agglutinés et formant des poudingues comme à La Roche; vers l'Est, au contraire, la craie commence à affleurer régulièrement déjà vers Saint-Fargeau; c'est un calcaire blanc tendre, avec lit de silex noir ou gris, et exploité comme amendement. Les fossiles sont les mêmes que ceux que l'on trouve dans les silex remaniés; le *Belemnites mucronatus* commence à se rencontrer dans la craie du voisinage de la vallée de l'Yonne, où elle est exploitée comme pierre de construction.

CHAPITRE XVIII

CRAIE TUFFEAU ET CRAIE CHLORITÉE (ÉTAGES TURONIEN
ET CÉNOMANIEN).

Les deux étages inférieurs de la craie proprement dite constituent la craie moyenne. D'Orbigny les a désignés sous les noms d'étage turonien et d'étage cénomanien.

Quoique l'ensemble de la faune de ces deux étages présente des points assez nombreux de divergence, il est cependant fort difficile de trouver une ligne de séparation tant soit peu nette; il est même probable que ces deux étages sont, en partie, complémentaires l'un de l'autre, c'est-à-dire que certaines couches placées dans l'étage turonien d'un pays peuvent être placées avec autant de raison dans l'étage cénomanien d'un autre pays; c'est pour ce motif que nous décrirons ces deux étages dans un seul et même chapitre.

Les couches crétacées, régulièrement stratifiées, les plus récentes du département, celles sur lesquelles repose la formation de l'argile plastique, appartiennent à l'étage turonien [1]; ce sont partout des calcaires marneux blancs, quelquefois présentant une teinte verdâtre. Les bancs sont en

1. D'Orbigny a donné le nom d'*étage turonien* aux couches crétacées qui sont surtout développées dans la Touraine, depuis Saumur jusqu'à Montrichard, et qui, dans cette contrée, se distinguent facilement des couches supérieures (étage sénonien) et des couches inférieures (étage cénomanien).

général peu puissants et contiennent, comme matières subordonnées, des nodules de sulfure de fer.

Le *facies* de cet étage ne ressemble en aucune façon à celui qui se présente aux environs de Tours, où son classement ne présente pas de difficultés; la nature minéralogique de la roche est tellement semblable à celle de l'étage cénomanien, que, jusqu'à ce jour, on a toujours confondu les marnes crayeuses supérieures avec la craie chloritée; la rareté des fossiles contribue à rendre l'étude difficile, et ce n'est que l'examen stratigraphique des couches qui m'a permis de constater la présence de l'étage turonien de la Nièvre, en suivant les affleurements depuis Tours jusqu'à Sancerre [1].

Les bords de la Loire, compris entre Saint-Satur et Bannay, et entre Tracy et La Roche, offrent des déblais qui permettent de constater les superpositions; la coupe (page 170) montre les couches qui se rencontrent au Nord de Sancerre.

Au-dessous des poudingues de l'argile plastique, qui affleurent un peu au Sud de Bannay, se remarquent des marnes crayeuses tendres employées à l'amendement des terres; une marnière située sur le bord de la route de Cosne, près du château du Rochoir, montre un grand développement de couches. Les fossiles sont rares: on rencontre cependant quelques *Ostrea columba* se rapprochant de la variété *major,* des *Ostrea vesicularis* et des fragments d'Ammonites que l'on peut rapporter à l'*Am. Vielbanicii.*

Ces couches correspondent à l'étage turonien, qui n'a pas moins de 40 mètres de puissance; elles reposent sur des bancs plus épais de calcaires un peu sableux avec *Holaster subglobosus,* assez abondant dans certaines localités.

Des calcaires de même nature, mais contenant parfois, et

1. *Stratigraphie de la craie moyenne comprise entre la Loire et le Cher,* par Th. Ébray (*Bulletin de la Société géologique de France,* 1860-61).

surtout à la base, des grains verts composés de silicate de
fer, sortent de dessous les strates turoniennes; on peut les
étudier dans une petite marnière actuellement abandonnée,
et située à peu de distance au Nord de Saint-Satur. Les fossiles sont très-abondants dans ces couches, qui offrent à
profusion des *Am. Mantellii, Am. varians, Turrulites tuberculatus, Pecten asper, Epiaster crassissimus, Holaster carinatus, Janira quinquecostata, Inoceramus cuneiformis,* etc.

Vers la base de ces calcaires existent des argiles vertes pétries de grains verts, avec peu de fossiles, et d'une puissance
de 5 à 6 mètres. Ces argiles forment le soubassement de la
craie moyenne, et elles reposent directement sur les sables
ferrugineux dont nous nous occuperons dans le chapitre
suivant.

Explication des chiffres de la coupe page 170.

  4 Calcaires marneux turoniens avec *Ostrea columba* et *Ostrea vesicularis.*
  5 Calcaires cénomaniens avec *Holaster subglobosus* à la partie supérieure, et
       Epiaster crassissimus, Am. Mantellii et *varians* à la partie inférieure.
  6 Base de la craie moyenne, argile verte avec grains verts (silicate de fer).
  7 Partie supérieure des sables ferrugineux, avec *Am. inflatus* et bois fossiles
       attaqués par des lithophages.
  8 Sables ferrugineux.
  9 Argiles bleues ou vertes (argiles de Miennes), avec grès verts à la base.
10 Étage néocomien.
11 Étage portlandien.
12 Étage kimmeridgien.

La rive droite de la Loire, entre Tracy et La Roche, offre
une coupe non moins instructive, et qui présenterait encore
plus d'intérêt si les travaux de consolidation des talus de
l'emprunt de la gare de Sancerre ne masquaient pas aujourd'hui les strates turoniennes. Le diagramme suivant
donne la disposition des couches qui ont été mises à nu par
les déblais du chemin de fer.

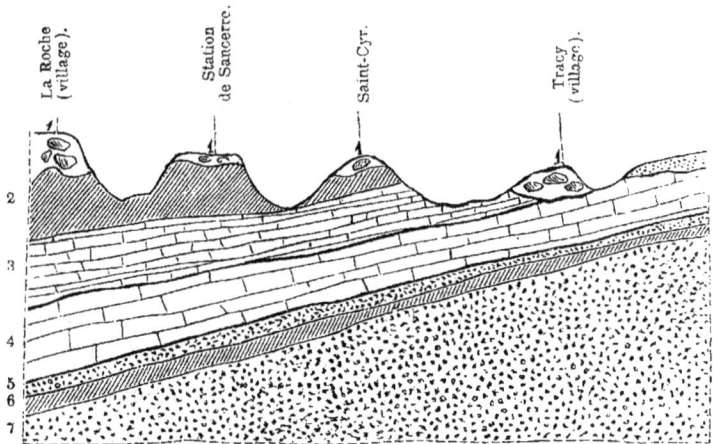

1 Poudingues tertiaires.
2 Craie moyenne avec *Ostrea vesicularis* et *Os. columba*.
3 Craie en bancs plus épais, un peu sableuse, avec *Holaster subglobosus*.
4 Craie plus marneuse, avec grains verts à la base et *Am. Mantellii*.
5 Argile avec grains verts.
6 Couche à *Am. inflatus*.
7 Sables ferrugineux.

La tranchée de La Roche a entamé une forte épaisseur de matériaux de transport appartenant à la formation de l'argile plastique, et au-dessous de laquelle on voit sortir les calcaires marneux tendres que nous avons déjà constatés dans la marnière du Rochoir. La roche est ici plus fossilifère; elle contient de nombreux exemplaires d'une huître qui a beaucoup d'analogie avec l'*Ostrea vesicularis* de la craie blanche[1], des *Ostrea columba*, qui diffèrent sensiblement

1. On trouve (*Bulletin de la Société géologique de France*, t. XVI, 2ᵉ série, une note de M. Hébert, dans laquelle ce géologue suppose (p. 144) que l'*Ostrea vesicularis* de la gare de La Roche se rencontre dans des marnes crayeuses, au-dessous des assises à *Nautilus elegans, Am. varians, Am. Mantellii*; mais, comme nous le voyons dans ce chapitre, l'assertion de ce géologue n'est pas

des exemplaires que l'on rencontre dans les couches inférieures de la craie chloritée; les Ammonites sont plus rares
et mal conservés; on reconnaît des traces d'*Am. Fleurieau-
sianus* (d'Orb.), d'*Am. Woolgari* (Vielbanicii), d'*Am. Deve-
rianus*; *Rhynchonella Luxieri*; *Rh. difformis*; il y a aussi
beaucoup de spongiaires.

Au-dessous de ces assises se trouvent des bancs plus
épais, moins marneux, d'une craie qui a toutes les apparences de la craie tuffeau de la Touraine; elle est quelquefois
micacée et contient des nodules de sulfure de fer. Cette
craie affleure dans le coteau de Saint-Cyr, au Nord de
Tracy; elle contient surtout le *Holaster subglobosus, Pecten
asper.*

La craie chloritée, avec sa base argileuse, occupe le pied
de la colline de Tracy; c'est une roche calcaire, peu argileuse, et parsemée de grains de silicate de fer qui lui donnent
parfois une couleur verdâtre; la partie la plus inférieure de
cette craie [1] est, comme dans tout le département, représentée par une couche de 2 à 3 mètres d'argile verte, sans
fossiles et entièrement composée de grains verts; elle repose
sur les premières couches des sables ferrugineux qui, sur
les bords de la Loire, sont masqués par les alluvions récentes de la plaine de Boisgibaud. Les fossiles sont très-
nombreux dans la craie chloritée; les principaux sont énumérés dans la liste suivante :

Nautilus triangularis (Monf.).

---

exacte, attendu que les couches de La Roche sont au-dessus de celles de Saint-
Cyr à *Holaster subglobosus*, qui elles-mêmes sont au-dessus de celles de Tracy
à *Am. Mantellii*. J'ai tout lieu de croire que l'*Ostrea vesicularis* de La Roche
n'est qu'une dérivée géographique de l'*Ostrea biauriculata*, qui passe plus
tard dans la craie blanche à l'*Ostrea vesicularis* typique.

1. C'est à la base de cette argile que se rencontre l'ocre. Cette matière
précieuse repose sur les dernières couches des sables ferrugineux et constitue
un accident qui occupe la base de la craie chloritée de l'Est du département.

Nautilus elegans (Sow.).

Ammonites varians (Sow).

— Mantellii (Sow.).

— falcatus (Mant.).

Turrulites tuberculatus (d'Orb.)

— costatus (Lam.).

Globiconcha Rauliniana (Cos.).

Pleurotomaria Moreausiana (d'Orb.).

Ostrea columba (Gold.)

— conica. (Sow.).

— haliotidea (Gold.)

— carinata (Lam.)

Inoceramus cuneiformis (d'Orb.).

— striatus (d'Orb.)

Lima Reichenbachii (d'Orb.).

Janira quinquecostata (d'Orb.).

Arca Ligeriensis (d'Orb.).

— carinata (Sow.)

Epiaster acutus (d'Orb.).

Holaster Trecensis (Leym.)

— carinatus (Agassiz).

Rhynchonella compressa (d'Orb.).

Terebratula biplicata (Def.).

Terebrirostra lyra (d'Orb.).

L'étage turonien et l'étage cénomanien sont seulement répandus dans une faible partie du Nord-Ouest du département; on en reconnaît un lambeau sur les bords de la Loire, au Sud de Cosne, entre cette dernière ville et Villechaud, où il remonte jusque vers la route impériale. La craie chloritée reparaît, par suite d'inflexions de couches, vers la Celle-sur-Loire; elle a été attaquée par les déblais du chemin de fer sur une assez forte épaisseur. A Neuvy, elle fournit des matériaux de construction tendres, mais assez précieux à cause de la facilité avec laquelle ils se travaillent ; les carrières de Neuvy contiennent des fossiles abondants et en général fort bien conservés.

Pour donner une idée plus complète de la craie moyenne, nous allons examiner les modifications qu'elle éprouve quand on la poursuit dans le Cher et dans l'Yonne.

Dans la direction de ce dernier département, l'étage turonien se rapproche par ses caractères de plus en plus de l'étage cénomanien (craie chloritée) pour ses parties inférieures, et de la craie blanche pour ses parties supérieures ; il forme des assises essentiellement transitoires ; car les causes qui, dans la Touraine et le Cher, ont fait varier les êtres que les eaux nourrissaient, ne se sont probablement pas produites dans l'Yonne. Aussi voyons-nous que tous les auteurs qui se sont occupés de la craie de cette partie de la France n'admettent que deux assises : la craie tuffeau, craie inférieure à Ammonites, et la craie blanche. M. Raulin est le seul géologue qui, dans l'Yonne, ait soupçonné la présence de l'étage turonien ; mais en consultant les listes de fossiles qu'il donne dans la Statistique générale de ce département, nous y trouverons réunis le *Holaster subglobosus* de la partie supérieure de l'étage cénomanien, le *Micraster coranguinum*, le *Spondylus spinosus*, la *Rhynchonella octoplicata*, *Rh. vespertilio* de la craie blanche, et *l'Am. Woolgari* (Th.) de l'étage turonien.

La liste de M. Raulin prouve que ce géologue a rangé à tort les couches à *Holaster subglobosus* dans l'étage turonien, et qu'il a compris dans cet étage quelques assises qui appartiennent à la craie blanche.

Comme nous le verrons tout à l'heure, les couches à *Holaster subglobosus* correspondent en partie aux sables cénomaniens situés dans la Touraine au-dessous de la craie turonienne.

La petite huître, si voisine de *l'Ostrea vesicularis*, et que l'on retrouve dans le tuffeau des environs de Tours, ne dépasse pas les limites de la Nièvre vers l'Est.

Vers l'Ouest, au contraire, dans le département du Cher, des modifications importantes dans la nature minéralogique des dépôts et dans les fossiles caractéristiques permettent de séparer avec une précision de plus en plus grande les deux étages qui se succèdent avec des transitions si insensibles à l'Est du département de la Nièvre.

En suivant la vallée de la Grande-Sauldre, à partir de Jars, on rencontre, en contact avec l'étage portlandien, les grès ferrugineux du gault inférieur, dans lesquels on trouve, surtout sur le plateau de Cresançay, l'*Am. Milletianus*, une espèce nouvelle d'*Echinobrissus*, la *Rhynchonella sulcata*. Au-dessus, viennent la couche d'argile bleue et les sables ferrugineux, surmontés de la couche à *Am. inflatus* et *Ostrea canaliculata*, qui, à Vailly, est réduite à une épaisseur insignifiante. Cette couche s'observe au pied du coteau sur lequel est bâti le bourg, et elle supporte les premières couches marneuses de la craie chloritée qui débute, comme nous l'avons vu jusqu'ici, par des glaises peu épaisses pétries de grains verts; la craie chloritée, proprement dite, que nous avons vue si puissante à Tracy, à Neuvy et à Sancerre, n'offre plus ici un aussi grand développement; car elle plonge, à peu de distance au Sud de Vailly, sous un système de couches sablonneuses, avec grès tendres, verts, subordonnés; ces dernières couches sont peu fossilifères; elles sont surmontées, en se dirigeant vers Argent, par de nouvelles marnes contenant l'*Ostrea vesicularis* et l'*Ostrea columba*; cette dernière, assez rare jusqu'ici, commence à devenir plus abondante.

En comparant la puissance relative des différentes parties de la craie moyenne, on remarque que les couches légèrement sableuses des environs de Tracy, avec *Holaster subglobosus*, n'offrent plus sur les bords de la Sauldre que des sables et des grès; elles ont augmenté de puissance aux dépens de la partie inférieure ou de la craie chloritée; les fossiles de cette partie moyenne disparaissent à mesure que le *facies* devient plus sablonneux, et indiquent que nous entrons dans les dépôts laissés par ce grand courant cénomanien de l'Ouest de la France, qui déposait, animé d'une faible vitesse, des matériaux de transport (sables fins), pendant qu'à l'Est les mers nourrissaient dans leurs eaux plus calmes, plus vaseuses et plus calcaires, des peuplades de Céphalopodes.

On remarque que l'on abandonne dans ces parages l'étage portlandien et l'étage néocomien, que l'on perd aussi les traces de la couche du gault supérieur à *Am. inflatus,* que les sables ferrugineux eux-mêmes s'amincissent de plus en plus pour disparaître bientôt en ne laissant sur les étages dénudés des terrains jurassiques que de simples indices des couches crétacées inférieures.

En se dirigeant encore plus à l'Ouest, on arrive à La Motted'Humbligny, point culminant de plus de 400 mètres d'altitude, qui vient former le dernier affleurement de la formation crétacée si fortement attaquée par les courants diluviens [1]. Le diagramme suivant donne la disposition des couches dont se compose ce haut monticule.

1. La série de collines qui s'étend de Sancerre à La Motte n'est pas, comme l'ont pensé quelques personnes, le résultat d'un soulèvement, car les couches sont affectées ici, comme sur tout le pourtour du bassin apparent, d'une inclinaison fort régulière; il n'y a ni axe anticlinal, ni axe de soulèvement, car La Motte n'est qu'un grand témoin qui a été respecté par les courants. Les coupes données par M. Raulin ne fournissent aucune preuve de ce prétendu soulèvement.

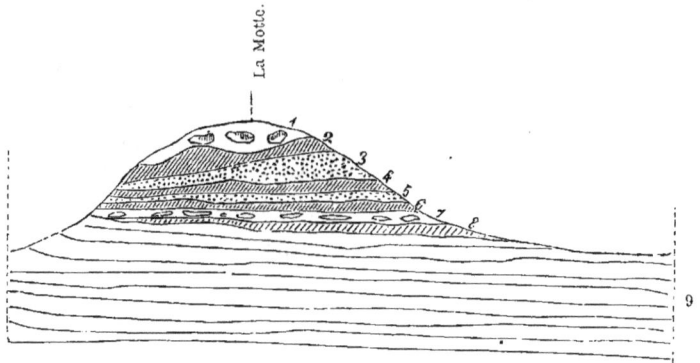

1 Poudingues tertiaires.
2 Craie marneuse à Ostracées.
3 Sables cénomaniens.
4 Craie chloritée.
5 Sables ferrugineux.
6 Argiles du gault.
7 Grès inférieurs du gault.
8 Étage portlandien.
9 Étage kimmeridgien.

Les poudingues du sommet sont entièrement semblables à ceux de Sancerre et de La Roche; ils reposent sur la craie turonienne, qui offre entièrement les mêmes caractères que ceux que nous ont présentés les couches analogues des bords de la Loire; au-dessous de ces assises se développe un puissant dépôt de sables fins, de grès gris tendre, parsemé parfois de grains chloriteux; puis affleure la craie inférieure (craie à Ammonites de Rouen ou craie chloritée) sous forme de calcaires tendres, blanche, jaunâtre, avec mica et grains de silicate de fer. (*Am. varians*, *Mantellii*, *laticlavius*, *Hol. carinatus*, etc.)

La base de cette craie, comme nous l'avons vu jusqu'ici, est composée d'argiles bleues, qui se confondent facilement avec les argiles du gault.

L'ensemble de ces couches repose sur les sables ferrugineux que nous décrirons dans le chapitre suivant.

En comparant la coupe que nous avons obtenue sur les bords de la Loire avec celle des environs de Jars et de La Motte-d'Humbligny, on remarque que la partie moyenne de la craie que nous étudions, et qui n'offre, à Sancerre et à La Roche, que des calcaires, se présente, dans le centre du département, sous un *facies* sablonneux ; les Holaster disparaissent, et sont remplacés par quelques Trigonies sans test, qui rappellent les *Trigonia spinosa* et *crenulata*.

La craie chloritée, si puissante à Tracy, à Neuvy et à Sancerre, se trouve déjà réduite à La Motte à une faible épaisseur ; l'ensablement, résultant sans doute de l'état dynamique des eaux, animées, dans cette région et à cette époque, d'une légère vitesse, a gagné en même temps les couches moyennes à *Holaster subglobosus* et la partie supérieure de la craie chloritée. Cet état particulier des eaux, qui coïncidait probablement, comme l'indique la présence des Trigonies, avec des profondeurs plus grandes, est la cause du changement de faune que l'on remarque entre les couches de la craie moyenne de l'Est du département de la Nièvre, et celles du centre et de l'Ouest du département du Cher.

Les modifications dont nous venons d'étudier les tendances arrivent à leur maximum de développement aux environs de Vierzon, où l'on constate déjà les successions qui se remarquent dans la Touraine, et qui ont donné lieu à tant de discussions.

Entre La Motte-d'Humbligny et Vierzon, l'ensablement continua à envahir la craie chloritée, qui disparaît déjà presque entièrement à Vierzon, où elle ne constitue, au milieu des sables et des grès, que des masses peu épaisses, irrégulières et lenticulaires, de marnes avec ou sans grains chlorités.

Les fossiles caractéristiques si abondants des bords de la Loire deviennent fort rares à Vierzon, et on ne les rencontre que dans les parties calcaires subordonnées aux grès.

Les sables de la partie moyenne ne contiennent plus de fossiles; la partie supérieure, que nous avons assimilée à la base de l'étage turonien, ou à la partie tout à fait supérieure de l'étage cénomanien, offre des *Ostrea columba* et *vesicularis*.

Si maintenant nous jetons un coup d'œil sur l'ensemble des étages que nous venons d'étudier, nous verrons qu'il n'est pas possible de subdiviser d'une manière générale les couches dont se compose la craie moyenne. Veut-on s'appuyer sur un fossile pour établir une coupe, pour appeler rothomagien ou mantellien la partie inférieure de la craie moyenne? on verra bientôt que l'*Am. Rothomagensis* manque dans le Cher, dans la Nièvre et dans l'Yonne, et que l'on obtiendra un étage rothomagien (Coq.) sans *Ammonites Rothomagensis*. Veut-on prendre en considération l'*Am. Mantellii*, dont l'horizon, il est vrai, présente plus de constance que celui de l'*Am. Rothomagensis?* on arrivera bientôt à voir qu'aux environs de Vierzon, et surtout dans la Touraine, on aura un étage mantellien, sans *Am. Mantellii*. Veut-on appliquer l'*Ostrea vesicularis* à la nomenclature des étages? on arrive à posséder un étage vésicularien dans la craie blanche des environs de Paris et de la Saintonge, et un étage vésicularien dans la craie moyenne de la Nièvre et du Cher. Veut-on appliquer une dénomination minéralogique? on s'aperçoit qu'à Vierzon la craie chloritée n'offre que des sables et des grès. Veut-on désigner la partie moyenne par sables cénomaniens? on arrive à posséder dans la Nièvre des sables cénomaniens à l'état de calcaire peu sablonneux.

Nous croyons aussi que la science possède assez de noms pour se faire comprendre; nous croyons en outre que la tendance de faire des noms d'étage est une tendance puérile; que, pour le moment, il importe de faire de la géologie en étudiant à fond, et dans les moindres détails, la succession des couches, leurs modifications et les fossiles qu'elles contiennent.

L'étage étant un terme variable ne peut pas être exprimé par un nom qui exprime la constance : usons avec discernement des nomenclatures actuelles, il est vrai, bien imparfaites, et préparons avec soin les éléments qui permettront, si cela est possible plus tard, de nous expliquer d'une manière plus commode; mais, pour le moment, un fait bien constaté a plus de valeur qu'une nomenclature qui ne présente pas sur les autres des avantages sensibles [1].

1. Comme on le voit, nous avons rangé dans ce chapitre les marnes supérieures de **La Roche** et de **La Motte-d'Humbligny** dans l'étage turonien. Ces marnes, séparées de la craie chloritée par le grand système sableux de La Motte, correspondent aux couches à ostracées de M. d'Archiac, et sont comprises par beaucoup de géologues dans l'étage cénomanien. Nous avouons que nous n'avons pas encore de raisons bien positives pour placer ces couches soit dans l'étage turonien, soit dans l'étage cénomanien, et nous attendons, pour prendre un avis définitif, la constatation de faits nouveaux.

CHAPITRE XIX

DU GAULT (ÉTAGE ALBIEN D'ORBIGNY).

L'étage albien d'Alcide d'Orbigny, très-développé dans la Nièvre, correspond en partie au gault des Anglais, et n'a pas été suffisamment étudié jusqu'à ce jour.

Les sables ferrugineux, les argiles bleues ont été classés par les géologues de la manière la plus disparate; des horizons importants n'ont pas même été signalés (couches à *Am. inflatus* et grès à *Am. mammillaris*, *tardefurcatus*), et les allures générales de ces différentes couches ont donné lieu à des suppositions des plus invraisemblables.

M. de Longuemar, un des premiers qui se soient occupés des sables ferrugineux, en donne une longue description (chapitre XI, page 67)[1]. Ce géologue s'est trompé sur la véritable position de ces sables, qui, d'après lui, seraient inférieurs aux marnes argileuses du gault. Je ne m'occuperai pas des longues dissertations de M. de Longuemar, dans lesquelles il s'étend sur les sables ferrugineux des rivages de la mer, sur leurs oscillations. Ces rêves pouvaient être permis il y a vingt ans, mais aujourd'hui la science a besoin de données plus solides et plus dégagées de suppositions arbitraires.

M. Robineau-Desvoidy constata, en 1851, que les sables ferrugineux sont supérieurs aux argiles bleues à *Am. mam-*

1. *Étude géologique des Terrains de la rive gauche de l'Yonne.*

millatus, qui appartiennent au gault. Cette observation, sans résoudre complétement la question, constitue déjà une donnée sérieuse, en prouvant que ces sables ne pouvaient pas être rangés dans l'étage néocomien.

A la même époque, M. Raulin (*Bulletin de la Société géologique de France,* t. IX, 2ᵉ série) s'appuyait sur le fait découvert par M. Robineau pour établir une classification des terrains crétacés de l'Yonne; mais la note de M. Raulin n'apporte aucun fait nouveau à l'appui de cette question.

Ce n'est réellement qu'en 1856 que la détermination des sables ferrugineux fut arrêtée par la découverte du gault ferrugineux supérieur avec fossiles.

Ma note sur les sables ferrugineux de La Puisaye (*Bulletin,* t. XIV, 2ᵉ série[1]) montre qu'il existe au-dessus des sables ferrugineux une couche peu épaisse, mais très-fossilifère, dont les nombreux fossiles établissent avec précision l'existence du gault supérieur, caractérisé surtout par l'*Am. inflatus, Delucii, Denarius,* etc. C'est à ce même niveau que M. Foucard[2] rencontra, vers le haut des sables ferrugineux des environs de Saint-Georges, des fragments d'*Am. Delucii* et de *Trigonia Parkinsoni,* qui, par leur position et leurs caractères paléontologiques, correspondent évidemment à la couche que j'ai signalée aux environs de Cosne.

Le gault, ou l'étage albien du département de la Nièvre, se compose de quatre massifs très-distincts les uns des autres : à la base se rencontrent des grès ferrugineux, en général peu constants, et, dans certaines régions, assez fossilifères; au-dessus se trouvent des argiles bleues mi-

---

1. Cette note, envoyée en 1856, n'a été imprimée qu'en 1858 par la Société géologique.

2. Note sur la collection de fossiles donnée, etc., et sur des fossiles de grès verts rencontrés par M. Foucard.

3

cacées avec grès verts subordonnés. C'est au milieu de
ces grès que l'on peut recueillir la faune, si riche et si
caractérisée, du gault inférieur. Ce dernier massif supporte
les sables ferrugineux dits de La Puisaye, qui, par leur
nature minéralogique et leurs végétaux de transport, indiquent un dépôt charrié par les courants. L'étage albien se
termine par des graviers peu épais; ils correspondent au
gault supérieur, dont la faune se rapproche déjà sensiblement de celle de la craie chloritée.

Nous allons passer en revue ces différents termes du
gault; nous nous occuperons ensuite de leurs modifications,
soit vers l'Est, soit vers l'Ouest.

La coupe la plus complète de l'étage albien peut s'étudier
entre Neuvy et Cosne, en suivant les berges de la Loire.
Au-dessus de l'étage portlandien, dont les affleurements
décrivent une courbe assez sinueuse passant par les Girarmes, Fontenille, Les Cours, La Roche, s'observe l'étage
néocomien sur lequel reposent les dernières traces de
l'étage urgonien, connu dans l'Yonne sous le nom d'argiles
ostréennes. Ce dernier terme se reconnaît, par suite d'inflexions, à peu de distance au Sud de Miennes, au niveau
de l'étiage de la Loire.

Les argiles avec lumachelles subordonnées sont surmontées par des grès peu épais, très-ferrugineux, peu
fossilifères dans la Nièvre, mais contenant par place, dans
le Cher, des fossiles qui caractérisent le gault le plus inférieur.

Au-dessus de ces dernières couches se remarquent, soit
au Sud, vers Cosne, soit au Nord, vers Miennes ou vers La
Celle, des argiles avec grès verts subordonnés. Les grès
occupent généralement la base, comme cela peut se remarquer en suivant le lit du petit ruisseau fort encaissé qui
débouche dans la Loire, à La Celle. Très-durs, ils présentent généralement une couleur verdâtre ou rougeâtre vers

le bas; les bois fossiles qu'ils recèlent sont perforés par les lithophages et indiquent, avec les nombreux céphalopodes, gastéropodes et bivalves, des eaux fort peu profondes.

Je ne donnerai pas ici la liste complète des fossiles qui caractérisent les grès inférieurs; je ferai abstraction des espèces nouvelles, assez nombreuses, et des fossiles rares toujours peu importants pour éclaircir les questions de stratigraphie.

Fossiles caractéristiques des grès du gault.

Ammonites mammillatus (Sch.).
— Raulinianus (d'Orb.).
— fissicostatus (Dutempleanus).
Natica gaultina (d'Orb.).
— excavata (Mich.).
Scalaria clementina (d'Orb.).
— Dupiniana (d'Orb.).
Avellana lacryma (d'Orb.).
— incrassata (d'Orb.).
Fusus Iterianus (d'Orb.).
— cementinus (d'Orb.).
Rostellaria carinata (Mant.).
— mulleti (d'Orb.).
Pteroceras bicarinata (d'Orb.).
Pholodomya Rauliniana (d'Orb.).
— Fabrina (Agas.).
Panopæa acutisulcata (d'Orb.).
— inæquivalvis (d'Orb.).
Lavignon Clementina (d'Orb.).
Venus vibrayana (d'Orb.).
Cyprina cordiformis (d'Orb.).
Thetis minor (Sow.).

Trigonia aliformis (Sow.).
— Fittoni (Desh.).
Arca fibrosa (Sow.).
— carinata (Sow.).
Nucula bivirgata (Fitt.).
Nucula pectinata (Sow.).
Inoceramus concentricus (Sow.).
— sulcatus (Sow.).
Gervilia difficilis (d'Orb.).
Lima parallela (d'Orb.).
Mytilus albensis (d'Orb.).
Ostrea Arduennensis (d'Orb.)
— canaliculata (d'Orb.).
Leda solea (d'Orb.).
Epiaster polygonus [1] (d'Orb.).

Les argiles qui reposent sur les grès sont en général des argiles grises, noires, parfois ferrugineuses, et presque toujours micacées. Leur puissance aux environs de Cosne varie de 10 mètres à 30 mètres; elles affleurent à Cosne même, où on les rencontre dans le lit de la Loire avec les grès, dans la tranchée du chemin de fer dite du Cimetière, dans les petites tranchées en aval de la ville, à Miennes, où elles sont exploitées pour la fabrication des tuiles, et à La Celle. Elles contiennent fort peu de fossiles; ces derniers se rencontrent seulement dans les géodes ferrugineuses subordonnées.

Les sables ferrugineux, d'une puissance au moins de 30 mètres, surmontent partout les argiles micacées; ils sont traversés par des couches de grès et d'argiles qui retiennent les eaux et qui donnent au terrain de La Puisaye

---

1. Cet *epiaster* se rapproche autant de l'*epiaster polygonus* que de l'*epiaster trigonalis*, et constitue une forme intermédiaire entre ces deux échinodermes.

son cachet particulier. Ces sables sont composés de quartz colorés et souvent agglutinés par du fer hydroxydé. On rencontre aussi du mica en faible quantité. Les couches argileuses des sables ferrugineux, de même que les argiles bleues inférieures, contiennent des pyrites.

Il n'existe pas de fossiles dans cette formation ; les seuls débris organiques qui s'y rencontrent sont des végétaux transportés [1].

Les sables ferrugineux affleurent suivant la vallée de la Loire, à Boisgibault, le long du chemin de Tracy, où on les voit reposer sur les argiles. On les rencontre aussi à la partie supérieure des tranchées du chemin de fer, aux environs de Cosne. Ils forment des escarpements assez considérables entre La Celle et Neuvy. Cette formation est en général perméable, tout en offrant de petites lignes de suintement dues à la présence des couches argileuses subordonnées, et elle joue un grand rôle dans la distribution des nappes artésiennes au centre du bassin parisien.

Le terme le plus récent de l'étage albien est représenté par une faible couche de gravier de 0m30 d'épaisseur, dont l'affleurement est souvent recouvert par des éboulis.

Le gault supérieur est composé de graviers contenant des galets quelquefois assez volumineux de quartz qui, agglutinés, forment un véritable poudingue analogue aux couches qui portent le nom de tourtia en Belgique [2]. Les bois fossiles sont fort abondants, et toujours criblés de trous de pholades.

1. M. de Longuemar mentionne des coprolithes et des zoophytes. J'ai constaté que ces derniers ne sont autre chose que des rognons qui offrent des formes plus ou moins régulières.

2. Le tourtia de la Belgique, classé dans l'étage cénomanien, ressemble singulièrement au gault supérieur ; la composition minéralogique est identique dans les deux cas, et il contient l'*Ostrea canaliculata* et autres fossiles qui se rencontrent aussi dans la couche que nous étudions. Je ne me hasarde cependant pas d'établir un synchronisme.

Les fossiles principaux rencontrés dans les graviers supérieurs sont les suivants :

Ammonites inflatus.

— Delucii.

— splendens.

Natica gaultina.

Natica Matheroniana (d'Orb.).

Turbo tricostatus (d'Orb.).

Avellana incrassata (d'Orb.).

(Cette espèce a les plus grands rapports avec *Avellana Cassis.*)

Panopæa Constantii (d'Orb.).

Trigonia spinosa.

Arca Marceana (d'Orb.).

(Cette espèce a les plus grands rapports avec *Arca fibrosa* du gault inférieur.)

Opis Sabaudiana (d'Orb.).

Opis Coquandiana (d'Orb.).

Janira phaseola (d'Orb.).

— quinquecostata (d'Orb.).

Avicula Moutoniana (d'Orb.).

Cardium Carolinium (d'Orb.).

(Le *Cardium* n'est pas entièrement conforme au type. Les grosses raies de tubercules sont plus régulières, plus constantes; les deux rangées de petits tubercules sont aussi d'une grande régularité.)

Ostrea canaliculata (d'Orb.).

Terebratula Dutempleana (d'Orb.).

(D'Orbigny a séparé cette espèce de la *Terebratula biplicata*. J'ai constaté cependant, en comparant un grand nombre d'individus, qu'il n'est réellement pas possible de les séparer nettement.)

Il est facile de se convaincre, en jetant un coup d'œil sur

cette liste, que les graviers supérieurs présentent un assemblage de fossiles des plus remarquables.

Les céphalopodes appartiennent bien au gault supérieur de presque toutes les contrées : *Natica gaultina, Opis Subaudiana, Avellana incrassata, Panopæa Constantii*, caractérisent aussi l'étage albien. La similitude de l'*Avellana incrassata* et de l'*Avellana Cassis*, jointe à leur voisinage stratigraphique, indique qu'il n'y a pas espèce distincte, mais seulement dérivation. *Natica Matheroniana, Turbo tricostatus, Trigonia spinosa, Arca Marceana, Janira phaseola, quinquecostata, Avicula Moutoniana, Cardium Carolinium, Ostrea canaliculata, Terebratula Dutempleana*, se retrouvent dans l'étage cénomanien inférieur, ainsi distribués :

Grès inférieur de la Sarthe.

Turbo tricostatus (Octavius du Prodrome).

Trigonia spinosa (Parkins) (se rencontre aussi à Rouen et dans le tourtia).

Arca Marceana (d'Orb.).

Janira phaseola (d'Orb.).

Janira quinquecostata (d'Orb.).

Ostrea canaliculata (d'Orb.) se rencontre aussi à Rouen.

Grès inférieurs des Bouches-du-Rhône, du Var.

Natica Matheroniana (d'Orb.).

Avicula Moutoniana (d'Orb.).

Opis Coquandiana.

Craie inférieure de la Charente-Inférieure.

Cardium Carolinium (d'Orb.).

Tourtia de la Belgique.

Astarte striata (Sow.).

Opis Annoniensis (d'Arch.).

Ce dépouillement prouve qu'au moment où la couche du gault supérieur tend à s'amoindrir, une certaine quantité de ses fossiles, les céphalopodes surtout, disparaissent pour toujours; d'autres, les bivalves et les gastéropodes, se propagent soit vers l'Ouest dans les grès inférieurs de l'étage cénomanien, soit vers le Sud dans le même étage.

La nature minéralogique des graviers à *Am. inflatus*, jointe aux bois fossiles traversés par les lithophages et à la faune elle-même, démontre que le gault supérieur s'est développé dans des eaux fort peu profondes, peut-être à proximité d'un rivage provenant soit de l'existence d'une île, soit de celle d'un continent; la diffusion des fossiles dans des couches supérieures déposées dans des eaux plus profondes, précisément au moment où le dépôt côtier tend à disparaître, l'anéantissement des céphalopodes du gault supérieur et la persistance de beaucoup de bivalves et de gastéropodes qui ont trouvé dans les grès inférieurs du Mans et du Midi de la France des eaux conformes à leur organisation, ne semblent-ils pas prouver que les limites des étages ne sont pas aussi tranchées que l'on veut bien l'admettre aujourd'hui, et que la base des grès de la Sarthe s'est déposée au même moment que le gault supérieur?

La faune des graviers supérieurs, déjà si intéressante à ce dernier point de vue, offre beaucoup d'espèces nouvelles dont les caractères sont parfaitement en harmonie avec la nature transitoire du dépôt. Je décrirai brièvement quelques-unes de ces espèces, non pas dans le but de faire une description de fossiles, ce qui sort du cadre de cet ouvrage, mais bien pour en tirer les conséquences qui nous permettront de bien saisir le rôle stratigraphique du gault supérieur.

Trigonia subcarinata (Ebr.).

Très-grande espèce atteignant quelquefois 120 millimètres de longueur, se rapprochant sensiblement de la *Trigonia carinata* (Agas.) de l'étage néocomien. Les côtes de notre trigonie sont plus inclinées que celles de la *Trigonia carinata ;* le corselet ne présente pas les tubercules de cette dernière.

Cette espèce est remarquable, parce qu'elle termine les trigonies à côtes droites sans tubercules dont un des premiers types se rencontre dans les étages inférieurs de l'oolithe (*Trigonia striata*).

Trigonia arcuata (Ebr.).

Cette espèce, assez fréquente aux Brocs, paraît se rapprocher en même temps de la *Trigonia aliformis* du gault inférieur et de la *Trigonia crenulata* (Lam.) de l'étage cénomanien.

Notre espèce possède les grosses côtes subtuberculeuses de la *Trigonia aliformis*; le côté anal se termine en un rostre moins prolongé que celui de cette dernière espèce.

Lima secans (Ebr.).

Voisine de la *Lima Reinchenbachii* (Gein.); angle apicial plus ouvert que celui de cette dernière espèce.

Terebratella distincta (Ebr.).

Elle offre beaucoup de ressemblance avec la *Terebratella Menardi ;* celle-ci possède un angle apicial moins ouvert et des côtes plus rapprochées; elle est aussi plus haute que large, tandis que la *Terebratella distincta* est plus large que haute.

La réapparition d'une espèce ancienne dans des dépôts plus récents et même séparés de ceux au milieu desquels l'espèce a commencé à vivre, par des dépôts plus ou moins azoïques, comme les sables ferrugineux, peut s'expliquer par l'étude des lignes de propagation des espèces. Ainsi, nous connaissons le genre *Thetis* depuis l'étage aptien jusqu'à la base de l'étage cénomanien; ce genre singulier n'a encore été rencontré ni dans les couches inférieures, ni dans les couches supérieures à ces premiers étages; les différentes espèces de ce genre : *Thetis lævigata, minor* et *major*, présentent de grandes analogies; la *Thetis lævigata,* qui d'après d'Orbigny est fort rare, diffère de l'espèce *minor* par l'absence du prolongement de l'impression du sinus, caractère qui dépend, dans les moules, du mode de fossilisation et que j'ai retrouvé dans beaucoup de *Thetis minor* de l'étage albien. Dans le gault supérieur on rencontre des *Thetis* qui participent à la fois aux caractères des *Thetis major* et à ceux des *Thetis minor*.

Dans ces circonstances on ne peut guère admettre des espèces distinctes; la similitude des individus, leur persistance si singulière de l'étage aptien à l'étage cénomanien prouve plutôt qu'il n'a existé qu'une seule espèce qui s'est propagée en variant légèrement, suivant la verticale, et en traçant approximativement la courbe suivante qu'on peut appeler *courbe de propagation.*

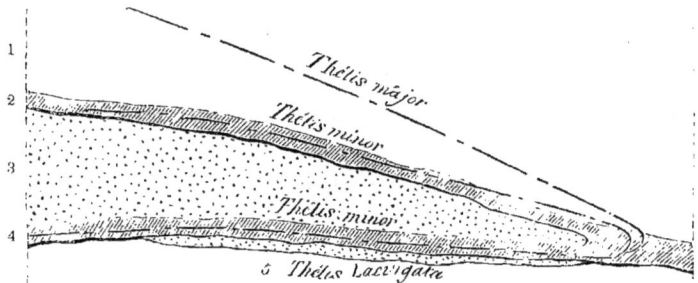

— — — Ligne de propagation.
1 Étage cénomanien.
2 Gault supérieur.
3 Sables ferrugineux.
4 Gault inférieur.
5 Étage aptien.

Recherchons maintenant, comme nous l'avons fait pour la craie moyenne, ce que deviennent les couches que nous venons d'étudier, en les suivant soit vers l'Est, soit vers l'Ouest.

Les sables rouges et les grès ferrugineux couleur lie de vin se maintiennent avec une puissance de 2 à 4 mètres jusque vers Vierzon, où ils disparaissent en recouvrant le calcaire à Astartès; de temps en temps ces grès deviennent fossilifères et contiennent en abondance, comme sur les plateaux de Créancy :

Am. Milletianus.	Terebratula tamarindus? (C'est
— tardefurcatus.	avec doute que nous rap-
	portons cette espèce à la
Thetis minor.	T. tamarindus; elle diffère
	notablement du type.)
Rhynchonella sulcata.	Rhynchonella nuciformis.

Les grès verts et les sables verts s'observent avec les caractères signalés à Cosne, aux environs de la tuilerie de la Mivoye; les fossiles sont généralement des gastéropodes et des acéphales. Les céphalopodes sont beaucoup plus rares qu'à Cosne; c'est tout au plus si l'on rencontre quelques exemplaires d'*Am. fissicostatus.*

Plus loin, vers l'Ouest, les grès verts disparaissent, et les argiles bleues micacées reposent directement sur les grès ferrugineux, comme cela se remarque à La Motte-d'Humbligny. Ces argiles diminuent de plus en plus d'épaisseur vers Vierzon, où l'on en rencontre encore des traces au-dessus des grès rouges qui affleurent dans les excavations de Massay.

Les sables ferrugineux s'amincissent rapidement; déjà, à La Motte-d'Humbligny, ils n'ont plus guère que 3 ou 4 mètres d'épaisseur, et ils disparaissent complétement aux environs de Vierzon, où ils paraissent complétement soudés aux argiles du gault.

Les graviers supérieurs se constatent encore avec *Ostrea canaliculata, Am. inflatus*, etc., à Wailly; mais c'est là le dernier point d'affleurement, et en effet on ne rencontre plus de traces de cette couche à La Motte.

On remarque peu de changements à l'Est de la Loire ; à la base de l'étage on trouve toujours des traces de sables et de grès ferrugineux sans fossiles, puis des sables verts recouverts par des argiles bleues ; la couche à *Am. inflatus* et *Am. Delucii* n'augmente pas de puissance et se dérobe souvent aux recherches, à cause de son exiguïté.

A Seignelay, la succession est encore la même que celle que nous venons de décrire ; il est même digne de remarque que, malgré les nombreuses et savantes recherches faites autour de cette localité, la véritable composition de l'étage albien n'a pas encore été exactement étudiée ; cette lacune provient sans doute de la faille de Seignelay, qui est restée douteuse jusqu'à ce jour, et du manque de renseignements sur la couche du gault supérieur à *Am. inflatus* et *Delucii*.

Le diagramme ci-contre montre la disposition des couches suivant la route qui aboutit à Seignelay, en traversant le Grand-Parc. Les sommités de ce dernier, surtout le côté Nord-Ouest, sont couronnées par des fragments de poudingues à petits éléments entièrement semblables à ceux des Brocs, et contenant les fossiles caractéristiques de la couche à *Am. inflatus*. Ces fossiles, fort nombreux et recueillis avec soin par M. Ricordeau, sont surtout des *Am. Delucii, Am. splendens, Am. auritus, Arca fibrosa, Cyprina Ervyensis, Arca Malleana, Lima Ricordeana*, une grande quantité d'opis sans test et semblables à ceux des Brocs.

Cette petite couche, que nous avons vue occuper, dans la Nièvre, la partie supérieure des sables ferrugineux, apparaît ici dans la même position ; seulement, comme elle occupe à Seignelay presque le point culminant de la colline du Grand-Parc, les éléments dont elle se compose ont été altérés par les courants diluviens.

Au-dessous de ces fossiles viennent, de part et d'autre du sommet, des sables ferrugineux sans fossiles, qui correspondent évidemment aux sables de La Puisaye ; puis se remarquent des argiles bleues (argiles de Miennes), et enfin des sables verts dans lesquels M. Robineau a trouvé l'*Am. mammillaris* [1].

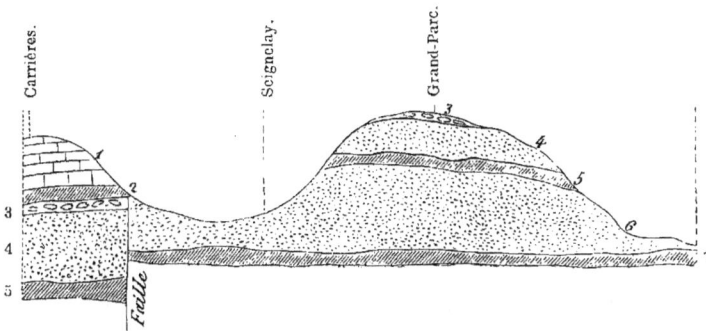

1 Craie chloritée.
2 Argile verte.
3 Graviers avec *Am. Delucii.*
4 Sables ferrugineux.
5 Argiles du gault.
6 Sables verts et argiles.
7 Étage aptien (argiles à plicatules).

1. La présence de la *Rhynchonella nuciformis*, qui se rencontre habituellement dans l'étage optien de Gurgy et de la *Terebratula tamarindus* de l'étage néocomien au milieu de strates qui contiennent l'*Am. tardefurcatus*, la *Thetis minor* et l'*Am. Milletianus*, est un exemple très-frappant de migration d'espèces.

CHAPITRE XX

ÉTAGE NÉOCOMIEN.

Il existe entre l'étage néocomien et l'étage albien une série de couches que d'Orbigny a réunies en étage sous le nom d'étage aptien.

Cette série de couches n'étant pas développée dans la Nièvre avec ses caractères normaux, nous ne pouvons qu'indiquer la lacune, en nous rappelant cependant le peu de certitude que l'on possède sur le synchronisme absolu ou réel des étages[1].

Les couches aptiennes sont encore bien développées à quelques kilomètres au Nord-Ouest d'Auxerre; mais à partir de ce point vers l'Ouest, elles s'amaigrissent rapidement et elles disparaissent avant la limite du département de la Nièvre.

L'étage néocomien se divise en deux parties : la supérieure, connue sous le nom d'argiles ostréennes ou à lumachelles (étage urgonien d'Orb.); l'inférieure, désignée sous le nom de calcaire à spatangues (étage néocomien proprement dit). L'étage urgonien est fort réduit dans la Nièvre; ce n'est que tout dernièrement que je suis parvenu à en découvrir des traces en profitant des eaux basses de la Loire;

---

1. *Considérations sur quelques questions de géologie*, par Th. Ébray, 1861. Baillière, rue Hautefeuille, Paris.

les berges de ce fleuve (côté droit) permettent de relever, à 700 ou 800 mètres en amont de Miennes, la coupe suivante :

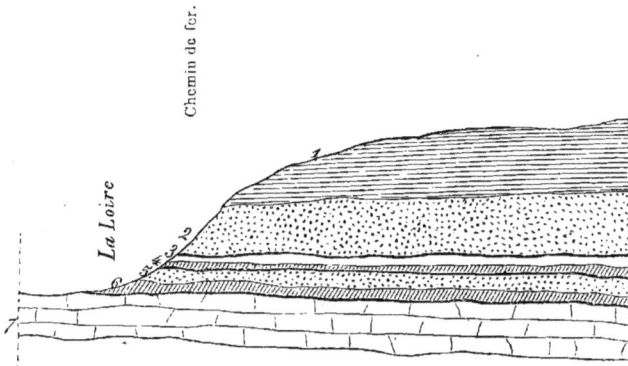

1 Argiles bleues micacées (argiles de Miennes).
2 Sables verts et grès verts.
3 Cordon d'argile ferrugineuse.
4 Grès rouge.
5 Argiles ostréennes ou à lumachelles (étage urgonien).
6 Étage néocomien.
7 Étage portlandien.

Le lit de la Loire est occupé par l'étage néocomien inférieur, avec *Janira atava, Panopœ neocomiensis, Echinospatangus cordiformis*; au-dessus se remarque une argile grise non micacée avec lumachelles subordonnées. Ce dépôt a une puissance de 1ᵐ50 à 2 mètres. Les lumachelles sont très-fossilifères ; le nombre des espèces est cependant fort borné, car on n'y rencontre guère que l'*Ostrea Boussingaultii* et l'*Ostrea Leymeric*. Ce dépôt est recouvert par les différents termes de l'étage albien, débutant à la base par des grès et sables ferrugineux [1] et par un cordon d'argile rouge avec

---

1. Ce sont ces sables qui, dans le Berri, contiennent l'*Am. Milletianus, Am. tardefurcatus, Rhync. sulcata.*

rognons; ces deux couches fort minces sont surmontées par les sables et les argiles du gault.

Les traces de l'étage urgonien disparaissent sur la rive gauche de la Loire, où le grès ferrugineux inférieur du gault repose directement sur le calcaire à spatangues, et quand celui-ci n'existe pas sur l'étage portlandien ou sur l'étage kimmeridien.

On ne reconnaît dans la Nièvre que cette partie de l'étage néocomien inférieur, connue sous le nom de calcaire à spatangues; elle repose sur les couches dénudées de l'étage portlandien qui, dans beaucoup de lieux, a été perforé par les pholades à sa partie supérieure.

Cette dénudation profonde, cause de la disparition avant son terme régulier de l'étage kimmeridgien et de l'étage portlandien, indique que la série jurassique a été close par un cataclysme et que la série crétacée ou subcrétacée commence bien avec l'étage néocomien.

Cet étage est composé dans la Nièvre d'un calcaire jaune avec oolithes ferrugineuses; sa puissance est peu considérable; à Dompierre, sur les limites du département de l'Yonne, il a de 5 à 6 mètres d'épaisseur; aux environs de Cosne, il se réduit à 3 mètres.

Son affleurement suit l'affleurement extrême de l'étage portlandien; ce dernier est toujours recouvert directement par l'étage néocomien, quand les érosions diluviennes ne l'ont pas fait disparaître; les sables de La Puisaye paraissent quelquefois recouvrir l'étage portlandien en discordance de stratification dans un sens perpendiculaire aux affleurements; mais ce recouvrement n'est dû qu'à un remaniement postérieur. Les dénudations ont dans ce sens détruit la succession qui aurait permis d'établir des relations exactes; cependant il est fort probable que les sables ferrugineux ne se sont pas déposés dans les limites du bassin des mers néocomiennes, car ces premiers indiquent un terrain de transport, et par conséquent un régime spécial [1].

Les traces des affleurements de l'étage néocomien inférieur sont beaucoup plus évidentes; on les constate dans le lit de la Loire, en amont de Miennes, dans les déblais de la route de Cosne à Donzy, à quelques kilomètres de cette première ville, à Saint-Verain et à Dompierre.

Partout l'étage néocomien est très-riche en fossiles. Les espèces rencontrées sont les suivantes :

Ammonites Leopoldinus (d'Orb.).
— radiatus (Brug.).
Nautilus pseudo-elegans (d'Orb.).
Pteroceras Dupiniana (d'Orb.).
Scalaria canaliculata (d'Orb.).
Turritella Dupiniana (d'Orb.).
Nerinea Royeriana (d'Orb.).
Acteon albensis (d'Orb.).
Natica prælonga (Desh.)
Neritopsis Robineausiana (d'Orb.).
Trochus albensis (d'Orb.).
Turbo Desvoidyi (d'Orb.).
Turbo fenestratus (d'Orb.).
Pleurotomaria neocomiensis (d'Orb.).
Rostellaria Robinaldina (d'Orb.).
Emarginula neocomiensis (d'Orb.).
Panopæa Cottaldina (d'Orb.).
— neocomiensis (d'Orb.).
— Robinaldina (d'Orb.).
Pholodomya elongata (Munst.).
— Agassizii (d'Orb.).

1. Robineau-Desvoidy a déjà constaté le remaniement fréquent des sables ferrugineux (*Bulletin de la Société des sciences historiques et naturelles de l'Yonne*, t. VI, p. 97).

14

Pholodomya semicostata (Ag.).
Anatina Agassizii (d'Orb.).
— Robinaldina (d'Orb.).
Venus Cornueliana (d'Orb.).
— Dupiniana (d'Orb.).
— Brongniartina (Leym.).
Astarte Beaumontis (Leym.).
— elongata (d'Orb.).
— subformosa (d'Orb.).
— Moreana (d'Orb.).
Crassatella Robinaldina (d'Orb.).
Cardita neocomiensis (d'Orb.).
Cyprina Bernensis (Leym.).
Trigonia carinata (d'Orb.).
Trigonia caudata (Agassiz).
— longa (Agassiz).
Nucula planata (Desh).
Area Baudiniana (Cott.).
— Robinaldina (d'Orb.).
Mytilus æqualis (d'Orb.).
— Fittoni (d'Orb.).
Pinna Robinaldina (d'Orb.).
— sulcifera (Leym.).
Lima Carteroniana (d'Orb.).
— Robinaldina (d'Orb.).
Pecten Robinaldinus (d'Orb.).
— Cottaldinus (d'Orb.).
Janira atava (d'Orb.).
Terebratula semistriata (Defr.).
— Tamarindus (Sow.).
Rhynchonella depressa (d'Orb.).
— lata (d'Orb.).
Terebratula oblonga (d'Orb.).
Cidaris clunifera (Agassiz).

Diadema Bourgueti (Agassiz).
Holectypus macropygus (Desoc.).
Echinobrinus Greslyi (Agas.).
— Olfersii (Agas.).
Clypeus Paultrii (Cott.).
Pygurus Montmollini (Agas.).
— minor (Agas.).
Toxaster gibbus (Agas.).
Holaster L'Hardyi (Dub.).
Centrastrea collinaria (d'Orb.).
— excavata (d'Orb.).

On trouve aussi dans l'étage néocomien quelques dents de Pycnodus et de Sphærodus.

CHAPITRE XXI

DE L'ÉTAGE PORTLANDIEN ET DE L'ÉTAGE KIMMERIDIEN

Les terrains jurassiques occupent une grande partie du département de la Nièvre; ils forment une large bande devenue irrégulière par suite de l'action des dénudations et de l'influence des failles, qui, à l'exception de la faille de Sancerre, ne se sont pas prolongées jusqu'à la craie. Nous savons que ce dernier terrain offre, dans le département de la Nièvre, une portion de cet affleurement régulier concentrique sur lequel on s'est appuyé pour créer un bassin dont Paris occuperait à peu près le centre. Il n'en est pas de même des terrains jurassiques, qui buttent, suivant une ligne Sud-Nord, contre le massif primitif du centre de la France par suite de la faille occidentale du Morvan. Comme nous l'avons vu, les lambeaux se développent en offrant une série de gradins irréguliers qui jettent une perturbation profonde au milieu des affleurements situés entre les montagnes du Limousin et celles du Morvan. La limite Nord de cette grande bande jurassique décrit une courbe passant par Dampierre, Alligny, Cours, Saint-Péré, Fontenille,

Tracy ; la limite Sud passe par Saint-Pierre-le-Moulin, Azy-
le-Vif, Champvert et Saint-Honoré. Les failles font affleurer
au milieu de cette bande le massif porphyrique et triasique
de Saint-Saulge et le bassin houiller de Decize. Le terrain
jurassique plonge sous le terrain tertiaire du sud du département, ce qui empêche de reconnaître les limites exactes
dans cette dernière direction.

Quand on suit attentivement les affleurements de la partie supérieure de l'étage portlandien, on remarque qu'à
partir du département de l'Aube, où ce premier est assez
complet, les affleurements supérieurs disparaissent progressivement. Cet étage, qui, dans le département de la Haute-
Marne, se compose du calcaire tacheté, du calcaire carié, de
l'oolithe portlandienne et des calcaires pseudo-lithogra-
phiques, se réduit dans la Nièvre aux couches inférieures,
qui cessent bientôt d'exister à l'Ouest de la Motte-d'Humbligny, dans le département du Cher.

Quelques géologues, et surtout M. Hebert [1], supposent
que l'amaigrissement de l'étage portlandien est dû aux oscillations ; mais la grande majorité des savants (MM. Élie de
Beaumont, d'Archiac et Buvignier) considèrent ce phénomène comme résultant de l'effet des dénudations.

Cette dernière opinion me paraît très-probablement la
plus judicieuse, car ce n'est pas seulement l'étage portlandien qui disparaît en abandonnant ses couches supérieures,
mais on constate aussi que l'étage kimméridien est soumis
à cette même loi de démaigrissement ; on remarque d'ailleurs que cet étage se réduit à partir du point où les dernières couches de l'étage portlandien ont été enlevées, de
telle sorte que ce premier conserve son épaisseur normale
partout où il a été protégé contre l'effet des dénudations.

---

1. *Les Mers anciennes et leurs rivages dans le bassin de Paris, ou Classification des terrains par les oscillations du sol.*

La partie supérieure de l'étage portlandien présente des ondulations qui ne peuvent provenir que de l'action dissolvante des eaux ; sur beaucoup de points où la profondeur de la mer néocomienne n'était pas très-forte, des pholades se sont logés dans la roche portlandienne déjà consolidée. Le contact de l'étage portlandien et de l'étage néocomien ne peut pas être étudié exactement sur toute la lisière de séparation ; les sables ferrugineux, souvent remaniés par les phénomènes diluviens, viennent recouvrir quelquefois la partie supérieure de la formation jurassique jusqu'à l'étage corallien ; il y a cependant certains points qui permettent d'étudier plus spécialement la ligne de contact des deux étages, comme les environs de Dampierre et de Saint-Verain.

Les fossiles du calcaire portlandien ne sont pas très-abondants à la partie supérieure ; on rencontre l'*Am. Gigas* et la *Pinna suprajurensis* ; la partie supérieure offre quelques exemplaires de *Trigonia gibbosa* et de *Chemnitzia gigantea.*

La tranchée des Girames, à 4 kilomètres au Nord de Pouilly, permet de relever une coupe très-nette de l'étage qui nous occupe ; on remarque qu'à la base il y a quelques alternances d'argiles bleues et des bancs assez épais de calcaire à cassure conchoïdale qui contiennent encore des gryphées virgules ; vers la partie moyenne se remarque un calcaire blanc, dur et rempli de perforations qui ont une tendance à lui donner un faciès ruiniforme ; à la partie supérieure on voit des bancs réguliers de $0^m,20$ à $0^m,30$ de calcaire blanc lithographique donnant de la chaux grasse ; c'est ce calcaire qui, dans la Nièvre, formait le fond des mers néocomiennes.

Nous n'avons pas séparé l'étage portlandien de l'étage kimméridien, parce que ces deux étages se lient intimement entre eux ; il n'existe ni lignes de séparation stratigraphiques, ni lignes de séparation paléontologiques.

Il est possible qu'à partir de la partie moyenne de l'étage kimméridien, où l'on rencontre une si grande quantité de restes de sauriens, il y ait eu un affaissement qui a permis aux mers de devenir plus profondes; cet affaissement s'est produit insensiblement jusqu'à la fin de l'étage portlandien, circonstance qui a peu à peu modifié les sédiments et les faunes.

L'étage kimméridien suit les affleurements de l'étage portlandien, et comme son épaisseur est beaucoup plus forte que celle de ce premier étage, il occupe une plus grande superficie. Sa présence se décèle par des terres fortes, des vignes de bonne qualité quand l'exposition est bonne, et par un sol légèrement humide, sillonné par des sources qui doivent leur existence aux alternances de terrains légèrement perméables et de terrains imperméables [1].

La grande quantité de gryphées virgules dont la roche est pétrie forme un engrais naturel qui, sans doute, n'est pas sans action sur le bouquet particulier du vin connu sous le nom de vin de la Pré et vin de la Loge-aux-Moines, près de Pouilly.

Si, d'un côté, les terrains kimméridiens offrent un sol fertile, de l'autre, ils donnent beaucoup d'embarras aux constructeurs de routes et de chemins de fer, car, par suite d'alternances d'argile humide et de bancs perméables jointes à des inclinaisons assez sensibles, les massifs coupés par les déblais arrivent bientôt à se mettre en mouvement. Le chemin de fer du Bourbonnais a été obligé de faire des travaux de consolidation considérables pour assurer la stabilité des grands déblais et des remblais kimméridiens des environs de Pouilly [2].

---

1. En été, lorsqu'il y a longtemps que la pluie n'a pas imbibé le terrain, le sol kimméridien se dessèche et devient alors d'une dureté extrême.

2. Beaucoup d'ingénieurs, et en particulier M. de Sazilly, n'admettent pas l'existence de plans de glissement dans les éboulements; ceci est vrai quand

La composition minéralogique de cet étage est très-uni-
forme ; le *facies* argilo-marneux ne fait jamais défaut, et les
mêmes fossiles se présentent toujours approximativement
au même niveau. Ces circonstances prouvent que les oscillations n'ont pas été fréquentes pendant ces dépôts, ce qui
est loin de se présenter pour les étages inférieurs, tels que
les étages corallien, oxfordien et bathonien.

A la partie supérieure de l'étage kimméridien affleurent
quelques cordons de 1 à 2 mètres d'épaisseur d'argile bleue
qui, en retenant les eaux, donnent lieu à quelques suintements ; au-dessous, viennent des marnes assez compactes,
grises ou bleues, qui contiennent assez abondamment :
Thracia suprajurensis, *Am. longuis pinus*, *Am. Yo*, *Pholadomya acutiscotata*, *Rhabdocidaris Orbignyana* (ra-
dioles) ; cette partie a environ 50 mètres d'épaisseur, et
elle repose sur la base de l'étage kimméridien proprement
dit, principalement composée d'argile bleue avec quelques
bancs de calcaires lithographiques subordonnés. C'est cette
partie surtout qui est traversée par une série de petites infiltrations et qui forme un tout en général fort ébouleux.
Les fossiles, très-nombreux, sont énumérés dans la liste
suivante [1] :

Ammonites longuis pinus.
—   erinus.
—   mutabilis.
—   eudoxus.
—   Lallierianus.
Nautilus giganteus.

il s'agit de masses argileuses sans stratification, comme celles qui ont été
traitées par cet ingénieur dans l'argile plastique ; mais les plans de glissement sont de la dernière évidence lorsque l'on a affaire à des terrains inclinés
composés d'alternances d'argiles et de roches solides.

1. Pour abréger, nous avons admis la synonymie indiquée dans le prodrome de paléontologie de d'Orbigny.

Pholadomya Protei.
  —   parvula.
  —   acuticostata.
Thracia suprajurensis.
Trigonia muricata.
  — concentrica.
Ceromya excentrica.
 — obovata.
Arca texta.
 — longuirostris.
Pinna granulata.
Mactra ovata.
Gervilia kimmeridgensis.
Ostrea virgula.
 — detoidea.
 — solitaria.
Terebratula subsella.
Cidaris Orbignyana.

A la base de l'étage kimméridien se remarquent quelques
bancs de calcaires lithographiques reposant sur une petite
épaisseur de calcaire oolithique, dont les oolithes, de 1 à
4 millimètres de diamètre, présentent une teinte assez rubigineuse; elles paraissent provenir de morceaux de roches
usées et triturées par le mouvement des eaux. Ces deux
couches forment la partie supérieure du calcaire à astartes
que les uns placent dans l'étage kimméridien, et que les
autres rangent dans l'étage corallien.

Fidèle à notre principe de ne chercher des limites exactes
et étendues que quand deux systèmes de couches ont été
séparés par des cataclysmes géologiques plus ou moins
intenses, nous ne chercherons pas une limite positive entre
l'étage kimméridien et l'âge corallien, et nous considérons
le calcaire à astartes comme un étage qui participe en

même temps des caractères minéralogiques et paléontologiques des deux étages dans lesquels il se trouve enclavé, et, par conséquent, comme un étage transitoire.

La partie supérieure du calcaire à astartes contient beaucoup de ptérocères et peut, pour ce motif, être appelée calcaire ptérocérien ; mais il est clair qu'il ne faudra pas conclure, comme presque tous les géologues ont l'habitude de faire, que ce calcaire ptérocérien s'est déposé en même temps que celui de la Suisse et de la Franche-Comté. La profondeur des mers et la configuration des côtes se modifiant irrégulièrement et avec lenteur, il est certain que la faune des ptérocères n'est pas universellement synchronique.

La partie inférieure se compose de calcaires lithographiques qui se rapprochent davantage de l'étage corallien ; ils passent insensiblement du calcaire lithographique au calcaire oolithique et au calcaire subcrayeux.

Les fossiles contenus dans le calcaire à astartes sont les suivants :

Partie supérieure.

Pholadomya Protei.	Pho. parvula.
Thracia suprajurensis.	Mit. plicatus.
Nerinea Bruntrutana.	Ost. virgula.
Exogyra Bruntrutana.	Ostrea solitaria.
Ceromya excentrica.	
Pennigena Saussurii.	
Pterocera Oceani.	
Terebratula subsella.	Terebra. Leymerii.

Partie inférieure.

Astarte supracorallina.
Pennigena Saussurii.

Terebratula carinata.

Ceromya excentrica.

Stromechinus perlatus.

Pholadomya paucicosta.

Quoique nous ne croyions pas à l'étendue géographique des subdivisions des étages, nous constatons cependant une certaine analogie entre les subdivisions nivernaises et celles de la Franche-Comté. Le tableau suivant met en regard les subdivisions que nous avons pu établir et celles que M. Contjean a établies dans son travail sur le Jura :

SUBDIVISIONS DU DÉPARTEMENT DE LA NIÈVRE.	SUBDIVISIONS DU DÉPARTEMENT DU DOUBS.
Calcaires marneux compactes supérieurs aux *Ostrea virgula*, *Am. longuis pinus*, *Am. Yo*. (50 mètres.)	Calcaires à diceras et marnes à virgules. (En tout 15 mètres.)
Argiles et marnes avec *Am. Lallierianus*, nombreuses *Pholodomyes*, sauriens. (50 mètres.)	Calcaires à mactres et calcaires à *Corbis*. (10 mètres.)
Oolithe à ptérocères et nérinées. (9 mètres.)	Calcaires à ptérocères. (36 mètres.)
Calcaires à *Terebratula Leymerii* et *Ter. subsella*. (15 mètres.)	Calcaires à *Cardium* et à *Terebratula*. (28 mètres.)
Calcaires à astartes. (40 mètres.)	Calcaires, marnes à astartes et à natices. (50 mètres.)
Corallien crayeux, corallien oolithique.	Corallien oolithique.

Nous remarquons que la base de l'étage kimméridien s'est développée dans les départements du Doubs, de la Haute-Saône et du Jura aux dépens des parties supérieures, et qu'il est extrêmement probable que les calcaires crayeux de la Nièvre et de l'Yonne, qui contiennent une faune essentiellement corallienne, correspondent en partie aux calcaires à astartes bisontains que beaucoup de géologues de l'Est de la France classent entièrement dans l'étage kimméridien.

CHAPITRE XXII

DE L'ÉTAGE CORALLIEN ET DE L'ÉTAGE OXFORDIEN

Ces deux étages se lient d'une manière si intime que les couches de l'un ont longtemps été confondues avec les couches de l'autre, et que, même encore aujourd'hui, beaucoup de géologues assimilent à l'étage oxfordien les calcaires marneux et lithographiques de la base de l'étage coralien, qui deviennent quelquefois très-puissants et absorbent, comme dans le département du Cher, l'étage tout entier.

C'est pour cela que nous décrivons ces deux étages dans un même chapitre, tout en admettant l'utilité de diviser cet ensemble en deux parties distinctes.

De l'étage corallien.

L'étage corallien affleure sur une très-grande largeur, son épaisseur dépasse en beaucoup de points 200 mètres. Quand il est calcaire, le sol est brûlant et maigre; quand il est composé de pierres lithographiques ou marneuses, sa valeur agricole augmente un peu; mais sur les plateaux il constitue de grandes surfaces où la végétation est très-peu développée : la petite Champagne des environs de La Charité en est un exemple.

Il existe peu de sources dans l'étage corallien qui constitue un étage essentiellement perméable. Le long de la

Loire, on voit cependant surgir quelques grandes sources à
sa base et près du contact avec les marnes à spongiaires de
l'étage oxfordien. L'étage corallien fournit des marnes pour
amendement et des matériaux de construction très-estimés
à cause de leur aspect et de la facilité avec laquelle ils se
laissent tailler. Il peut se diviser en quatre parties, qui se
développent les unes aux dépens des autres :

1° La partie supérieure, qui se compose d'un calcaire
non oolithique, très-tendre et crayeux, surmonté quelquefois d'une couche oolithique, avec nérinées;

2° Les calcaires oolithiques supérieurs avec peu de fossiles,
exploités dans les carrières de Malvaux;

3° Les calcaires lithographiques;

4° Les calcaires à grosses oolithes de la base.

Les calcaires crayeux ont une puissance qui varie entre
20 et 40 mètres : leur maximum d'épaisseur se trouve à
Sancerre, où d'importantes carrières souterraines sont exploitées. Ils sont partout très-fossilifères; les pennigènes, les
diceras, et surtout les brachiopodes, abondent dans ces
couches. Les principaux fossiles [1] sont énumérés dans la
liste suivante :

Am. Achilles.
Nerinea Morosiana.
Acteonina Dormoisiana.
Natica hemisphærica.
Ditremaria amata.
Turbo erinus.
Pholadomya parvula.

1. Il existe à Sancerre et sur les bords de la Loire une petite couche à
grosses oolithes qui repose sur les calcaires crayeux; cette petite couche, qui
acquiert près de 3 mètres de puissance, est surtout pétrie de nérinées.
MM. Bertera et Boulanger la désignent improprement dans le texte explicatif
de la carte du Cher par *calcaire à nérinées :* le véritable calcaire à nérinées
du coralrag se trouve à un niveau inférieur.

Pennigena Sausurii.

Cardium corallinum.

Lima rupulensis.

Ostrea solitaria.

Diceras arietina.

Terebratula insignis.

Rhynchonella variabilis.

Pygaster umbrella.

Echinus perlatus.

Rhabdocidaris Orbiguyana.

Hemicidaris diademata.

Apiocrinus Roissyanus.

Stylina microcoma.

Les calcaires oolithiques des carrières, sur lesquels les calcaires crayeux reposent, sont disposés en bancs épais, réguliers. Ils ne contiennent que fort peu de fossiles et paraissent avoir été déposés dans des mers profondes. On n'y rencontre que quelques rares rhynchonelles; leur épaisseur est de 30 à 40 mètres. Au-dessous affleurent des calcaires lithographiques dont l'épaisseur est extrêmement variable. Ils passent tantôt à l'état de calcaire compacte, tantôt à l'état de calcaire oolithique; les mers qui ont déposé ces calcaires paraissent avoir été profondes, et pendant longtemps soumises aux mêmes influences.

Les calcaires oolithiques inférieurs peuvent s'étudier aux environs de La Charité, dans les carrières du Château-Mal-Vêtu, et de la Pointe, aux environs de Thurigny, de Clamecy, etc. Ils contiennent surtout des nérinées; aux environs de Clamecy on y rencontre de grandes diceras, des rhynchonelles et des térébratules spéciales au groupe tout entier.

Ce qu'il y a de plus curieux dans l'étage corallien de la Nièvre est l'extrême variabilité des couches: tandis qu'aux

environs de Clamecy tout l'étage est composé de calcaire
compacte et oolithique, il est entièrement argileux et lithographique sur la rive gauche de la Loire, à l'exception toutefois de la partie tout à fait supérieure, qui reste à l'état de
calcaire crayeux jusqu'aux environs de Bourges.

Nous allons décrire ces modifications singulières, et nous
commencerons par rendre compte des opinions des géologues qui se sont occupés de ces couches.

Avant les travaux de M. Cotteau qui démontra que la
faune des calcaires oolithiques de Châtel-Censoir est essentiellement corallienne, et que ceux-ci supportent les
calcaires lithographiques, les géologues classaient dans
l'étage oxfordien tout ce qui était argileux ou lithographique, et dans l'étage corallien tout ce qui était calcaire
compacte ou oolithique.

Il s'ensuivit que d'Orbigny, avec beaucoup d'autres géologues, considérait comme oxfordienne toute cette large
bande qui traverse, avec des épaisseurs variables, les départements de l'Yonne, de la Nièvre, du Cher, d'Indre-et-
Loire, de la Vienne et des Deux-Sèvres, en intervertissant
de cette manière l'ordre des couches. M. Raulin, d'un autre
côté, ne tenant pas compte des observations paléontologiques de M. Cotteau, rangea dans l'étage oxfordien et les
calcaires oolithiques de Châtel-Censoir et les calcaires
lithographiques. Enfin, ce dernier géologue, se laissant
entraîner dans un excès opposé, classait toutes les couches
comprises entre les calcaires oolithiques supérieurs à l'étage
bathonien, qui correspondent, d'après mes études[1], à l'étage
callovien, et la base de l'étage kimméridien, dans le coralrag, en admettant une grande discordance transgressive

1. *Sur les Modifications de l'étage callovien, et Preuve de l'existence de cet
étage aux environs de Châtel-Censoir,* par Th. Ébray. (*Bulletin de la Société
géologique de France,* t. XVII.)

qui aurait eu pour action de faire reposer directement l'étage corallien sur l'étage bathonien.

Nous verrons, dans le cours de nos études, que tous les étages sont représentés dans les départements que nous venons de citer, et qu'il n'existe par conséquent aucune discordance géologique.

Aux environs de Clamecy, on reconnaît facilement, en se dirigeant vers Châtel-Censoir et Bailly, qu'il existe au-dessus des bancs de calcaires à cassure conchoïdale (partie supérieure du *Forest-Marble* des Anglais) un système oolithique légèrement marneux à la base, que j'ai assimilé à l'étage callovien. Ce système sert de base à des calcaires grisâtres qui affleurent aux environs de Châtel-Censoir, et qui correspondent par leur position et par leurs fossiles aux calcaires oxfordiens; ce n'est qu'au-dessus de ces couches que l'on reconnaît les calcaires oolithiques de la base du coralrag et qui appartiennent incontestablement à ce dernier étage.

Les calcaires oolithiques supportent, comme l'ont déjà constaté MM. Cotteau et Raulin, un petit système marneux, le rudiment de l'énorme épaisseur de calcaires de même nature des bords de la Loire et du département du Cher; au-dessus viennent de nouveaux calcaires oolithiques qui correspondent aux calcaires des carrières de Molesmes et de Malvaux, et enfin les calcaires crayeux de la partie supérieure.

Nous reproduisons ici la liste des fossiles qui a été dressée par M. Cotteau, car cette liste s'applique fort bien aux diverses subdivisions du département de la Nièvre; quelques-uns de ces fossiles montent ou descendent dans l'échelle géologique, et nous mentionnerons plus loin ces faits de propagation ou de migration.

Fossiles contenus dans les calcaires oolithiques supérieurs.

Pecten corallinus.
Rhyn. variabilis.
Terebratula insignis.
Apiocrinus Roissyanus.

Fossiles contenus dans les calcaires coralliens lithographiques.

Phaladomya paucicosta.
— parvula.
Lima æquilatera.
Ostrea solitaria.
Terebratula insignis.
Rhynch. variabilis.

Fossiles contenus dans les calcaires oolithiques inférieurs.

Ammonites Achilles (voisin du plicatilis).
Chemnitzia athleta.
Nerinea Clio.
— Defrancii.
— Mosæ.
Natica grandis.
Turbo erinus.
Mitylus petasus.
Pecten corallinus.
Diceras arietina.
— sinistra.
Rhyn. variabilis.
Terebratula insignis.
Nombreux polypiers.

En se dirigeant vers l'Ouest, les calcaires lithographiques

augmentent peu à peu d'épaisseur. Cette augmentation se fait lentement jusqu'à Sully-la-Tour, où le système marneux n'a guère que 15 à 20 mètres de puissance; mais, à partir de ce point, les parties oolithiques prennent des formes lenticulaires très-prononcées. On constate que déjà, aux Bretins, les calcaires lithographiques ont 60 mètres d'épaisseur; à la base on remarque, dans les excavations situées le long de la route de La Charité aux Bretins, que les calcaires oolithiques disparaissent en laissant au milieu des calcaires lithographiques des espèces de petits filons où la forme oolithique peut encore se constater. A La Charité même, les calcaires lithographiques deviennent marneux, et les calcaires oolithiques, s'atténuant de plus en plus, disparaissent presque entièrement sur la rive gauche de la Loire, en permettant à ces premiers de prendre des épaisseurs de 200 à 300 mètres, qui se poursuivent jusque dans le département de la Vienne [1].

Tandis que les dernières couches de l'étage corallien se modifient si rapidement entre Sully et La Charité, les fossiles émigrent ou disparaissent au fur et à mesure de l'envahissement marneux, et semblent se réfugier dans les calcaires crayeux supérieurs qui, aux environs de Pouilly, contiennent des quantités prodigieuses de fossiles. Les acéphales et les brachiopodes deviennent surtout d'une abondance extrême, et l'on constate que certains fossiles, comme le *Pygaster umbrella*, montent dans ces dépôts en abandonnant leurs anciennes positions.

Nous devons enfin signaler les points où les couches coralliennes peuvent être étudiées commodément. D'abord, on peut suivre tous les termes de l'étage entre Pouilly et La Charité, tant sur les bords de la Loire que dans les dé-

---

1. Dans la vallée de la Creuse et dans celle de la Gartempe, le *facies* corallien compacte, oolithique et madréporique reparaît un instant sur 30 à 40 kilomètres de longueur.

blais du chemin de fer. Aux environs de Charenton, il existe
une station fossilifère très-importante, où j'ai rencontré
dans une même couche le *Pygaster umbrella* et le *Rhabdocidaris Orbignyana*, qui se trouve habituellement dans
l'étage kimméridien.

Aux environs de Sully, de Donzy et de Bouhy, se remarquent des bancs entiers pétris de diceras et de polypiers,
qui commencent à former, avec les bancs correspondants
des environs de la montagne des Alouettes, un ancien récif
madréporique très-important.

Les environs de Basseville peuvent être étudiés avec fruit,
de même que la petite vallée secondaire qui suit la route
de Varzy à Tannay, à la suite de la faille de Chevannes-
Changy. On reconnaît dans ces lieux le type calcaire et
oolithique du coralrag.

Étage oxfordien.

Cet étage est, comme le précédent, très-variable; le
facies minéralogique et paléontologique de l'Est du département ne ressemble en aucune façon à celui qui se développe à l'Ouest. Dans la première direction, l'étage oxfordien est composé de calcaires avec grosses ammonites
donnant de très-bonnes pierres de construction; vers
l'Ouest, au contraire, sur les bords de la Loire, l'étage
oxfordien se compose, comme dans le Cher [1], de marnes à
spongiaires.

Nous avons déjà dit qu'à Châtel-Censoir on voit affleurer
sous les calcaires inférieurs du coralrag des calcaires gris se

---

1. **MM.** Bertera et Boulanger ont observé ces marnes dans le département
du Cher; mais, confondant les spongiaires avec les polypiers, ces géologues
les considérèrent comme les équivalents du calcaire à polypier du coralrag.
(*Explication de la carte géologique du département du Cher*, par **MM.** Boulanger et Bertera.)

délitant facilement à l'air, et contenant assez fréquemment des *Am. plicatilis, Am. perarmatus, Am. canaliculatus,* qui caractérisent l'étage oxfordien et plus spécialement les calcaires oxfordiens. Ces calcaires se poursuivent avec les mêmes caractères dans le département de la Nièvre, où ils deviennent plus solides et où ils sont exploités comme pierre dure à Chevigny et à Druyes.

Vers Donzy, entre cette dernière localité et Sully-la-Tour, ils fournissent de la pierre d'excellente qualité. Le découvert, connu sous le nom de pierre de Verger, donne surtout une pierre d'un grain serré et inaltérable. Le banc supérieur est perforé et correspond au calcaire à chailles de Druyes. Ces perforations, jointes à un changement minéralogique subit, indiqueraient que le calcaire à chailles de Druyes, qui n'est autre chose que la partie supérieure des calcaires devenus plus siliceux, est oxfordien. Mais nous renvoyons ici aux nombreux aperçus [1] que nous avons donnés sur la réalité de ces prétendues limites synchroniques qui n'existent point dans la nature.

Entre Donzy et les environs de La Charité (bords de la Loire, domaines de La Loge et de La Charnaie), il s'opère un changement très-remarquable dans l'étage qui nous occupe. Déjà, à Chancelée, près de Donzy, on reconnaît au-dessus du hameau Les Cabets que la base de l'étage oxfordien se charge d'une grande quantité de fossiles, et que la roche présente une infinité de petits grains verts, composés principalement de silicate de fer; plus loin, le même phénomène se remarque près de Narcy, où d'importantes carrières sont taillées dans cet étage.

Entre Narcy et les bords de la Loire, ces calcaires perdent leurs éléments calcaires; ils deviennent marneux, et en même temps il se développe au milieu des bancs, et surtout

1. *Considérations sur quelques questions de géologie* (Baillière, Paris).

16

dans les délits plus argileux, des quantités innombrables de spongiaires; à la base, on observe une couche de 2 à 3 mètres de puissance d'un calcaire oolithique ferrugineux, qui constitue une véritable oolithe ferrugineuse contenant, comme la plupart de ces dépôts, des quantités innombrables de fossiles.

Nous donnons ci-après la liste des fossiles contenus dans les calcaires oxfordiens, dans leur équivalent, le calcaire à spongiaires, et dans l'oolithe ferrugineuse de la base.

Fossiles des calcaires oxfordiens.

Ammonite biplex.
— perarmatus.
Chemnitzia Heddingtonensis.
Phaladomya lineata.
Ostrea dilatata.
Cidaris Blumenbachii.
— coronata.
— Drogica.
Glyptycus hieroglyphicus.
Holectypus corallinus.
Collyrites ovalis.
— Desorianus.

Partie supérieure des calcaires oxfordiens correspondant aux calcaires à chailles de Dryes immédiatement au-dessous des perforations.

Fossiles des marnes à spongiaires.

Ammonite plicatilis.
— perarmatus.
— canaliculatus.
— Henrici.
Pleurotomaria Munsteri.
Phaladomya decussata.
Trigonia clonellata.

Ostrea dilatata.

— gregaria.

Hemithiris senticosa.

Rhynchonella lacunosa.

— inconstans.

— Garantiana.

Terebratula vicinalis.

— Baugieri.

Dysaster ovalis.

Gribrospongia polyammata.

— obliqua.

Porospongia marginata.

Eudea calopora.

Hippalimus verrucosus.

Cupulospongia rugosa.

Fossiles de l'oolithe ferrugineuse.

Nautilus hexagonus.

— biflexuosus.

Belem hastatus.

Ammonites cordatus.

— perarmatus.

— Lalandeanus.

— biplex.

— Eugenii.

— Arduensis.

— canaliculatus.

— Constantii.

— Toucasianus.

— Henrici.

— oculatus.

Natica Clio.

— Calypso.

Turbo Meriani.
Pleurotomaria Munsteri.
Purpurina Lapierrea.
Phaladomya lineata.
— litterata.
Cyprina globosa.
Trigonia clavellata.
— monilifera.
Nucula Hellica.
Lima proboscidea.
Terebratula vicinalis.
— insignis.
Collyrites ovalis.
Millecrinus Munsterianus.

Le diagramme suivant donne la disposition des couches principales des deux étages que nous venons d'étudier.

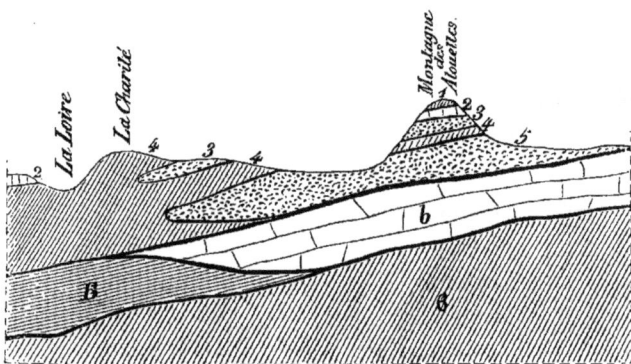

1 Calcaire à astartes.
2 Corallien crayeux.
3 Oolithe corallienne supérieure.
4 Marnes coralliennes.
5 Oolithe corallienne inférieure.
b Calcaires oxfordiens.
B Marnes à spongiaires et oolithe ferrugineuse.
6 Étage callovien.

CHAPITRE XXIII

DE L'ÉTAGE CALLOVIEN ET DE L'ÉTAGE BATHONIEN.

L'étage callovien a été institué par d'Orbigny et comprend une série assez variable de couches, comprises entre la partie supérieure de l'étage bathonien, désigné anciennement par le terme de grande oolithe, et l'étage oxfordien. Il correspond au kelloway-rock des Anglais, qui ne comprennent pas dans cette subdivision les calcaires oolithiques ou marneux de la base, connus en Angleterre sous le nom de *Cornbrash*.

Ses limites supérieures sont fort précises. Il est séparé de l'étage oxfordien par l'oolithe ferrugineuse, qui se reconnaît toujours facilement, soit par son *facies* minéralogique, soit par ses fossiles ; sa partie supérieure a souvent été perforée par des pholades, et porte quelquefois des traces de dénudations.

L'étage callovien n'est pas aussi nettement séparé de l'étage bathonien. Des oscillations irrégulières et répétées ont fait naître à la base de l'étage une série de couches d'huîtres et de serpules qui reposent sur des bancs usés et perforés ; enfin, la faune de ces couches se rapproche déjà beaucoup de la faune bathonienne par la présence des *Am. bullatus*, *Am. macrocephalus*, *Am. Backeriæ*, *Terebratula digona*, *Holectypus depressus*, *Nucleolites clunicularis*, etc.

Nous commencerons par décrire l'étage callovien tel qu'il

se présente aux environs de Nevers, et nous le suivrons de l'Ouest à l'Est en nous dirigeant vers Clamecy.

L'étage callovien, qui fait partie de l'oolithe moyenne d'Élie de Beaumont, est très-reconnaissable et fort bien développé à Nevers; faute d'avoir tenu compte des caractères paléontologiques, les auteurs de la carte de France les ont classés dans l'oolithe inférieure. Ces géologues donnent (*Explication de la carte géologique de France*) la description d'une des carrières qui avoisinent la porte de Paris, dans laquelle ils ont cru reconnaître des lignes de séparation qui sont tout simplement de petits accidents au milieu de ces puissantes masses de calcaire.

L'étage qui nous occupe peut s'étudier facilement dans les carrières nombreuses que l'on rencontre sur la route de Paris, au-dessous de l'oolithe ferrugineuse oxfordienne, que les travaux exécutés pour conduire les eaux de sources ont mise à découvert. Les bancs qui supportent l'oolithe ferrugineuse sont des calcaires légèrement marneux et traversés par de nombreux silex jaunes, tabulaires et quelquefois rubanés. Ils sont très-fossilifères et contiennent surtout des brachiopodes et des échinodermes; ce sont ces calcaires qui forment le découvert des carrières.

On y trouve les fossiles suivants :

Ammonites pustulatus.
 — athleta.
 — tripartitus.
 — Backeriæ.
 — Mariæ.
 — Babeanus.
 — Duncani.
Panopæa Elea.
 — Brongniartinia.
Pholadomya decussata.

Pholadomya trapezicosta.
— Royeriana.
— clytia.
Ceromya concentrica.
Isocardia tener.
Arca galathea.
Myoconcha obtusa.
Mitylus subpectinatus.
— imbricatus.
Avicula inæquivalvis.
Gervilia aviculoïdes.
Pecten fibrosus.
Ostrea dilatata.
Rhyn Fischeri.
— spathica.
Terebra umbonella.
— Trigeri.
Collyrites Nivernensis.

Au-dessous du découvert vient une série de bancs de 0ᵐ,20 à 0ᵐ,30 d'épaisseur qui sont exploités pour moellons; au-dessous de ces derniers se trouvent deux bancs de 1 mètre et 1ᵐ,30 d'épaisseur, nommés *bancs de cailloux* par les carriers; ils reposent sur les autres bancs de carrière qui fournissent la pierre de taille; le banc rouge et le banc de la coine sont séparés par un petit lit accidentel d'argile.

Les fossiles contenus dans ces bancs sont en général de très-grande taille; ce sont des *Ammonites coronatus*, *Ammonites anceps*, *Ammonites Backeriæ*.

Les couches marneuses inférieures aux bancs de carrières affleurent dans beaucoup de lieux : au parc, dans les talus de la route de Nevers, à Fourchambault, près de la gare du chemin de fer, dans la tranchée de l'Aiguillon et surtout sur le versant Ouest des Montapins, un peu au Nord de l'abattoir.

Ces marnes, pétries quelquefois d'oolithes ferrugineuses, contiennent des bancs de calcaire sublamellaire dont la partie supérieure a été usée et recouverte d'huîtres et de serpules ; elles sont très-fossilifères ; on y rencontre :

Ammonites tripartitus.
— anceps.
— macrocephalus.
— bullatus.
— Backeriæ.
— hecticus.
Nautilus hexagonus.
— granulosus.
Pholadomya carinata.
Ceromya concentrica.
Panopæa decurtata.
Trigonia elongata.
Avicula costata.
— braamburiensis.
— Lorieri.
Pecten fibrosus.
Ostrea Marchii.
Rhynchonella acasta.
— quadriplicata.
— Ferryi.
Ferebratula bicanaliculata.
— Trigeri.
— pala.
— digona.
Collyrites ellipticus.
Pygurus depressus.
Nuclileolites cunicularis.
Holectypus depressus.
Clypeus Davoustianus.
Montlivaltia regularis.

Plusieurs espèces nouvelles, et beaucoup d'autres dont on ne rencontre que les moules.

L'ensemble de l'étage callovien, si nous y comprenons les couches inférieures que l'on pourrait, avec autant de raison, classer dans l'étage bathonien, peut donc, aux environs de Nevers, se décomposer en trois parties qui se développent aux dépens les unes des autres :

1° Partie supérieure avec *Ammonites athleta*, *Ammonites pustulatus*, *Collyrites ellipticus* [1];

2° Partie moyenne avec *Ammonites coronatus;*

3° Partie transitoire inférieure avec faune callo-bathonienne.

L'existence de bancs usés par les flots et pétris d'entroques, situés au milieu d'un système argileux, indique une mer oscillatoire, variable et sillonnée par des courants intermittents. Cette époque fut suivie d'une époque plus stable pendant laquelle les eaux devaient être très-profondes, ce qui est attesté par les céphalopodes toujours adultes, les bancs épais, et par la finesse des sédiments; puis de nouveaux phénomènes sont encore une fois venus modifier la nature des sédiments en introduisant dans la masse calcaire de nombreux éléments siliceux.

Nous allons étudier les modifications qui s'opèrent dans ces divisions vers Saint-Benin-d'Azy.

En se dirigeant à l'Est, on voit l'étage callovien se modifier légèrement. Les oolithes ferrugineuses disparaissent, comme cela peut être observé dans les grandes castinières situées de chaque côté de la route de Nevers à Saint-Benin-d'Azy, un peu avant d'arriver au hameau Fay, où l'on voit les bancs sublamellaires, pétris d'encrines et usés vers leur

---

1. Le *Collyrites ellipticus* de la partie supérieure de l'étage callovien de la Nièvre diffère sensiblement du *Collyrites ellipticus* de la base; aussi n'avons-nous pas hésité à faire une distinction en le nommant *Collyrites Nivernensis*. (*Études paléontologiques sur le département de la Nièvre.*)

partie supérieure, supporter les marnes grises ou bleues de
l'étage. Le fer est ici régulièrement disséminé dans la roche,
probablement à l'état de sulfure. Les caractères paléontologiques de ces assises ne varient que légèrement; l'*Ammonites macrocephalus* est abondant, mais les échinodermes et
les gastéropodes sont beaucoup moins nombreux. On rencontre, comme aux environs de Nevers, quelques pleuro-
tomoaires sans test, et par conséquent peu déterminables.

Dans cette direction, les assises moyennes à *Ammonites
coronatus* diminuent d'épaisseur au profit de la partie supérieure, qui devient assez épaisse et fort sablonneuse. Les
abords du vieux château de Fay permettent d'étudier facilement cette singulière formation, où la silice joue un rôle
important. La base de l'étage callovien perd aussi ses éléments ferrugineux vers Prémery. Déjà à Coulanges, près
Nevers, les bancs sublamellaires, et chargés de collyrites
et de pygurus, sont subordonnés à des marnes légèrement
rubigineuses; la surface de ces-bancs est tapissée d'une
couche légère de fer hydroxydé qui s'étend en veinules dans
l'intérieur de la roche. Les assises de la partie moyenne de
l'étage acquièrent un grand développement à Guerigny, où
l'on rencontre d'importantes carrières. La roche devient
plus blanche et moins argileuse.

A mesure que l'on se dirige du côté de Poizeux, la roche
des assises qui nous occupent devient plus blanche; la texture, d'abord plus fine, tend à devenir légèrement oroli-
thique, et à Poizeux même on rencontre des carrières où
cette texture passe complétement à l'oolithe miliaire.

Une ramification de la faille de Menou vient brusquement
interrompre les dépôts de l'étage callovien, dont on ne rencontre les derniers représentants que sur les hautes collines
de Pruneveaux, vers le sommet de la rampe de la route départementale de Cosne à Châtillon et dans quelques gorges
de la vallée qui conduit à Champlémy. A l'exception des

déblais de la route de La Charité, où l'on voit le callovien oolithique supporter la formation sablonno-siliceuse du sommet, les autres localités ne permettent de constater que la partie inférieure de l'étage, se composant de marnes avec bancs lumachelliques, dans lesquels la *Terebratula pala* paraît être le fossile dominant.

Les silex de l'étage callovien sont jaunes, non rubanés. Attaqués par les courants, ils ont été transportés indistinctement sur les autres étages, où ils sont ramassés pour l'entretien des routes.

En suivant la direction de l'étage callovien vers Clamecy, des modifications importantes se révèlent à l'observateur.

Nous allons examiner les environs de Tronsanges, ceux de Donzy, d'Entrains, de la vallée du Sauzay, de Thurigny, de Clamecy et de Châtel-Censoir.

Les assises inférieures, avec *Ammonites macrocephalus*, peuvent s'étudier dans le découvert des carrières des Coques. La grande oolithe y est représentée par un calcaire suboolithique et sublamellaire dont la partie supérieure présente des traces de perforation. Au-dessus s'observe la masse argileuse qui sert de base à l'étage callovien.

Les bancs durs subordonnés à l'argile traversent cette masse assez irrégulièrement; ils sont minces, et constituent ici un calcaire gélif sillonné par des veinules d'hydroxyde de fer, et n'offrant pas une texture sublamellaire prononcée.

Les caractères paléontologiques ne varient pas : on y rencontre l'*Ammonites macrocephalus*, *Ammonites anceps*, *Ammonites hecticus*, *Collyrites ellipticus* (type).

L'épaisseur de ces marnes paraît très-importante, et c'est au-dessus d'elles que se développent les assises moyennes dont l'ensemble a été entaillé par les exploitations de la vallée de Tronsanges. Ces calcaires sont, comme à Nevers, exploités pour les constructions, et ont la même couleur et la même composition chimique que ceux de cette dernière localité.

La partie supérieure de l'étage devient plus sablonneuse et plus siliceuse; elle s'observe très-bien à la montée de Barbeloup, où les silex sont pétris de térébratules (*Umbonella*), de rhynchonelles (*Fischeri*, *Spathica*), d'avicules et d'échinodermes (*Collyrites Nivernensis*).

Ce *facies* général se maintient jusqu'à Donzy; mais au Nord de ce chef-lieu de canton, des changements importants et gradués se remarquent dans les dépôts de l'étage callovien.

On voit dans la direction de Menou, sur le chemin de Donzy à Colmery, les silex se masser et affecter des allures régulières. Certains échantillons présentent des indices de rubanement qui constituent un premier acheminement vers les silex rubanés de Châtel-Censoir. Les bancs sous-jacents deviennent blancs et finement oolithiques; cependant les oolithes sont tellement fines qu'elles ne peuvent s'observer qu'à la loupe. Cet état s'observe dans les carrières situées sur le versant droit du ruisseau de Talvanne.

Les marnes que l'on voit sortir de dessous ces bancs, à proximité de cette même carrière, sont blanches, friables, fortement calcaires. Les bancs supérieurs à ces marnes qui correspondent aux bancs sublamellaires des Montapins deviennent oolithiques. Ces derniers contiennent surtout des *Terebratula pala*. Dans les argiles, on rencontre *Ammonites macrocephalus*, *Collyrites ellipticus*.

En comparant l'ensemble de ces caractères à ceux que nous venons d'observer à Nevers, nous apercevons déjà une tendance marquée à la modification oolithique, un acheminement vers la situation extrême de Châtel-Censoir.

La modification finale est cependant loin d'être atteinte, car les assises moyennes conservent une apparence sub-compacte, et les silex supérieurs ne présentent que des indices de rubanement.

En se dirigeant vers Corbelin, on quitte bientôt les traces de l'étage callovien, et les bancs bathoniens se redressent fortement vers la faille de Menou, qui, comme nous l'avons vu, met en contact le calcaire à entroques avec les bancs inférieurs de l'étage corallien.

Après avoir dépassé cet accident géologique et après avoir franchi quelques assises oxfordiennes à *Ammonites biplex*, on rencontre de nouveau les silex de la partie supérieure de l'étage callovien. Ces silex peuvent être très-bien étudiés dans une petite carrière située à gauche de la route de Clamecy et à l'entrée d'une faible dépression qui aboutit vers les Bardins; ils diffèrent encore de ceux de Châtel-Censoir; mais le rubanement est déjà très-apparent. On constate dans ces calcaires l'*Ammonites coronatus*, l'*Ammonites anceps* et l'*Ammonites Backeriæ*, qui sont aussi très-abondants dans le kelloway-rock de Nevers.

En descendant la vallée de Sauzay, on voit sur le flanc gauche de la route, qui a attaqué le pied du coteau, les bancs se redresser légèrement dans la direction de la vallée.

Les calcaires finement oolithiques situés sous les chailles continuent à affleurer, avec quelques alternances de bancs argileux à cassure conchoïdale, jusqu'à la marnière de Corbelin, où l'on voit des bancs sublamellaires, suboolithiques, avec nombreux bryozoaires, reposer sur les argiles à *Ammonites macrocephalus*.

Les bancs contiennent de véritables lumachelles à *Terebratula pala*. Les autres fossiles sont les mêmes que ceux que nous avons remarqués dans les couches analogues de Nevers; la *Pholadomya carinata* est surtout abondante.

Ces marnes reposent, vis-à-vis du château de Corbelin, sur les premiers bancs à cassure conchoïdale de l'étage bathonien, qui eux-mêmes se redressent légèrement vers le

Nord-Est, en permettant à une grande partie de la grande
oolithe d'affleurer jusqu'à la petite faille de Corbelin, visible
dans les talus de la route, et qui met la grande oolithe en
contact avec les marnes de la castinière.

A partir de ce dernier point, on marche constamment sur
les assises puissantes de la grande oolithe, de l'oolithe inférieure et du lias supérieur, jusqu'à la rencontre de la grande
faille de Chevannes, qui fait affleurer le coral-rag à la suite
du lias supérieur.

Vers Clamecy, les couches, en se redressant, font apparaître la série que nous venons de décrire dans la vallée du
Sauzay. Les fossiles abandonnent peu à peu les différentes
couches de l'étage callovien; la forme oolithique et le rubanement des silex supérieurs deviennent de plus en plus
apparents dans cette direction.

Nous donnons ci-après la coupe théorique des terrains
que nous venons de décrire.

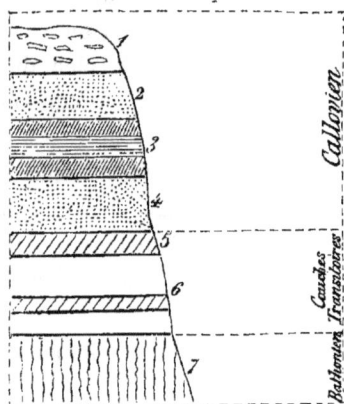

1 Silex subrubanés.
2 Calcaire finement oolithique avec *Am. coronatus.*
3 Bancs à cassure conchoïde avec marnes.
4 Calcaires oolithiques, pauvres en fossiles.
5 Assises oolithiques avec nombreux bryozoaires.
6 Marnes avec laumachelles à *Terebratula pala.*
7 Calcaire conchoïde.

L'existence de bancs sublamellaires englobés dans le système marneux, la présence d'une prodigieuse quantité de bryozoaires dans les couches qui reposent sur la marne, indiquent, comme à Nevers, une mer variable, à fond oscillant et sillonnée par des courants intermittents. Puis le calme s'est rétabli ; les couches régulières, finement oolithiques et peu fossilifères des assises moyennes de l'étage, dénotent l'existence d'une mer profonde et calme ; enfin, le calcaire à chailles prouve la naissance d'un agent particulier (sources siliceuses), qui a agi sur de grandes étendues, puisque les silex se sont montrés jusqu'ici au même niveau géologique d'une manière non interrompue.

Si, au lieu de traverser la faille de Chevannes vers Oisy, nous la traversons à Thurigny, il nous sera possible d'étudier toute la succession des couches de l'étage callovien avec la plus grande précision. En effet, le chemin vicinal de Varzy à Tannay a entamé toutes les couches du coralrag, de l'étage oxfordien supérieur et de l'étage que nous étudions. Des carrières nombreuses nous permettent d'analyser en détail les marnes à *Ammonites macrocephalus*, et de constater les curieuses oscillations du sol qui se sont opérées non-seulement à la fin de l'étage bathonien, mais aussi pendant la formation de ces argiles.

A la suite du lias moyen qui occupe le versant ouest de la vallée de Cuncy-les-Varzy se rencontre le coralrag. J'ai expliqué la position anormale de cet étage par une faille qui peut se suivre sur une grande longueur.

Le coralrag se redresse vers l'Est et laisse affleurer les couches oxfordiennes, puis apparaît le calcaire à chailles à environ un kilomètre de Thurigny, où l'on voit la disposition curieuse de ses éléments. Les chailles sont ici rubanées et presque transparentes ; elles se succèdent avec une régularité remarquable et ne contiennent que peu de fossiles.

Au-dessous on voit sortir les bancs oolithiques que nous

avons constatés dans la vallée du Sauzay, mais ils sont aussi dépourvus de fossiles. Les quelques bancs à cassure droite que nous avons signalés dans cette localité se retrouvent aussi dans la vallée du Beuvron, de même que la deuxième masse oolithique callovienne qui s'observe sous ces bancs et que l'on voit reposer sur les marnes à *Ammonites macrocephalus*, *Collyrites ellipticus*, etc., dans les carrières de l'origine de la petite vallée conduisant vers Tannay.

A la jonction de cette masse oolithique avec les marnes à *Ammonites macrocephalus* s'observent quelques bancs fossiles marneux qui reposent sur un premier banc dont la surface a été usée par les flots, couverte d'huîtres et de serpules. Ce banc repose sur un autre banc sublamellaire

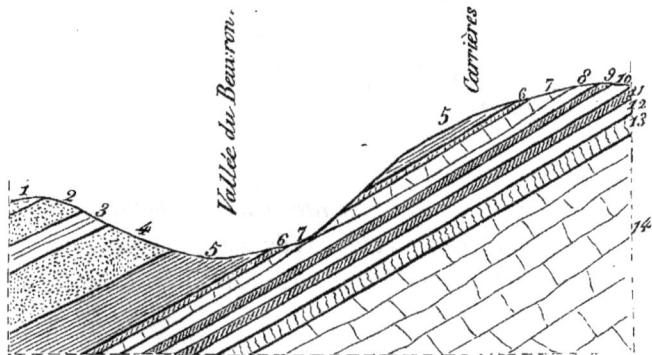

1 Calcaire à chailles.
2 Calcaire oolithique.
3 Calcaire dur compacte, à cassure droite.
4 Calcaire oolithique.
5 Calcaire fossile.
6 Premier banc couvert d'huîtres.
7 Banc sublamellaire.
8 Argile.
9 Deuxième banc couvert d'huîtres.
10 Marnes.
11 Troisième banc couvert d'huîtres.
12 Argiles.
13 Banc conchoïdal et sublamellaire.
14 Calcaire oolithique.

d'environ 1 mètre, au-dessous duquel vient une couche de marne de 0^m,80, qui repose sur un deuxième banc dont la surface est couverte d'huîtres et de serpules, puis vient une nouvelle couche de marne de 0^m,80 au-dessous de laquelle on constate un troisième banc qui présente les mêmes caractères; enfin affleure une dernière couche de marne qui repose sur le calcaire conchoïdal de la grande oolithe (étage bathonien), qui est lui-même usé et perforé.

Le croquis qui précède donne la disposition des couches que l'on observe sur les deux versants de la vallée du Beuvron à la jonction du chemin vicinal de Varzy à Tannay.

Ces deux derniers bancs font partie de la grande oolithe.

En suivant la route de Clamecy à Coulanges, sur la droite de l'Yonne, on remarque une succession de couches entièrement analogues à celle que nous venons de décrire.

Aux dernières maisons de Clamecy, on voit les marnes à *Am. macrocephalus* reposer sur le banc conchoïdal de la grande oolithe; les couches plongent dans le sens de la rivière et les assises de l'étage callovien se développent le long du coteau. Elles offrent les mêmes caractères que ceux qui se remarquent dans la vallée du Beuvron.

Au pied de la côte, à Basseville, l'oxfordien est supporté par les silex rubanés que l'on peut étudier dans les déblais, à côté de la route.

Si, à partir de la vallée du Sauzay et de la vallée de Thurigny, les modifications minéralogiques ne sont pas très-marquées et consistent dans un développement plus grand de la forme oolithique, il y a lieu cependant de faire observer qu'à mesure que l'on se rapproche de Châtel-Censoir, les fossiles deviennent de moins en moins abondants.

En se dirigeant vers cette dernière localité, sur la rive droite de l'Yonne, on voit, à partir de Basseville, les couches plonger légèrement dans la direction de Coulanges, où l'on rencontre encore le coralrag inférieur; mais à quelque dis-

tance de cet endroit le régime change et le redressement se
fait vers Châtel-Censoir. Le changement dans l'inclinaison
provient sans doute du changement dans la direction de la
rivière et de la vallée.

On voit, à quelque distance en aval de Lucy-sur-Yonne,
les couches oxfordiennes sortir sous la forme de calcaires
gris avec *Am. plicatiles*.

Après avoir marché sur ces couches pendant plusieurs
kilomètres, on rencontre, en amont de Châtel-Censoir, les
silex rubanés sur lesquels reposent les calcaires oxfordiens.
Ces silex sont les mêmes que ceux qui se rencontrent aux
environs de Clamecy, de Thurigny et de la vallée du Sauzay.

En remontant la vallée d'Asnières, on voit les couches se
redresser régulièrement vers le sud et présenter des affleurements de plus en plus anciens. Au-dessous des silex rubanés, se remarquent de puissants dépôts de calcaires finement oolithiques et sans fossiles; ce sont évidemment les
couches dont nous avons suivi les traces et qui représentent
l'étage callovien moyen.

Vis-à-vis du moulin des Alouettes, sur la rive droite du
ruisseau qui descend d'Asnières, se remarquent, dans une
petite carrière, au-dessus des bancs à cassure conchoïdale
de l'étage bathonien, des marnes grises, avec bancs sublamellaires subordonnés, occupant surtout la base. Ces marnes
contiennent principalement *Terebratula pala*, *Nucleolites
clunicularis*, *Am. macrocephalus*; elles supportent les calcaires finement oolithiques de l'étage callovien moyen, et
représentent sans aucun doute la base de l'étage que nous
avons suivi jusqu'à Châtel-Censoir.

Nous voyons donc, aux environs de cette dernière localité,
l'étage callovien composé, commme aux environs de Nevers, à la partie supérieure, de silex; à la partie moyenne,
de bancs compactes; à la base, d'argile avec bancs sublamellaires subordonnés. Les silex irréguliers de Nevers se

modifient peu à peu et finissent, en passant par des variations insensibles, par devenir les silex rubanés de Châtel-Censoir. Les bancs argilo-calcaires jaunâtres des carrières de Nevers blanchissent d'abord, puis prennent une apparence crayeuse, deviennent ensuite finement oolithiques et présentent enfin l'aspect régulièrement oolithique, comme à Thurigny et Châtel-Censoir.

Il résulte de l'étude que nous venons de faire, que comme les bancs oolithiques des carrières d'Andrys, d'Avrigny, etc., représentent avec le calcaire conchoïdal le *Forest-marble* des Anglais ; les marnes à *Am. macrocephalus,* avec leurs bancs subordonnés, représentent le *cornbrash,* tandis que les bancs compactes ou oolithiques correspondent au *Kelloways-rock.*

L'existence de bancs couverts d'huîtres et de serpules, situés au-dessus du banc conchoïdal perforé de l'étage bathonien, démontre que, sous le rapport stratigraphique, il n'existe pas de limites parfaitement tranchées entre la grande oolithe et les bancs à *Am. macrocephalus;* que l'époque oscillatoire a été longue et qu'elle n'a laissé des traces au milieu des bancs que nous étudions que parce que les mers de cette époque étaient peu profondes.

Sous le rapport paléontologique, je vois les *Am. macrocephalus, Herveyi, bullatus, Backeriæ, hecticus,* se reproduire dans la grande oolithe ; je vois le *nucleolites cunicularis,* très-abondant dans ce dernier étage, passer par toutes les assises de l'étage callovien et se rencontrer dans les chailles ; le *Holectypus depressus,* fossile encore très-abondant dans la grande oolithe, se rencontre en non moins grande abondance dans les marnes à *Am. macrocephalus.*

Les fossiles indiquent donc aussi une liaison intime entre l'étage bathonien et l'étage callovien [1].

1. Cette remarque justifie la classification de Quensted, qui divise la période oolithique en deux parties, en prenant pour limite la partie supérieure de l'étage callovien.

De la grande oolithe ou étage bathonien (d'Orbigny).

L'étage bathonien est de tous les étages jurassiques celui qui occupe en affleurement la plus grande surface du département de la Nièvre; c'est aussi lui qui mesure la plus grande épaisseur, supérieure en plusieurs endroits à 250 mètres.

La composition minéralogique de l'étage bathonien est extrêmement variable; vers Clamecy le *facies* oolithique est très-développé, tandis qu'il n'existe sur les bords de la Loire qu'à l'état rudimentaire.

Nous commencerons la description de ces terrains par ceux qui affleurent à l'ouest, entre les Pougues et Nevers; nous les suivrons à travers le département, et nous les comparerons avec les étages synchroniques des autres départements et de l'Angleterre.

La partie supérieure de l'étage bathonien peut s'étudier dans la carrière des Coques, sur le chemin vicinal de Pougues à Chaulgnes. On y voit les marnes à *Am. macrocephalus*, que nous venons de décrire, reposer sur des bancs sublamellaires, suboolithiques, dont la partie supérieure est corrodée et couverte d'huîtres. Ces bancs sont exploités comme pierre de taille; ils correspondent, comme nous le verrons, aux calcaires oolithiques de La Chapelle-Saint-André et à ceux d'Andryes.

Les matériaux qui proviennent de la carrière des Coques sont en général de bonne qualité; il faut cependant que la pierre ne soit pas extraite dans une mauvaise saison, car dans ce cas elle se laisserait attaquer par la gelée; ce qui arrive d'ailleurs aussi aux pierres provenant des fameuses carrières de Chevroches, situées sur le même horizon géologique.

Les fossiles ne sont pas abondants dans cette partie supérieure de l'étage bathonien; on y rencontre quelques térébratules. (*Ter. intermedia, Ter. cardium, Ter. digona*) et quelques *ostrea Marschii.*

Au-dessous de ces couches, on voit sortir des marnes blanches qui affleurent le long du chemin vicinal; ces couches correspondent au *Bradford-Clay* des Anglais et contiennent la *Pholadomya Vezelayi*, *Phol. carinata, terebratula cardium;* elles sont assez puissantes, et leur épaisseur dépasse certainement 50 mètres.

On voit à la base de ces marnes, qui se prolongent jusque vers le château de La Malle, une couche d'argile extrêmement fossilifère et contenant en profusion les fossiles suivants :

Ammonites macrocephalus (R.).
—   linguiferus (A. R.).

Les individus sont toujours de petite taille.

Ammonites Backeriæ (C.).
—   discus (C.).
—   biflexuosus (A. C.).
—   bullatus (A. R.).
—   microstoma (A. R.).
Pholadomya Vezelayi (A. C.).
—   bellona (A. C.).
Ceromya peregrina (A. C.).
Thracia viceliacensis (C. C.).
Mytilus gibbosus (A. C.).
Lima gibbosa (C.).
Avicula costata (A. C.).
Pecten obscurus (A. R.).
Terebratula digona (C. C.).
—   globata (C. C.).
Rhyncho. varians (C. C.).
Collyrites ovalis (C. C.).

Echinobrissus clunicularis (A. C.).
Holectypus depressus (A. C.).
Pseudodiadema Wrigthi (A. R.).
Pygurus rostratus (R.).

Les bancs calcaires exploités dans la carrière du château de La Malle s'aperçoivent au-dessus de ces argiles ; c'est un calcaire rougeâtre, quelquefois bleuâtre, un peu gelif. Les fossiles sont beaucoup plus rares que dans les argiles supérieures.

Ces calcaires reposent sur une assez grande épaisseur de marnes bleues dont on voit le développement dans la tranchée du chemin de fer ; ces marnes bleues correspondent, comme nous le verrons plus tard, aux calcaires blancs jaunâtres de de Bonnard, qui se chargent vers l'Est d'une grande quantité de Pholadomyes.

La base de ces marnes devient ferrugineuse, sans cependant se charger d'oolithes ; elle contient *Am. Backeriæ*, *Am. arbustigerus*, *Am. Parkinsoni*, *collyrites ovalis* ; elle repose dans la tranchée de l'Aiguillon, près de Nevers, sur des bancs très-fossilifères, perforés à leur partie supérieure par des coquilles térébrantes. Nous classons ce dernier banc dans l'étage bajocien ou dans l'oolithe inférieure.

L'ensemble des couches de l'étage bathonien peut s'exprimer par le tableau suivant :

ÉTAGE BATHONIEN (GRANDE OOLITHE).

DÉSIGNATION DES COUCHES.	PUIS-SANCE.	CARACTÈRES PALÉONTOLOGIQUES.	LOCALITÉS.	SYNCHRONISME.
Argiles avec bancs argilo-calcaires ferrugineux.	30ᵐ	Am. macrocephalus. Ter. carinata. Ter. pala.	Découvert des carrières des Coques.	Partie inférieure de l'étage callovien, cornbrash, couches transitoires.
Calcaires sublamellaires et suboolithiques.	12ᵐ	Ter. digona. Ter. cardium.	Carrière des Coques.	Partie supérieure de l'étage bathonien, forest-marble.
Marnes très-calcaires.	60ᵐ	Ter. carinata. Ter. Vezelayi.	Montagne de Mimon. Chemin vicinal de Chaulgnes.	Bradford-Clay.
Marnes argileuses.	3ᵐ	Am. Backeriæ. Am. discus. Collyr. ovalis.	Découvert des carrières de La Malle.	Id.
Calcaire ferrugineux.	3ᵐ	Id.	Carrière du château de La Malle.	Partie supérieure du great-oolithe des Anglais.
Marnes.	40ᵐ	Ph. Vezelayi.	Tranchée de La Malle.	Partie moyenne et inférieure du great-oolithe.
Marnes ferrugineuses.	2ᵐ	Am. arbusticus. Collyr. ovalis. Am. Parkinsoni.	Tranchée de l'Aiguillon.	Base de la grande oolithe ou sommet de l'oolithe inférieure.
Bancs perforés de calcaire dur.	1ᵐ	Am. Parkinsoni. Am. Polymorphus.	Id.	Partie supérieure de la terre à foulon. Couches transitoires.

Si nous jetons un coup d'œil d'ensemble sur la disposition des couches de la grande oolithe, nous voyons d'abord que les subdivisions de cet étage ne sont pas également fossilifères; que les genres, les espèces et même les familles varient beaucoup suivant la verticale. Ces effets sont dus aux oscillations du sol qui, comme à l'époque actuelle, font varier la profondeur des mers, variation qui influe nécessairement sur les êtres que les eaux nourrissaient, en les forçant d'émigrer ou en les détruisant. C'est surtout au voisinage des côtes que les mollusques abondent, car ils trouvent dans ces parages une plus grande masse de nourriture et une pression plus en harmonie avec les formes déprimées de la majorité de ces êtres.

Il est donc extrêmement probable que lors du dépôt des argiles à *Am. macrocephalus*, de celui de la couche fossilifère de Pougues et de celui de la couche perforée de l'Aiguillon, les eaux de la mer eurent en ces points une très-faible profondeur.

Comme les bancs sublamellaires des Coques contiennent beaucoup de crinoïdes qui vivent en général dans les eaux profondes animées de faibles courants, on peut établir, jusqu'à un certain point, le régime des mers de cette époque.

Après le dépôt des argiles fossilifères à *Am. macrocephalus*, le fond de la mer s'affaissa, et ce mouvement donna lieu à de légers courants qui permirent aux crinoïdes de se propager ; ce mouvement d'affaissement continua à se manifester pendant le Bradford-clay (marnes inférieures des Coques et de la montagne de Mimon) ; on ne rencontre en effet dans ces dépôts que fort peu de fossiles.

Un mouvement inverse ne tarda pas à se manifester ; les êtres pullulèrent de nouveau en grand nombre et la couche fossilifère de Pougues se déposa.

Bientôt après les eaux devinrent plus profondes jusqu'au dépôt de la couche fossilifère de la tranchée de l'Aiguillon.

Ces mouvements, fort intéressants à étudier, peuvent s'exprimer par des courbes dont les ordonnées représentent la profondeur de la mer et dont les abscisses représentent le temps pendant lequel les dépôts de diverses natures se sont formés. (Pl. XXV, fig. 55.)

Soit A. B. l'axe des oscillations,
          A. C. l'axe des temps.
          N. N. le niveau de la mer.

On porte sur la ligne A C des grandeurs représentant la durée probable des subdivisions géologiques et sur des parallèles à la ligne A B la profondeur relative, ou, si cela est possible, la profondeur absolue de la mer au point considéré, profondeurs déduites, comme nous l'avons indiqué, de considérations lithologiques ou paléontologiques. On obtiendra de cette façon une courbe indiquant les oscillations de l'écorce terrestre, courbe qui permettra d'embrasser d'un seul regard les mouvements résultant d'une série d'actions dynamiques. Cette courbe nous montre que les couches ferrugineuses correspondent aux points singuliers, c'est-à-dire aux changements dans le sens des oscillations, qui d'ascendantes deviennent descendantes, ou, en d'autres termes, aux limites d'étages que nous considérons comme une série de dépôts formés entre deux points singuliers positifs. C'est aux environs de ces points singuliers que se sont formés les niveaux lithophagiques, côtiers ou subcôtiers, et les fissures par lesquelles s'échappaient les eaux minérales.

L'étage bathonien est donc compris entre les oscillations extrêmes 0 et 0''; en même temps on remarque que dans un système qui n'a pas été perturbé par des cataclysmes violents, les limites d'un étage sont arbitraires, car on devrait admettre, comme formant une division, les dépôts compris entre deux oscillations, 0 et 0' par exemple, qui comprennent le Forest-marble et le Bradford-clay.

Quant aux véritables rivages, à partir desquels les différentes assises que nous venons d'étudier se sont développées, il est impossible d'en fixer la position même approximative, puisque les courants diluviens ont enlevé des puissances de 500 à 600 mètres; c'est ce même décapement formidable qui explique comment l'on peut, sur les affleurements extrêmes, rencontrer des couches qui tour à tour indiquent des eaux basses et des eaux profondes.

Si les affleurements que nous venons d'étudier représen-

taient les anciens rivages, nous devrions rencontrer une
disposition analogue à celle que nous figurons. (Pl. XXV,
fig. 56.)

Les couches (1), (2), (3), (4), (5), (6), (7), représentent de
haut en bas le cornbrash (marnes à Am. macrocephalus avec
bancs subordonnés); le Forest-marble, le Bradford-clay, la
couche fossilifère de Pougues qui fait partie de ce dernier
terme, la grande oolithe des Anglais, y compris les couches
connues sous le nom de Shonesfield-slates et le banc perforé
de la terre à foulon (fullers-lardh).

Les considérations que nous avons exposées nous montrent que les dénudations n'ont laissé subsister que les
points voisins des véritables côtes correspondant à la partie
supérieure du cornbrash (r'), à la couche fossilifère de Pougues (r''), et au banc perforé de la terre à foulon (r'''); les
autres dépôts indiquent des formations éloignées des côtes
qui devaient, en tout cas, exister plus loin en R', R'', R''',
et montrer une disposition générale différant complétement
de celle que nous offrent les affleurements actuels.

Nous voyons que les affleurements des montagnes de
Pougues et de Mimon donnent les dispositions que l'on obtient suivant une section diluvienne D, qui peut laisser les
rivages véritables à plusieurs centaines de kilomètres derrière elle, c'est-à-dire suivant la ligne des points R', R'',
R''', etc. [1].

Les fossiles eux-mêmes ne sont pas exactement cantonnés
au même niveau synchronique; les mouvements lents de
l'écorce de la terre ont peu à peu déplacé les colonies ani-
males, soit par le mouvement lent des mollusques non atta-
chés aux rochers des plages, soit par le mouvement des œufs,
qui ne trouvaient d'éléments de vitalité que là où la profon-

---

1. C'est le long de ces lignes inconnues que devraient se trouver les amas
de galets que M. Hébert cherche en vain dans son ouvrage *les Anciennes mers
et leurs rivages*.

deur des eaux et leur nature étaient compatibles avec l'organisation de l'espèce.

Aussi devons-nous trouver des lignes suivant lesquelles ces migrations lentes eurent lieu, et l'examen comparatif des couches de la grande oolithe qui changent de *facies* vers la Loire nous mettra sur la trace de ces mouvements organiques.

Nous avons vu que les calcaires sublamellaires se terminent par un biseau qui présente sa pointe non loin des Coques, comme cela est indiqué pl. XXV, fig. 57.

Le croquis montre les allures du Forest-marble qui disparaît progressivement à la partie supérieure d'une masse de marnes dont l'épaisseur croît à mesure que la puissance du Forest-marble diminue, en laissant dans le Cher, comme limite lithologique, la couche à oolithes ferrugineuses, très-visible dans la tranchée du chemin de fer au nord de Nérondes et située de cette façon entre deux puissants massifs de marnes et d'argiles.

Dans les calcaires sublamellaires A, on ne rencontre pas de *Pholadomya carinata*, pas de *Terebratula digona*, pas de *Holectypus depressus*; mais on rencontre ces fossiles au-dessus, dans les marnes à *Am. macrocephalus*, et au-dessous, dans le Bradford-clay. La disposition du biseau nous indique clairement comment ces êtres, qui ont fui le milieu délétère des calcaires sublamellaires déposés dans des courants propices seulement au développement des crinoïdes et autres fossiles, ont pu se propager suivant la ligne PP. Le *facies* occidental de la grande oolithe se conserve jusqu'à une limite que forme Menou, Châteauneuf, Saint-Benin-d'Azy; cependant, vers ces points extrêmes, la partie supérieure prend une certaine extension aux dépens des marnes; le système compacte, que nous avons vu très-peu puissant à La Malle, augmente aussi d'épaisseur. Les marnes bleues de la base deviennent plus calcaires et se chargent d'une grande quantité de *Pholadomyes*.

Entre le bois de Fay et le sommet de la montagne de Billy, on recoupe tous les termes de l'étage que nous étudions.

En sortant du bois, on reconnaît d'abord les bancs sublamellaires du Forest-marble recouverts par une grande accumulation de silex calloviens; au-dessous affleurent les marnes du Bradford-clay, et, si l'on se dirige obliquement vers Martigny, on voit ce dernier reposer régulièrement sur la couche fossilifère de La Malle, qui contient *Am. arbustigerus, Am. Backeriæ, Am. discus, Collyrites ovalis,* etc.

La faille de Menou fait disparaître au pied de l'arête les marnes qui séparent l'oolithe inférieure de la base du Bradford-clay. De là jusqu'à la Maison-Rouge on ne rencontre que les bancs de la terre à foulon, dont la partie supérieure a été perforée comme aux environs de Nevers, et qui supporte la base de la grande oolithe, composée d'une marne ferrugineuse avec oolithes de même nature.

Cette marne est pétrie de fossiles, parmi lesquels on reconnaît encore quelques espèces qui se retrouvent dans les bancs inférieurs de l'étage bajocien; nous verrons plus tard que ces espèces deviennent de plus en plus abondantes, à mesure que la terre à foulon sous-jacente diminue d'épaisseur.

Les espèces principales contenues dans cette marne sont les suivantes :

Am. Parkinsoni, Am. Backeriæ, Am. bullatus, Am. polymorphus, Am. linguiferus, Am. discus, Pholadomya Murchisonæ, Collyrites ovalis, Collyrites ringens.

Plusieurs de ces espèces, parmi lesquelles on peut citer *Am. Parkinsoni, Am. polymorphus, Am. linguiferus, Am. discus,* se trouvent à Nevers, dans le banc dur percé par les lithophages, circonstance qui indique que le banc perforé de la terre à foulon s'est déposé dans les environs de Saint-

Benin-d'Azy, un peu plus tôt qu'aux environs de Nevers. Cela expliquerait la diminution de l'épaisseur de la terre à foulon; ce phénomène a pu se compliquer encore par la migration de certaines espèces.

Le banc perforé qui nous occupe affleure dans les déblais de la route, à peu de distance à l'ouest de la Maison-Rouge et dans les déblais du chemin vicinal de Saint-Benin à Guerigny; il est souvent perforé à sa partie supérieure et couvert de serpules à sa partie inférieure, comme cela est indiqué pl. XXV, fig. 58.

Cette disposition remarquable indique deux profondeurs marines différentes quoique très-voisines. Les trous de lithophages sont en général remplis par la marne ferrugineuse qui repose sur les bancs perforés. J'ai cependant pu m'assurer, en recueillant quelques valves, que l'espèce de la Nièvre correspond à celle qui a été décrite par M. de Ferry dans son mémoire sur le groupe oolithique inférieur des environs de Mâcon sous le nom de *Lithophaga bajocensis*.

Vers l'Est de la Maison-Rouge affleurent tous les termes de l'étage bathonien.

A la suite d'une carrière taillée dans le calcaire à entroques, située sur le flanc droit de la vallée de l'Ixeure, on voit reposer sur ce calcaire les bancs marneux de la terre à foulon, surmontée elle-même par la couche perforée et l'oolithe ferrugineux; puis affleurent les marnes de la base de l'étage. Ces marnes contiennent une grande quantité de *Pholadomya Murchisonæ* et *Ph. Vezelayi*. Elles supportent les bancs calcaires que nous avons déjà signalés au château de La Malle, et qui sont exploités dans une carrière située à peu de distance à l'Est de Saint-Benin d'Azy, sur le bord de la route de Châtillon.

Les carrières présentent un calcaire exploité sur 4 à 5 mètres de hauteur; ces bancs sont plus épais et moins ferrugineux que ceux de La Malle; ils sont surmontés, comme ceux-ci, par des argiles de peu d'épaisseur, mais contenant une quantité prodigieuse de fossiles dont les espèces sont identiques à celles que nous avons déjà signalées (page 249).

Au-dessus de ces argiles vient un grand massif de marnes, correspondant au massif de la montagne des Coques, et que nous avons assimilé au Bradford-clay des Anglais [1]. Ces marnes contiennent des fossiles qui vivaient dans les stations vaseuses, tels que la *Pholadomya Vezelayi, Phola. carinata, Ceromya striata, Terebratula cardium, tereb. intermedia.* Elles passent vers le haut aux calcaires sublamellaires du Forest-marble, ici déjà plus oolithique qu'aux Coques. C'est à la base de ces calcaires que j'ai rencontré l'*Hemicidaris luciensis*, fossile très-rare dans le département.

La partie supérieure de la montagne est occupée par les silex calloviens en partie remaniés et transportés.

En se dirigeant de Saint-Benin-d'Azy vers Bona, on constate les mêmes superpositions. L'oolithe ferrugineuse et les bancs perforés, sur lesquels celle-ci repose, se remarquent très-bien à quelques centaines de mètres à l'est de Bona, dans les déblais de la route impériale de Saint-Saulge. Les marnes bleues de la terre à foulon sont encore ici fort épaisses, et mesurent 30 mètres de puissance.

Entre Bona et Prémery, l'étage bathonien commence à se modifier d'une manière sensible; la terre à foulon diminue

---

1. Nous sommes obligés d'avoir recours pour les subdivisions des étages puissants à la nomenclature anglaise; on pourrait cependant substituer au terme de Bradford-clay celui plus départemental de *marnes de Pougues,* où elles sont très-développées; mais ces termes locaux, tout en ayant des avantages incontestables, n'indiquent pas de synchronismes et ne doivent être employés qu'avec réserve. Il pourrait se faire, quoique je ne le pense pas, que le Bradford-clay des Anglais ne correspondît pas entièrement aux marnes de Pougues; mais cet inconvénient, en supposant qu'il existât, ne serait que momentané, car on arrivera tôt ou tard à vérifier les synchronismes que j'établis, et il sera alors facile de rétablir les véritables noms, puisque la stratigraphie des couches sera parfaitement connue dans le département.

d'épaisseur, et l'oolithe ferrugineuse, surmontée de calcaires blancs jaunâtres marneux, se rapproche peu à peu du calcaire à entroques et d'une autre couche ferrugineuse qui repose directement sur celui-ci, et que nous décrirons dans le chapitre suivant. Les deux couches ferrugineuses tendent donc à se souder par l'absence ou la diminution dans l'épaisseur de la terre à foulon, et si nous remarquons que les fossiles bajociens deviennent de plus en plus abondants dans l'oolithe ferrugineuse supérieure au fur et à mesure que la terre à foulon diminue, nous comprendrons que, dans cette situation, ces deux couches seront très-difficiles à reconnaître. D'un autre côté, on remarque que le calcaire blanc jaunâtre augmente d'épaisseur en se chargeant vers le bas d'*Am. linguiferus* et d'*Am. polymorphus*, ce qui tendrait à prouver que les bancs inférieurs d'une même formation, dont le *facies* ne résulte que d'oscillations lentes du sol, ne se sont pas déposés à la même époque, et que, pendant qu'ici il se déposait de l'oolithe inférieure, là l'étage bathonien pouvait prendre naissance [1].

Entre Bona et Prémery, la partie supérieure de cet étage se charge d'oolithe, et dans cette dernière localité le Forestmarble est déjà entièrement oolithique.

Le diagramme (pl. XXV, fig. 59) donne la disposition des couches aux environs de Prémery.

Les collines situées du côté gauche de la vallée de la Nièvre sont couronnées par le calcaire oolithique du Forestmarble (9) recouvert par les silex jaunes détritiques provenant du Kelloway's-rock. En descendant la côte on rencontre le Bradford-clay (8), des calcaires ruiniformes peu épais reposant sur des calcaires compactes que nous avons signalés

1. Me basant sur les travaux de M. Élie de Beaumont et d'Archiac, j'avais classé au commencement de cet ouvrage le calcaire blanc jaunâtre dans la terre à foulon; mais les études étendues que j'ai faites dans la Côte-d'Or et dans Saône-et-Loire m'ont montré que le calcaire blanc jaunâtre appartient à l'étage de la grande oolithe.

à La Malle (7 et 6), le calcaire blanc jaunâtre avec Am. Arbustigerus, Phaladomya Vezelayi (5) ayant à sa base l'oolithe ferrugineuse (4) déjà reconnue vers Saint-Benin-d'Azy. Le banc dur de la terre à foulon (3) affleure aux premières maisons de Prémery, sur la route de Saint-Saulge, et la terre à foulon (2) elle-même y est représentée par une épaisseur de 2 à 3 mètres de marnes bleues assez argileuses. Au fond de la vallée on remarque quelques escarpements de calcaire à entroques (1 et 2).

Vers la jonction des routes de Varzy et de Saint-Révérien on voit affleurer les mêmes termes que nous venons d'énumérer; mais on remarque que la terre à foulon se trouve réduite à un petit cordon argileux de $0^m,20$ à $0^m,30$ d'épaisseur, supportant directement le banc dur et l'oolithe ferrugineuse de la base du calcaire blanc jaunâtre, qui vient de cette façon presque se superposer au calcaire à entroques.

La grande oolithe se développe très-bien le long des déblais de la route de Prémery à Varzy.

On remarque à la jonction des routes des déblais taillés dans le calcaire à entroques recouvert par une faible épaisseur de terre à foulon. Cette dernière supporte l'oolithe ferrugineuse, les calcaires blancs jaunâtres avec *Am. arbustigerus,* et les calcaires compactes exploités comme pierre de construction.

La couche fossilifère de la base du Bradford-clay, signalée pour la première fois à La Malle, existe au-dessus de ces bancs, dont la partie supérieure présente de larges et profondes perforations qui donnent à la roche un aspect particulier désigné par les géologues de la Côte-d'Or par aspect ruiniforme.

Le Bradford-clay s'observe avant d'arriver à Guipy; il est couronné par le calcaire oolithique du Forest-marble et par les argiles à *Terebratula pala,* avec leurs bancs oolithiques et sublamellaires.

En se dirigeant vers Varzy, le versant sud-ouest de la vallée offre partout de belles coupes de l'étage qui nous occupe.

On rencontre au pied de la butte de Corvol-l'Embernard des traces des deux couches ferrugineuses qui reposent sur le calcaire à entroques ; elles sont séparées par une petite couche de marne qui représente la terre à foulon. La partie inférieure de la montagne a été attaquée par les déblais de la route, qui ont mis à découvert une assez forte épaisseur de marnes grises qui contiennent à la base quelques *Am. bullatus* et *arbustigerus*, et au sommet une grande quantité de *Pholadomyes*. Ces marnes sont couronnées par des bancs compactes de 10 à 15 mètres de puissance, supportant eux-mêmes des marnes grumeleuses très-fossilifères. Les fossiles sont ceux que nous avons signalés dans les carrières de La Malle. Le *Mytilus gibbosus* et le *Holectypus depressus* sont surtout abondants.

Les bancs qui viennent au-dessus de ces marnes sont compactes, argilo-calcaires, jaunâtres et peu fossilifères ; ils supportent le calcaire ruiniforme, très-facile à étudier dans les déblais de la route. Son mode d'affleurement et la persistance de son *facies* démontrent que les tubulures ne proviennent pas de l'influence des intempéries contemporaines, comme quelques géologues l'ont prétendu [1], mais bien d'effets spéciaux qui se sont produits au moment même du dépôt de la roche calcaire.

Les bancs ruiniformes supportent une nouvelle série de marnes qui contiennent les fossiles de l'étage bathonien supérieur (*Terebratula cardium*, *Terebratula digona*, *Pholadomya carinata*) ; ils correspondent, comme nous l'avons vu, au Bradford-clay et ils sont couronnés par les calcaires oolithiques du Forest-marble, recouverts eux-mêmes de détritus

1. Martin, *sur l'étage bathonien du département de la Côte-d'Or. (Bulletin de la Société géologique de France.)*

diluviens siliceux provenant surtout de la destruction du Kelloways-rock.

Le diagramme (pl. XXV, fig. 60) donne la disposition des couches que nous venons de décrire.

1 Chailles remaniées.
2 Calcaires oolithiques surmontés de calcaire conchoïde (Forest marble).
3 Marnes du Bradford-clay.
4 Calcaire ruiniforme.
5 Calcaire compacte.
6 Marnes grumeleuses très-fossilifères.
7 Calcaire compacte.
8 Marnes avec pholadomyes.
9 Calcaire marneux avec *Am. arbustigerus*.
10 Oolithe ferrugineux.
11 Calcaire à entroques.

Les études que nous avons poursuivies dans la Côte-d'Or et dans Saône-et-Loire nous ont prouvé que les couches 4, 5, 6, 7 se transforment peu à peu en calcaire oolithique qui contient beaucoup de fossiles spéciaux au great oolithe des Anglais. Ce dernier occupe une position stratigraphique identique à celle de nos couches 4, 5, 6, 7. Les massifs oolithiques se développent plus ou moins suivant les lieux aux dépens de la couche 8 ou des marnes à *Pholadomya Veze-layi*. Les calcaires marneux de la base de l'étage correspondent probablement aux stones field-slates qui quelquefois prennent une texture compacte et feuilletée.

Les couches 4, 5, 6, 7, 8 correspondent au great oolithe des Anglais. La couche 9 aux stones field-slates.

Nous voyons encore ici se reproduire les oscillations qui permettent de diviser l'étage bathonien en deux parties correspondant chacune à une amplitude complète ; si dans l'Ouest du département la couche fossilifère de La Malle qui se reproduit dans la couche (6) indique une grande diminution dans la profondeur des eaux ; les couches perforées (4) indiqueraient presque une émergence, attendu que les tubulures pourraient bien provenir de la dessiccation du limon marin accompagnée du dégagement de matières gazeuses.

Avant d'étudier la grande oolithe du nord du département, nous allons dire quelques mots sur les lambeaux bathoniens qui sont disséminés le long de la faille du Morvan.

A Saint-Honoré, on voit le calcaire bathonien surmonté de l'oolithe ferrugineuse butter contre les schistes métamorphiques et les porphyres quartzifères.

L'oolithe ferrugineuse que l'on peut étudier dans les carrières situées au nord de l'établissement des bains est ici très-fossilifère; on y rencontre surtout des *Am. Martinsii*, *Am. Parkinsoni*, *Terebratula Phillipsii*, *Collyrites ringens*. On voit qu'elle supporte les calcaires blancs marneux jaunâtres de la base de l'étage bathonien. Ce petit îlot est le prolongement de la bande jurassique qui fournit à Vandenesse de nombreux matériaux de construction. Vers Isenay, on exploite l'oolithe ferrugineuse comme minerai de fer; elle contient encore ici une grande quantité de fossiles parmi lesquels se remarquent, à côté des espèces citées plus haut, *Belemnites Fleuriausus*, *Bel. Bessinus*, *Bel. Blaivillei*, *Bel. giganteus*, *Nautilus clausus*, *Am. Truellei*, *Am. pseudoanceps* [1], *Chemnitzia procera*, *Panopea jurassi*, *Pholadomya Murchisoni*, *Arca oblonga*, *Mytilus reniformis*, *Pecten articulatus*, *Terebratula sphæroidalis*, *Terebratula emarginata*, *Terebratula Phillipsii*, *Terebratula Ferryi*, *Rhyn. spinosa*, *Rhynchonella varians*, *Rhyn. quadriplicata*, *Collyrites ovalis*, *Collyrites ringens* [2].

La grande oolithe du nord du département ne diffère pas beaucoup de celle des environs de Prémery; elle peut s'étudier dans la vallée de Corvol, dans celle du Beuvron et aux environs de Clamecy.

1. Cette ammonite a les plus grands rapports avec l'*Am. anceps;* elle se distingue surtout de cette dernière par le point de bifurcation des côtes, qui se rapproche de l'ombilic.

2. On voit que cette couche correspond entièrement à la couche ferrugineuse à collyrites du département de Saône-et-Loire. (*Mémoire sur le groupe oolithique inférieur des environs de Mâcon*, par A. de Ferry, p. 31.)

Dans toute cette région la terre à foulon, c'est-à-dire les marnes et argiles avec *Am. Parkinsoni*, est réduite à une épaisseur insignifiante ; les deux couches ferrugineuses sont pour ainsi dire soudées l'une à l'autre ; elles supportent les calcaires marneux à *Am. arbustigerus*, et les marnes à pholadomyes, ensemble que M. de Bonnard a désigné par calcaire blanc jaunâtre marneux. C'est aux environs de Varzy, de Tannay et de Clamecy que les marnes contiennent le plus de fossiles spéciaux aux stations vaseuses ; cette abondance de pholadomyes a porté Lajoy à désigner ces calcaires par calcaires à pholadomyes, et nous avons vu que nous les assimilons avec les quelques bancs compactes qui les couronnent au great oolithe et aux stones field-slates des Anglais. Les espèces les plus abondantes sont les suivantes :

Calcaires marneux inférieurs.

Am. arbustigerus, Am. planula, Am. subbackeriæ, Am. bullatus, Am. linguiferus, Am. biflexuosus, Pholadomya Murchisoni (variété spéciale à ce dépôt), *Pholadomya Vezelayi, Collyrites ringens.*

Calcaires marneux supérieurs.

Pholadomya Murchisoni, Pholadomya Vezelayi, Ph. angulifera, Ceromya striata, Anatina ægea, An. pinguis, Thracea viceliasensis, Pinna ampla, Arca Lycettiana, Isocardia minima, Astarte rotunda, Periploma viceliasensis.

Au-dessus de ces marnes viennent des calcaires plus compactes qui supportent les couches fossilifères signalées déjà à La Malle, et quelques autres strates calcaires couronnées par le calcaire ruiniforme.

Les marnes de Bradford-clay sont aussi très-développées

dans le nord du département; elles contiennent *Pholadomya Vezelayi, Pholadomya carinata, Terebratula cardium, Tere. intermedia, Hemicidaris Luciensis*, elles supportent le grand massif oolithique de Forest-marble, qui se termine toujours par le calcaire conchoïde, horizon important par la constance de son caractère minéralogique qui se reconnaît depuis Clamecy jusque dans le département de l'Isère, où il fournit les excellentes pierres de taille connues sous le nom de *choin* de Villebois.

Nous devons dire ici en passant que les bancs oolithiques de la partie supérieure de l'étage bathonien, dans lesquels ont été taillées les importantes carrières de Chevroches, d'Avrigny, ont été confondus, sans doute à cause de leur caractère minéralogique, avec le great oolithe des Anglais, confusion qui a entraîné celle non moins grande de l'assimilation du grand ensemble marneux et sub-compacte de la base de l'étage bathonien à la terre à foulon.

Le tableau suivant donne la succession des couches de l'étage bathonien du centre et du nord du département, dont le type a été pris aux environs de Varzy.

ÉTAGE BATHONIEN.

DÉSIGNATION DES ÉTAGES.	LOCALITÉS.	CARACTÈRES MINÉRALOGIQUES.	CARACTÈRES PALÉONTOLOGIQUES.
Cornbrash, couches transitoires, marnes à Am. macrocephalus.	Montapius, Les Coques, Corbelin.	Marnes dans l'ouest, oolithes ferrugineuses aux environs de Nevers. Calcaires oolithiques et marnes subordonnées dans l'est.	Am. macrocephalus, Am. Herveyi, Pho. carinata, Collyrites ellyptica, Holectypus depressus, Terebr. pala, Ter. digona.
Forest-marble, bathonien supérieur.	Id.	Calcaire sublamellaire peu puissant dans l'ouest. Calcaire oolithique avec calcaire conchoïde au sommet, dans l'est.	Phola. carinata, Terebratula cardium, Hemicidaris Luciensis.
Bradford-clay, bathonien moyen.	Id.	Cette subdivision se développe dans l'ouest aux dépens de la précédente; elle est partout marneuse. Vers le bas, elle devient plus argileuse en se chargeant de fossiles.	*Marnes.* — Phol. carinata, Ph. Vezelayi, Tereb. cardium, Tereb. digona. *Argile.* — Am. subdiscus, Am. biflexuosus, Am. macrocephalus, Am. microstoma, Am. Backeriæ, Ph. Murchisoni, Ph. Vezelayi, Collyr. ovalis, etc.
Great oolithe bathonien inférieur.	Varzy, Premery, Corvol, Clamecy.	A la partie supérieure, quelques bancs de calcaire compacte; à la base, des calcaires marneux.	Am. Backeriæ, Am. subdiscus, Ph. Vezelayi, Ph. Murchisonæ, Thracea Vezeliacensis, Anatina Ægea, etc.
Stones field-slates, bathonien inférieur.	Id.	Marnes.	Am. arbustigerus, Am. planula, Am. bullatus.
Terre à foulon, couche transitoire, fullers-cardh.	Id.	Oolithe ferrugineux, ou marne rubigineuse reposant sur un banc de calcaire dur et perforé.	Am. Backeriæ, Am. Parkinsoni, Am. discus, Am. Martinsii, Am. polymorphus, Ph. Murchisoni, Mitylus reniformis.

CHAPITRE XXIV.

DE L'OOLITHE INFÉRIEURE (ÉTAGE BAJOCIEN).

L'étage bajocien a été créé par d'Orbigny pour désigner le groupe inférieur de la formation oolithique proprement dite, qui comprend le calcaire à entroques et la terre à foulon (couches à *Am. Parkinsoni*).

D'Orbigny avait déjà séparé les calcaires blancs jaunâtres de de Bonnard de la terre à foulon; mais on ne rencontre nulle part les raisons qui ont porté cet illustre géologue et paléontologiste à établir cette séparation, malgré l'autorité de M. Élie de Beaumont.

Mon travail sur la terre à foulon était destiné à appeler l'attention des géologues sur le synchronisme de la partie marneuse inférieure de l'étage bathonien à *Am. arbustigerus, Am. bullatus,* et nombreuses pholadomyes avec l'oolithe de Lucenay et de Tournus, qui représente le véritable *great* oolithe des Anglais, et des strates marno-compactes du stones field-slates, qui correspondent à nos marnes inférieures à *Am. bullatus* et *arbustigerus.*

La partie inférieure du grand oolithe étant tour à tour oolithique ou marneuse, les Anglais me paraissent avoir confondu souvent la véritable terre à foulon avec le grand

---

1. *Sur la terre à foulon et sur les poudingues tertiaires,* par Th. Ébray (Baillière et fils, 19, rue Hautefeuille, Paris), et *Sur la composition du sol des environs de Mâcon. (Bulletin de la Société géologique de France.)*

oolithe, et, pour ne pas tomber dans un pléonasme scientifique, nous devons nous ranger du côté de ceux qui admettent le terme de terre à foulon pour désigner les strates
marneuses et argileuses avec *Am. Parkinsoni*, qui séparent
le calcaire à entroques du grand oolithe.

D'un autre côté, en Angleterre comme en France, les
strates de la terre à foulon (couches à *Am. Parkinsoni*)
sont fort irrégulières : elles se renflent, s'amincissent et
même disparaissent complétement dans certaines localités,
et l'on conçoit fort bien que ces allures irrégulières ont pu
donner lieu à des méprises.

M. de Ferry arriva, peu de temps après la publication de
ma note sur la terre à foulon [1], aux conclusions que j'avais
posées; car il assimile, comme je l'avais déjà fait dans ma
note sur la constitution du Mont-d'Or [2], le ciret avec les
marnes à *Am. Parkinsoni* à la terre à foulon.

A l'exception de cette dernière formation, dont nous avons
déjà, dans le chapitre précédent, fait connaître les allures
spéciales, l'étage bajocien présente des caractères assez uniformes. Nous ne suivrons donc pas cet étage, comme nous
l'avons fait pour l'étage bathonien, et nous nous bornerons
seulement à faire connaître les points où l'étude est le plus
facile.

La terre à foulon est, comme nous l'avons vu, très-développée aux environs de Nevers, de Pougues, de Saint-Benin-
d'Azy et de Bona, et les tranchées de l'Aiguillon et de Fourchambault permettent de se rendre un compte exact des
diverses subdivisions de l'étage bajocien.

Dans les petites carrières qui ont été ouvertes par la compagnie du chemin de fer pour exploiter des pierres de taille,

---

1. *Mémoire sur le groupe oolithique inférieur des environs de Mâcon*, par
M. de Ferry (1861).

2. *Sur la constitution géologique du Mont-Doro.* (*Bulletin de la Société géologique de France*, 1859.)

on rencontre à la base des bancs de 0,30 à 0,60 cent. d'un calcaire très-dur, à cassure légèrement sublamellaire ; c'est le calcaire à entroques proprement dit. Il contient :

Belemnites Berthandi.
Ammonites Murchisonæ.
Pleurotomaria proteus.
Pholadomya fidicula.
Trigona striata.
Lima proboscidea.
Trichites costatus.
Ostrea sublobata.
Pecten articulatus.
— personatus.
Cidaris Courteaudina.
Galeropygus disculus.
Pentacrinus bajocensis.

Au-dessus du calcaire à entroques proprement dit se remarque une couche de calcaire grumeleux argileux pétri de *Lima proboscidea*, de *Pecten fibrosus*. Les serpules sont aussi très-abondantes, et indiquent la proximité d'un rivage ou des eaux peu profondes.

Le découvert de la carrière se compose d'une assise de $0^m,60$ à $0^m,80$ d'un calcaire argileux pétri d'oolithes ferrugineux. Il contient presque tous les fossiles de l'oolithe ferrugineux de Bayeux, dont les plus abondants sont énumérés dans la liste suivante :

Ammonites Parkinsoni.
— Humphriesanus.
— Sauzei.
— Murchisonæ.
— Edwardsianus.
Nautilus lineatus.

Nautilus clausus.
— subbiangulatus.
Pleurotomaria proteus.
— ornata.
— Ebrayana.
— Philemon.
— armata.
Turbo ornatus.
Cerithium contortum.
Lima proboscidea.
Hemithiris spinosa.
Terebratula Phillipsii.

En se dirigeant le long du chemin de fer dans la direction de Nevers, on rencontre bientôt la tranchée de l'Aiguillon, dont nous avons donné la coupe Pl. XXI, et où l'on peut constater avec facilité le développement de la terre à foulon couronnée par son banc perforé. Cette dernière contient l'*Am. Parkinsoni*, et le banc dur perforé permet de recueillir les espèces principales suivantes :

Ammonites Parkinsoni.
— arbustigerus.
— discus.
— polymorphus.
— linguiferus.
— Martinsii.
— subdiscus.
Panop. Jurassii.
Pleurotomaria Philemon.

L'étage bajocien est très-développé aux environs du Guétin, où l'on exploite de grandes carrières qui envoient les matériaux d'extraction dans toutes les directions. Le chemin de fer a attaqué, en outre, cette formation sur une grande hauteur, en mettant à nu les couches qui séparent l'oolithe inférieur du lias.

Le calcaire à entroques du Guétin présente les mêmes caractères que celui de Fourchambault et de Marzy. Il a été exploité sur 6 à 7 mètres de hauteur. Le découvert des carrières a entamé l'oolithe ferrugineux et la terre à foulon, composée, ici comme ailleurs, de bancs argilo-calcaires mélangés de couches de marnes.

Nous donnons (pl. XXV, fig. 61) la coupe de la tranchée de Gimouille qui permet d'établir en ce point la ligne de séparation momentanée (quant à l'espace) de l'oolithe inférieure et du lias; on sait que cette ligne de séparation a donné lieu à de nombreuses discussions qui n'ont abouti à aucun résultat sérieux.

0. Terre à foulon; 2. calcaire ferrugineux sublamellaire avec moules de bivalves; 3. argile ferrugineuse; 4. banc à *Ostrea Knorri* et à *Belemnites tripartitus*; 5. argile ferrugineuse; 6. banc à *Belemnites irregularis* et *Bel. tripartitus, Am. insignis*; ce banc est perforé à sa partie supérieure; 7. lias argileux supérieur.

En allant de Nevers au Guétin et en suivant les tranchées du chemin de fer, on rencontre, après avoir constaté vers le Pavillon une forte épaisseur de terre à foulon, les bancs durs et compactes du calcaire à entroques, qui, par son redressement vers le nord, permet aux couches sous-jacentes d'affleurer dans la tranchée de Gimouille.

On constate, en effet, la présence, sous ces dernières couches, d'une épaisseur de 2 mètres d'un calcaire ferrugineux sublamellaire contenant beaucoup de moules de bivalves, des *Pholadomya fidicula*. Cette couche repose à son tour sur une série peu épaisse de petits bancs marneux avec *Belemnites tripartitus, Ammonites primordialis*.

Au-dessous de ces assises marneuses vient un banc dur de calcaire ferrugineux pétri de fossiles, parmi lesquels on

peut citer : *Ostrea Knorri*, *Am. primordialis*, *Bel. tripar-*
titus, *Astarte Valtzii*, et une couche d'argile également ferrugineuse, sans fossiles, d'une épaisseur de 6 mètres.

Puis affleure, plus près du tunnel de Sampanges, un
deuxième banc dur, de $0^m,40$ de puissance, qui présente,
comme le premier, une teinte rubigineuse assez semblable,
sauf l'absence des crinoïdes, à la base du calcaire à entroques. Cette couche contient aussi beaucoup de fossiles, mais
les espèces sont les suivantes :

Ammonites variabilis.
— insignis.
— jurensis.
— comensis.
Belemnites irregularis.
Arca liasina.
Astarte Voltzii.

Tout ce système repose sur le liäs supérieur argileux, avec
Am. radians, *Am. serpentinus*, *Bel. tripartitus*, *Bel. irre-*
gularis, *Turbo capitaneus*, *Arca liasina*, *Tecocyatus macra*.

Le banc n° 6 présente à sa partie supérieure de nombreuses perforations qui indiqueraient, suivant certains auteurs, que le lias se termine avec *Am. insignis*, *Bel. irre-*
gularis; mais nous n'attribuons pas à ces perforations une
valeur absolue, attendu qu'un banc perforé n'indique pas
dans l'espace une ligne synchronique.

Nous voyons au contraire que le lias se lie, soit sous le
rapport paléontologique, soit sous le rapport géologique, à
l'étage bajocien, et qu'il est plus conforme à la nature de
considérer les bancs situés entre le banc n° 6 et la base du
calcaire à entroques comme des bancs transitoires qu'il serait
puéril de classer rigoureusement dans l'un ou l'autre étage.

La terre à foulon reparaît, après une interruption assez
longue, aux environs de Saint-Benin d'Azy et de Bona. Elle

ne diffère pas de celle de la tranchée de l'Aiguillon. Comme
nous l'avons vu, les bancs perforés sont à découvert dans
les déblais de la route impériale près la Maison-Rouge, et
dans les talus du chemin vicinal de Saint-Benin à Guérigny [1]. Nous avons vu, page 262, qu'à partir de Bona, les
couches de la terre à foulon s'amaigrissent considérablement; nous ne reviendrons pas sur ce phénomène, et nous
comprendrons facilement que, presque dans tout le nord de
la Nièvre, le calcaire à entroques ne se trouve séparé des
marnes à *Am. arbustigerus* que par une faible puissance de
calcaire à oolithes ferrugineuses, avec une couche d'argile
subordonnée. Nous ne suivrons donc pas le calcaire à entroques au delà de Varzy, où il se présente, comme dans
l'Yonne, sous la forme d'un calcaire rubigineux sublamellaire dont le *facies* provient de la présence d'une immense
quantité d'encrines, et nous nous bornerons, avant de passer
à la description des étages liasiques, à mentionner les envi-

1. Dans le département de Saône-et-Loire, au mont de Pouilly, le banc
perforé paraît occuper une position un peu différente de celle que l'on observe dans la Nièvre, attendu que les oolithes ferrugineuses et la couche fossilifère principale se trouvent sous les lithophages; mais cette différence n'est
qu'apparente et résulte de la nature même du mouvement oscillatoire qui a
fait naître la couche perforée. En effet, le mouvement oscillatoire peut être
représenté par la courbe (pl. XXV, fig 62), dans laquelle N N représente le
niveau des eaux et F F le fond variable de la mer; on voit qu'il existe de part
et d'autre du point singulier L, qui a donné naissance aux lithophages, des
profondeurs symétriques ayant dû produire des faunes plus ou moins semblables. Dans la Nièvre, c'est le dépôt supérieur B qui est le plus fossilifère, tandis que c'est le dépôt A, plus ancien, qui contient le plus de fossiles dans le
département de Saône-et-Loire. Cette explication montre aussi pourquoi la
couche du mont de Pouilly contient moins d'espèces bathoniennes que celle
de la Nièvre. Nous attachons beaucoup de valeur à l'explication des particula-
rités que l'on rencontre à chaque instant quand on examine les phénomènes
géologiques toujours si complexes, et pour l'explication desquels il est nécessaire d'avoir recours à des causes multiples et souvent fort compliquées.
Assurément il serait fort commode de lire la vérité au milieu de la nature
dans un livre dont les pages régulièrement découpées nous dévoileraient la
science arrangée dans des cadres simples, réguliers et faciles; mais il n'en est
pas ainsi; le créateur a agi, il est vrai, avec une force infinie, simple et majestueuse, mais il ne s'est pas assujetti à des limites rectilignes.

rons de Lurcy-le-Bourg, où l'étage bajocien est séparé du
lias par une couche de marnes à oolithes ferrugineuses exploitée comme minerai de fer.

Au-dessus du lias supérieur argileux, avec *Bel. irregularis, Am. radians*, affleure aux environs de Lurcy-le-Bourg
une couche de 1 mètre à 1 mètre 50 de marne calcaire pétrie d'oolithes ferrugineuses. Cette marne contient beaucoup de fossiles, dont les plus abondants sont :

Ammonites variabilis.
—   insignis.
—   primordialis.
—   cornucopia.
—   comensis.
Belemnites tripartitus.
—   irregularis.
—   acuarius.
Panopæa Toarcensis.
Pholadomya fidicula.
Ostrea Knorri.

Elle supporte la base du calcaire à entroques représentée
par un calcaire gris contenant à sa base *Am. Murchisonæ,
Bel. brevis, ostrea sublobata*, et divers polypiers qui se rencontrent souvent en récifs à différentes hauteurs, mais surtout à la partie supérieure de l'étage, qui est marquée aussi
par une faible profondeur des eaux, comme le prouvent les
lithophages et l'usure des parties supérieures du calcaire à
entroques.

Si maintenant nous comparons la succession des couches
des environs de Lurcy-le-Bourg à celle que nous venons de
décrire en parlant du Guétin, nous verrons que le système
transitoire que nous avons reconnu dans cette dernière localité est remplacé à Lurcy par une couche à oolithes ferrugi-

neuses qui contient à la fois des *Am. insignis, Am. primordialis, Pholadomya fidicula.*

Comme les émissions ferrugineuses coïncident, même aujourd'hui, avec les failles, il y a lieu de supposer qu'elles se
sont fait jour à travers ces fissures, surtout aux époques des
mouvements plus ou moins violents qui ont produit la séparation des étages géologiques.

On ne doit donc pas être étonné de voir que souvent deux
étages sont séparés l'un de l'autre par des couches ferrugineuses, et comme, d'après les expériences de d'Orbigny et
les miennes, les mollusques ne supportent pas les eaux
chargées d'une certaine proportion de fer, on peut supposer
que les fossiles des couches ferrugineuses proviennent de
mollusques qui ne sont pas morts naturellement.

Cette couche, encore à l'état de limon, a pu ensevelir
certains êtres qui se sont développés après le maximum
d'intensité des émissions ferrugineuses ; on conçoit dès lors
la possibilité du mélange de faunes qui étonne si souvent
les géologues. Il faut d'ailleurs admettre l'existence de
lignes de propagation qui, dans une certaine limite, ont pu
distribuer inégalement, et non suivant des lignes synchroniques, les êtres que nous voudrions voir être cantonnés
toujours au même niveau, et cela dans l'espoir de nous
rendre plus facile l'étude si compliquée des phénomènes
naturels.

La couche ferrugineuse qui remplace le système transitoire du Guétin porte donc aussi, de quelque côté que l'on
envisage la question, un cachet transitoire, et nous avouons
que nous n'avons pas plus de motifs pour la classer plutôt
dans un étage que dans un autre.

Le calcaire à entroques correspond à la molière des Nor-
mands, la couche à oolithe ferrugineuse de Fourchambault
et du Guétin à l'oolithe de Bayeux, et la terre à foulon aux
argiles supérieures des mêmes hauteurs.

CHAPITRE XXV

DU LIAS.

Le lias est un des termes géologiques les plus importants du département, tant à cause de son épaisseur qu'à cause de son utilité industrielle et agricole ; les beaux pâturages du Bazois, les terres fertiles des Amognes, les gisements de pierre à chaux qui affleurent au pied du Morvan aride, font partie de cette formation.

Nous diviserons le lias en trois étages :

1° Le lias supérieur ou étage thoarcien ;

2° Le lias moyen ou étage liasien ;

3° Le lias inférieur ou étage sinémurien.

Enfin nous considérons l'infralias comme un système transitoire qui appartient autant au lias qu'au trias.

On trouve du lias dans presque toutes les parties du département, où il a été mis au jour par l'action des failles ; on en constate des gisements entre la Loire et l'Allier, sur les bords de la Loire, au pied de l'escarpement de Marzy, entre Nevers et Decize, à Decize même, à Menou, dans tout l'espace compris entre Chevannes-Changy et Champvert, au pied des montagnes du Morvan, vers Corbigny, Moulins-Engilbert, etc.

Du lias supérieur (étage thoarcien).

Le lias supérieur est remarquable par la constance de ses caractères minéralogiques; dans une grande partie de la France, il apparaît sous forme d'argiles bleues toujours très-humides vers le haut et donnant naissance à des niveaux d'eau importants.

Nous nous sommes déjà étendu, dans le chapitre précédent, sur les couches transitoires qui séparent le calcaire à entroques du lias supérieur; nous nous bornerons ici à mentionner les lieux où le lias supérieur affleure, et à dresser la liste des fossiles les plus importants que ces couches contiennent.

Le lias supérieur, avec ses couches transitoires, affleure, comme nous l'avons vu, dans la tranchée de Gimouille et dans les balastières qui ont été ouvertes à gauche du chemin de fer, entre le Pavillon et le Guétin. Il a été mis à découvert par les déblais de la route de Nevers à Saint-Pierre, où l'on remarque une grande tranchée glaiseuse qui m'a permis de recueillir les fossiles suivants :

Am. Valcotii, Belem. tripartitus,
Am. serpentinus, Belem. irregularis,
Am. comensis, Belem. acuarius,
Am. complanatus, Turbo capitaneus,
Turbo subdiplicatus, Cerithium armatum,
Arca elegans, Lima gigantea,
Nucula Hammeri, Astarte Volzii,
    — Hausmani, Leda rostralis,
Posidonomya Bronni, Thecocyatus mactra.

Le lias supérieur affleure le long de la faille de Menou, entre Châteauneuf et Menou; les fossiles sont assez rares dans cette région.

19

On le rencontre aussi à l'Ouest de Brinon, près de la faille, au-dessus des petits îlots de calcaire à entroques de Saint-Saulge et Crux, au nord de Saint-Révérien, à Saint-Honoré-les-Bains, à Cuncy-lez-Varsy, etc. Les argiles permettent presque partout de recueillir les fossiles que nous venons de citer.

Le lias supérieur débute quelquefois par une petite couche de fer exploitable comme à Limentay ; mais cette couche. qui contient surtout l'*Am. serpentinus*, est en étendue fort restreinte, et c'est à peine si je l'ai pu étudier dans son ensemble aux environs des minières abandonnées de Limentay.

Du lias moyen.

Le lias moyen ou l'étage liasien de d'Orbigny peut se subdiviser en trois parties intimement liées entre elles.

La partie supérieure se compose d'une petite formation calcaire de 4 à 6 mètres d'épaisseur ; elle occupe en étendue un assez vaste horizon, puisqu'elle se rencontre dans le nord et dans tout le centre de la France. Aux environs de Lyon et de Charlieu (Loire), elle se réduit considérablement, car elle n'est représentée en ces points que par deux ou trois bancs d'un calcaire ferrugineux. Cette subdivision a été désignée par la plupart des géologues par calcaires à gryphées *cymbium*, et comme Thiollière a remarqué que cette gryphée correspond à la *Gryphea gigantea*, il convient de les désigner par calcaires à gryphées géantes [1]. Ces bancs se composent en général d'un calcaire grenu, légèrement sublamellaire et

---

1. Le calcaire à gryphées cymbies ou géantes a été confondu, dans le midi de la France, et surtout par M. Grüner, ingénieur en chef des mines, avec le lias inférieur, qui se charge dans ces lieux d'une gryphée spéciale, de la *Gryphea obliqua*, et même quelquefois d'une autre gryphée qui ressemble à une petite gryphée *cymbium*. Cet ingénieur s'est basé sur cette erreur pour établir des théories sur les oscillations du sol.

ferrugineux avec petites couches marneuses subordonnées ; outre la *Gryphea gigantea,* qui est fort abondante, on rencontre les fossiles suivants :

Am. margaritatus, Panopea striatula, Plicatula spinosa, Pecten æquivalis, Pecten disciformis, Cardinia philea, Rhynchonella variabilis, Rhyn. acuta, Rhyn. cynocephala, Rhyn. furcillata, Spiriferina rostrata, Terebratula cornuta, Terebratula quadrifida, Terebratula punctata.

La petite formation à gryphées *cymbium* (*gigantea*) affleure surtout aux environs de Corbigny, de Saint-Saulge, d'Aubigny, de Magny, de Saint-Franchy, sur la lèvre affaissée de la faille. Elle repose sur des argiles que l'on a longtemps considérées comme non fossilifères ; les travaux de M. Terquem ont montré que ces argiles sont souvent pétries de foraminifères.

Les argiles du lias moyen sont très-puissantes ; nous pensons être au-dessous de la réalité en les évaluant à 70 mètres. La base du lias moyen se compose de bancs marneux au milieu desquels les fossiles sont très-abondants ; ce sont surtout les céphalopodes qui dominent. La liste suivante fait connaître les espèces principales :

Am. planicosta.
— fimbriatus.
Nautilus intermedius.
Belem. umbilicatus.
— clavatus.
— longissimus.
Lima erina.
— Hermani.
Terebratula numismalis.
Gryphea obliquata [1].

1. M. Dumortier décrit, sous le nom de *Gryphea cymbium,* certaines variétés de la *Gryphea obliquata.*

Les argiles du lias moyen et les marnes de la base occupent de vastes étendues aux environs de Tannay, Magny, Corbigny, Châtillon, Aubigny-le-Chétif, Saint-Cy, etc.

Ce dernier terme de l'étage moyen se lie intimement au lias inférieur et peut être considéré comme un système transitoire; dans la Loire, l'Ardèche, le Gard, la gryphée oblique descend dans ce dernier étage, où elle est quelquefois très-abondante.

Du lias inférieur (calcaire à gryphées arquées) (étage sinémurien).

L'étage sinémurien de d'Orbigny comprend deux systèmes de couches : le supérieur ou calcaire à gryphées arquées proprement dit, l'inférieur connu sous le nom d'infralias.

La faune de l'infralias et son *facies* minéralogique le rapprochent tellement du trias que quelques géologues ont songé à en faire un membre triasique. Nous ne saurions cependant admettre cette manière de voir, et nous donnerons plus loin les raisons qui nous portent à faire de ces couches un système qui relie le lias au trias, et qui ne saurait d'une manière absolue être classé dans l'une ou l'autre formation.

Le calcaire à gryphées arquées se reconnaît facilement à son *facies* minéralogique [1]; il se compose de bancs calcaires bleuâtres dont la couleur s'altère un peu au contact de l'air; la surface de ces bancs est rugueuse; ils donnent, contrairement aux calcaires inférieurs du lias moyen, de la chaux grasse.

La formation a de 15 à 30 mètres de puissance. Les fossiles sont très-nombreux, on y rencontre :

---

1. Nous ne parlons ici que de la Nièvre; dans la Loire, le calcaire à gryphées arquées contient fort peu de ces gryphées et se compose d'un calcaire sublamellaire; dans l'Ardèche, son *facies* se rapproche beaucoup de celui du lias moyen.

Ammonites bisulcatus.
— stellaris.
— Charmasei.
— obtusus.
Belem. brevis.
Nautilus striatus.
Pleurotomaria anglica.
Panopea crassa.
— striatula.
Pholadomya idea.
Cardinia securiformis.
— concinna.
Pinna Hartmanni.
Mytilus Gneuxii.
Lima edula.
Pecten pollux.
— Textorius.
Ostrea arcuata.
— obliquata.
Rhyn. variabilis.
Spiriferina pinguis.
— Valcotii.
Terebratula Causoniana.
— marsupialis.

Le lias inférieur présente des caractères uniformes, nous nous bornerons à indiquer les lieux qui permettent de l'étudier facilement. Il affleure à peu de distance de Decize où des carrières nombreuses mettent la formation à découvert. On constate son existence aux environs de Châtillon, de Saint-Saulge et de Saint-Révérien; on ne cesse de le rencontrer à proximité de la longue faille de Chevannes-Changy, entre cette dernière localité et Champvert; enfin, il est assez répandu aux environs de Corbigny et de Moulin-Engilbert.

Nous considérons comme une subdivision de l'étage sinémurien les deux ou trois petits bancs qui se rencontrent à la
base et que les carriers de la Côte-d'Or désignent par foie-
de-veau. La gryphée arquée apparaît déjà dans ces bancs
qui contiennent une série de petits gastéropodes qui ont
vécu à cette époque dans des eaux basses, comme l'étaient
d'ailleurs celles qui ont déposé le calcaire à gryphées arquées.

Les gastéropodes du foie-de-veau de la Nièvre sont encore moins faciles à découvrir que ceux de Saône-et-Loire et
de la Côte-d'Or; on ne les aperçoit que sur les pierres qui
ont été pendant longtemps exposées aux intempéries. Les
espèces de foie-de-veau que j'ai rencontrées dans la Nièvre
sont les suivantes :

Cerithium verrucosum.
Orthostoma oryxa,
— gracile.

De l'infralias.

Dans le nord du département, l'infralias se compose d'un
système calcaire quelquefois magnésien, qui passe insensiblement par l'intermédiaire de marnes vertes aux marnes
irisées.

Les principaux fossiles qui accompagnent ces bancs sont
des *Ostrea irregularis* en assez grand nombre, et quelques
mytilus que nous rapportons à des variétés du *Mytilus minutus*, quoiqu'ils diffèrent sensiblement de celui-ci.

Vers le centre du département, l'infralias se complique
par la naissance de deux dépôts arénacés; le premier se développe entre le lias à gryphées arquées et les calcaires caverneux, et le second entre les lumachelles et les marnes
irisées.

A Moussy, entre Saint-Révérien et Prémery, on relève la coupe suivante :

1° Calcaire à gryphées arquées ;

2° Traces d'un banc contenant des gastéropodes ;

3° Bancs de calcaire argileux gris, séparés par des couches de marne peu épaisses et contenant une grande quantité de gastéropodes, en général, sans test et beaucoup de bivalves, parmi lesquelles la *Lucina arenacea* est surtout abondante ;

4° Macigno passant à l'arkose avec mouches de galène et de barytine ;

Nombreux fossiles empâtés dans la roche ;

5° Argile verte et traces de calcaire caverneux ;

6° Grès fins avec *Mytilus minutus, Avicula contorta* ;

7° Marnes irisées.

Les couches supérieures des poudingues et des calcaires argileux sont perforées.

En se dirigeant vers le sud, la présence des calcaires caverneux devient plus évidente; déjà, à sept kilomètres de Moussy, aux environs de Jailly, on relève la coupe suivante :

1° Débris de couches appartenant à la base du calcaire à gryphées arquées (*Orthostoma gracile, Orth. exile, Cerithium verrucosum*);

2° Calcaire argileux à ciment en bancs fort réguliers de $0^m,20$ à $0^m,30$ d'épaisseur. Fossiles très-nombreux (*Lucina arenacea* et beaucoup de petits gastéropodes sans test);

Partie supérieure présentant quelques perforations.

3° Deux bancs de calcaires légèrement sublamellaires ;

4° Calcaire gréseux quartzifère présentant l'aspect d'une lumachelle, nombreuses cardinies empâtées; la partie supérieure de ces assises est perforée ;

5° Calcaire lumachelle (les fossiles fort empâtés paraissent ici moins abondants qu'ailleurs);

6° Calcaire lumachelle avec grains de quartz et cardinies nombreuses.

Les assises 2, 3, 4, 5, 6 ont ensemble environ 6 mètres de puissance.

7° Argile verte et calcaire caverneux avec quelques écailles de poisson (3ᵐ.);

8° Grès infraliasiques (ces grès ne sont pas visibles au bas de la côte, mais on constate leur présence en se dirigeant vers les roches anciennes; on les voit reposer sur les marnes irisées).

Si au lieu de nous diriger vers le sud, à l'ouest du massif de Saint-Saulge, nous prenons la route de Saint-Révérien à Decize, nous remarquerons que déjà à Crux-la-Ville [1] les cargnieules apparaissent avec une certaine puissance; les grès inférieurs changent de caractère, ils deviennent moins puissants et plus grossiers. En se divisant en fragments allongés, on pourrait les désigner par grès lumachelles.

Comme nous le savons, la commune de Crux-la-Ville est bâtie sur une faille qui a eu pour effet de placer le calcaire à entroques au niveau de l'infralias; tout le versant ouest de la colline, coupée en deux par cette faille, est infraliasique, et les déblais du chemin qui conduit de la route à cette commune laissent affleurer une série complète de couches redressées qui permet d'établir la succession suivante :

1° Calcaire argileux à ciment avec nombreux bivalves sans test;

2° Lumachelles avec *Ostrea irregularis*, *Mytilus minutus*, *Avicula contorta*, *Lima punctata*;

3° Argile verte et calcaire caverneux;

4° Grès calcaire irrégulièrement stratifié avec nombreux *Mytilus*;

---

1. On désigne ordinairement sous le nom de cargnieules des calcaires caverneux, souvent argileux et dolomitiques, qui jouent un grand rôle dans la constitution géologique du midi de la France.

5° Marnes irisées occupant le pied de la côte.

A la sortie de Billy, sur la route de Nevers à Château-Chinon, on rencontre une tranchée infraliasique, qui montre de la manière la plus nette la partie supérieure de l'infralias; c'est dans cette tranchée qu'apparaît une couche de polypiers très-remarquable au-dessous des bancs de calcaire argileux; c'est aussi dans cette tranchée que j'ai recueilli, sous l'argile verte et les calcaires caverneux, plusieurs échantillons de *Diadema seriale*, que nous continuerons à rencontrer à ce niveau.

La tranchée de Billy offre la coupe suivante :

1° Nombreux bancs de calcaire argileux avec nombreux gastéropodes sans test;

2° Banc sublamellaire avec grains de quartz, débris d'entroques et fragments de polypiers. (Ce banc, qui correspond aux poudingues de Moussy, contient *Isastrea basaltiformis*, *Thecosmilia Martini*, espèces qui ont été rencontrées dans le foie-de-veau de la Bourgogne.)

3° Argile verte et calcaire caverneux;

4° Argile bleue avec plaquettes de calcaire gréseux, gisement du *Diadema seriale*.

Dans les déblais du chemin vicinal de Rouy à Saint-Cy, ce sont au contraire les bancs inférieurs aux cargnieules qui ont été traversés. Les assises inférieures qui correspondent aux grès de Saint-Révérien se composent de calcaires gréseux avec grains de quartz et petites couches de grès.

La tranchée du chemin vicinal donne à un kilomètre environ de Rouy la coupe suivante :

1° Argile verte, calcaires caverneux et bancs dolomitiques ($1^m 50$);

2° Grès calcaire, en petits bancs (2^m);

3° Grès avec grains de quartz de 2 ou 3 mèt. de diamètre ($0^m 40$);

4° Grès lumachelles avec quelques *Mytilus* (2^m).

5° Bancs de grès calcaire avec quelques fossiles empâtés
($0^m 40$);

6° Grès lumachelliques avec nombreux *mytilus minutus*
(2^m);

7° Banc de grès calcaire.

8° Marnes irisées (rouges et vertes).

A Châtillon en Bazois, l'infralias est remarquable par sa
grande puissance et par son *facies* minéralogique spécial;
certains bancs de la lumachelle passent à un véritable calcaire oolithique. C'est le seul point de la France où cette
texture a été observée.

Le banc oolithique de l'infralias affleure non loin de la
jonction des chemins qui relient le port à la route impériale.

Voici les superpositions que l'on observe de haut en bas :

1° Banc dur et épais de calcaire sublamellaire, avec nombreux entroques présentant parfois entièrement le *facies* du
calcaire à entroques de la Bourgogne; ce banc, qui se divise
souvent en deux ou trois autres, est quelquefois très-ooli-
thique (oolithe analogue à l'oolithe miliaire) et correspond
aux lumachelles ou au banc à polypiers;

2° Bancs de calcaires à *facies* magnésien, subcaverneux,
marneux, avec petits bancs de lumachelles subordonnés;

3° Argile verte et calcaire caverneux; ce petit massif argileux forme une pente douce;

4° Grès lumachelliques, quelquefois schistoïdes et calcaires, avec nombreux *mytilus minutus* et *avicules*;

5° Argiles bariolées, vertes à la surface. rouges dans la
profondeur.

En poursuivant notre direction plus loin vers le sud, sur
le chemin de Saint-Benin-d'Azy, on remarque qu'aux environs du Pilat la partie inférieure de l'infralias, correspondant
aux grès infraliasiques et au choin bâtard, offre un assez
grand développement de calcaires à *facies* magnésiens.

Sur le chemin de Saint-Benin à Cercy, vis-à-vis de la ferme de Chouix, j'ai relevé la coupe suivante :

1° Lumachelle avec *Mytilus, Cardinies, Avicula contorta, Avicula Dunkeri*;

2° Argile verte et calcaire caverneux ($2^m 60$);

3° Grès tendre, avec peu de fossiles;

4° Grès lumachelles avec petite couche d'argile verte et *Mytilus minutus, Avicula Dunkeri* et *Avicula contorta* (3^m);

5° Couche d'argile verte (1^m);

6° Banc de $0^m,40$ de calcaire gréseux sans fossiles;

7° Argile verte (2^m);

8° Grès calcaires sans fossiles ($0^m,40$);

9° Marnes irisées.

Les couches 1 et 2 appartiennent aux lumachelles, et les couches 3 et 8 correspondent aux grès infraliasiques de Saint-Révérien.

Vers le sud du département, les calcaires caverneux augmentent d'épaisseur, et les carrières de Sougy, sur la route de Nevers à Decize, montrent clairement la succession suivante des strates de la partie supérieure de l'infralias;

1° Calcaire à gryphées arquées et à *Am. bisulcatus*;

2° Assise de $0^m,40$ sans gryphées avec quelques *Cerithium verrucosus*;

3° Petits bancs fort uniformes de $0^m,20$ à $0^m,25$ de calcaire argileux avec nombreux bivalves;

4° Bancs exploités comme pierre de taille, texture légèrement sublamellaire et lumachellique, nombreuses Cardinies empâtées dans la roche (3 mèt.), (épaisseur des bancs $0^m,30$ à $0^m,40$);

5° Calcaires caverneux et argile verte (ce calcaire n'apparaît au fond de la carrière que quand on fait fouiller).

Les bancs inférieurs de l'infralias s'étudient facilement dans les déblais de la route; aux environs de Sougy, on rencontre successivement :

1° Calcaire à gryphées arquées;

2° 3° 4° Comme dans la coupe précédente ;

5° Argile verte et calcaire caverneux (2ᵐ);

6° Calcaire argileux, gisement du *Diadema teriale*;

7° Argiles vertes et grès lumachelles avec *Mytilus*.

L'infralias a été largement exploité à Ternant, sur la limite de Saône-et-Loire ; ce point est important, car il permet de relever des coupes dont les assises se rapprochent déjà beaucoup de celles que l'on constate aux environs de Mâcon et de Lyon.

Coupe de l'infralias de Ternant (carrières et environs du four à chaux, dit Malakoff) :

1° Calcaire à gryphées arquées;

2° Petite épaisseur de 0ᵐ,40 de calcaire argileux;

3° Gros banc se débitant en lumachelles plates sous l'influence de l'action atmosphérique; nombreuses cardinies;

4° Argile verte, calcaire caverneux avec bancs dolomitiques;

5° Calcaire argileux à cassure conchoïdale avec *Ostrea irregularis*, *Mytilus minutus*, *Lima exaltata*, *Pecten Lugdunensis*, *Diadema seriale*. Ce banc, qui termine les lumachelles, correspond au choin bâtard des environs de Lyon;

6° Calcaire gréseux avec bivalves analogues à celles de Saint-Révérien.

Vers Saint-Pierre, les calcaires qui se développent au-dessous des argiles vertes et des calcaires caverneux augmentent considérablement d'épaisseur ; dans les carrières de Livry on remarque les superpositions suivantes :

1° Petits bancs de 0ᵐ,20 à 0ᵐ,25 de calcaire argileux, avec nombreux bivalves;

2° Couche ferrugineuse:

3° Banc de calcaire argileux à cassure conchoïdale;

4° Argile verte et calcaire caverneux;

5" Succession de bancs de calcaire conchoïdal dans lesquels on rencontre peu de fossiles ;

6° Grès lumachelles à *Mytilus minutus* (ces grès se rencontrent en descendant la côte).

On rencontre presque partout plusieurs niveaux de lithophages ; le premier s'observe au-dessus des bancs argilo-calcaires à ciment qui forment la base du lias à gryphées arquées ; le second, plus apparent, se remarque au-dessus des lumachelles, c'est-à-dire au-dessus des calcaires quartzifères et des macigno dont le type est à Moussy ; le troisième se trouve au-dessus des bancs subordonnés aux argiles vertes qui correspondent au choin bâtard [1].

Ces niveaux de lithophages indiquent que les dépôts de l'infralias se sont formés dans une mer fort peu profonde, permettant aux oscillations, même faibles, de laisser des traces apparentes à la surface des sédiments ; un premier émergement a donc eu lieu à la fin du dépôt du choin bâtard, un deuxième à la fin des lumachelles, un troisième à la fin des calcaires à ciment, enfin un quatrième à la fin du dépôt du foie-de-veau.

Nous sommes loin de croire que ces émergements se sont faits à un même moment ; les oscillations ont été irrégulières, ce qui indique que les premiers dépôts des différentes subdivisions du lias inférieur ne se sont pas faits exactement à la même époque. Cependant on peut, d'une manière générale, reconnaître dans l'infralias différents régimes, qui nous permettront d'analyser d'un peu plus près les phénomènes remarquables qui se sont produits à la fin des marnes irisées.

On remarque au-dessus des marnes irisées des grès qui ne peuvent résulter que d'un courant animé d'une faible vitesse ; ce courant amenait avec lui des poissons et des rep-

1. Dans les pays où le foie-de-veau est bien distinct, on constate aussi des perforations à sa partie supérieure.

tiles qui, arrivés bientôt dans un milieu délétère, y péris-
saient. Ce fait est attesté par les restes d'Hybodus, d'Acro-
dus, de Sargordon, que l'on retrouve souvent dans ces grès,
et surtout dans les argiles magnésiennes immédiatement
supérieures et connues en Angleterre sous le nom de Bonebed.

A la suite de cette agitation, qui, comme nous le verrons
plus tard, a dû provenir de l'invasion de la mer, le calme se
rétablit, et une faune plus stable a commencé à prendre
naissance.

Les couches du choin bâtard que nous avons signalées à
Ternant offrent en effet une faune assez nombreuse, mais
géographiquement peu étendue, car, pendant que dans
Saône-et-Loire, dans le sud de la Nièvre et une partie du
Cher, les eaux, dépourvues d'un excès de magnésie, entre-
tenaient la vie, il se déposait des cargnieules sur d'autres points (départements de la Nièvre, du Lot, midi de la
France); la mer, encore saturée de principes délétères, s'en
débarrassait pour préparer d'une manière définitive le règne
si brillant des mollusques de l'époque jurassique et crétacée. Le dépôt des argiles vertes avec cargnieules et gypses
est donc une récurrence du régime qui a déposé les marnes
irisées.

Après l'affaissement du sol qui a ramené avec lui les eaux
impures des marnes irisées, la mer s'étant complétement
purgée de ses principes délétères, une nouvelle population
se manifesta pendant le dépôt des lumachelles, qui ont dû
aussi se déposer dans une mer dont la profondeur diminuait
sans cesse, puisque le banc supérieur a été attaqué par les
lithophages.

Un nouvel approfondissement s'exécuta pendant le dépôt
des couches à ciment qui furent enfin émergées comme
celles du choin bâtard et des lumachelles. Chose singulière,
la faible épaisseur des couches du foie-de-veau, située entre

deux niveaux lithophagiques, est aussi le résultat d'une double oscillation, de telle sorte qu'entre les grès de l'infralias et le calcaire à Gryphées arquées, le fond de la mer des contrées que nous venons d'étudier a été quatre fois émergé et replongé au sein des eaux.

Vers le nord, le nord-est et le sud du Morvan, il a dû se produire quelques fissures à la fin du dépôt des lumachelles, qui correspondent à un point singulier dans le sens des oscillations, car la partie supérieure de ce dépôt est partout marquée par une couche ferrugineuse qui, pour nous, fait la séparation de l'infralias et du lias à gryphées arquées. Cette couche ferrugineuse est surtout apparente à Toste (Côte-d'Or), à Nolay et à Bussières (Saône-et-Loire).

Nous voyons donc dans l'infralias cinq petites subdivisions qui ont dû sans doute se former les unes aux dépens des autres, et qui par conséquent peuvent être désignées par divisions complémentaires. La division la plus inférieure est formée par les grès infraliasiques; la seconde est représentée par le choin bâtard, la troisième par les argiles vertes et les cargnieules, la quatrième par les lumachelles, la cinquième par les calcaires infraliasiques (calcaires à ciment).

La première et la deuxième de ces subdivisions sont surtout bien développées dans le Rhône et dans l'Ardèche, la troisième dans les départements méridionaux, la quatrième se rencontre tout autour du Morvan et des montagnes du Beaujolais, enfin la cinquième n'est bien développée que dans la Nièvre.

La question importante de la limite du lias et des marnes irisées ayant été discutée sans résultat, nous chercherons à notre tour, en nous appuyant sur les études étendues que nous avons faites, à chercher la lumière coordonnant les observations que nous venons de relater.

Un des auteurs allemands les plus recommandables commence son ouvrage sur *le Jura* en ces termes : « La question où il faut faire commencer le lias n'est pas aussi simple à résoudre qu'on pourrait le croire; la première difficulté se rencontre dans le grès jaune sous le Bonebed. »

M. Élie de Beaumont, guidé par des considérations de concordances, sépare les grès infraliasiques des marnes irisées, et commence le lias par ces grès. Suivant lui, le Morvan a surgi à la fin des marnes irisées, et il y aurait discordance entre les marnes et les grès.

M. Terquem classe le grès infraliasique dans le trias, parce que, d'après ce géologue, il serait discordant avec le calcaire gréso-bitumineux, qui repose, suivant lui, sur le Bonebed et concordant avec les marnes irisées.

M. Oppel, *Formation du Jura français, anglais et allemand*, commence le lias immédiatement au-dessus des marnes irisées. Dans l'impuissance d'établir un classement paléontologique, il s'appuie sur des considérations lithologiques.

M. Martin paraît assez embarrassé, car on lit dans son *Mémoire :* « Nous avouerons même que, pour notre compte, nous ne sommes pas encore parvenu à saisir d'une manière positive la ligne de démarcation qui sépare les deux terrains. » Ce géologue arrive cependant, par l'examen des fossiles, à conclure que les grès inférieurs doivent être rangés dans le lias, ce qui ne l'empêche pas de dire, à mon avis, avec beaucoup de raison : « Les trois phases successives du développement organique que nous avons vu si intimement liées entre elles par un nombre considérable d'espèces communes constituent donc dans leur ensemble une faune de transition. »

MM. Terquem et Piette, dans une note toute récente, insistent particulièrement sur la nécessité de classer leur étage du Bonebed dans le trias, ce qui n'empêche pas ces géologues de dire (page 329 de leur *Mémoire*) : « En découvrant le Bonebed, on a retrouvé un des anneaux de la chaîne immense qui unit les uns aux autres les terrains et les créations qu'ils recèlent. »

M. Piette se fonde :

1° Sur une discordance apparente des grès infraliasiques avec les assises marneuses qu'ils supportent, et sur une soi-disant concordance des grès infraliasiques avec les assises argileuses des marnes irisées ;

2° Sur l'aspect triasique de la faune du Bonebed ;

3° Sur l'absence ou la pauvreté des fossiles qui passent dans les couches supérieures.

Je reconnais d'abord, avec M. Élie de Beaumont, que partout où j'ai pu saisir avec précision les relations des couches, j'ai toujours vu les grès infraliasiques concorder avec les couches supérieures. Dans certains cas, cependant, lorsque sur les affleurements ces dernières étaient séparées des grès par des couches de marne ou d'argile, et surtout dans le cas où ces couches, non attaquées dans la profondeur, occupaient des flancs de coteaux et des escarpements atteints par les dénudations, j'aurai pu être souvent trompé par des apparences de discordance ; car, toutes les fois que deux systèmes compactes, séparés par des couches argileuses, occupent des flancs de coteaux et même des plaines, le système argileux a été inégalement attaqué par les courants ; l'amincissement inégal de la couche d'argile a été encore exagéré par les pressions inégales des massifs compactes.

Il n'est donc pas possible d'attacher une grande importance au cas accidentel de discordance cité par MM. Terquem et Piette.

S'appuyant sur des considérations paléontologiques, M. Piette écrit (page 329 de son *Mémoire*) : « L'aspect tout triasique de la faune de Bonebed aurait dû empêcher M. Martin de tomber dans une semblable erreur. Les avicules y sont contournées comme aux anciennes époques de la terre ; les myophories, ces compagnons les plus constants des cératites, si caractéristiques du trias, y ont laissé de nombreux débris. »

Je demande, dans ce cas, appuyé sur l'argument de M. Piette, pourquoi notre savant géologue n'a pas classé dans le trias l'étage sinémurien, l'étage liasien et l'étage toarcien, à cause de la présence des formes si caractéristiques des terrains paléozoïques, telles que les espèces de la famille des *spiriferidæ* et des *productidæ?*

L'argument de M. Piette ne prouve qu'une chose : c'est que la faune du lias se lie avec les anciennes faunes par les *myophories*, les *spiriferina* et les *leptæna*.

Quant à la troisième raison, je rappellerai que le *Cerithium simile*, l'*Avicula contorta*, l'*Avicula Dunkeri*, le *Mytilus minutus*, le *Pecten valoniensis* passent dans la lumachelle, et quelques-uns d'entre eux dans les couches supérieures ; mais je remarque que, à part les myophories, qui peuvent être abondantes sur certains points, mais très-rares dans d'autres, puisque je n'ai rencontré qu'un seul échantillon dans la Nièvre, tous ces autres fossiles sont ceux qui se rencontrent en plus grande abondance soit dans les grès, soit dans les lumachelles, et j'attache plus de valeur au passage dans une autre formation de quelques formes abondantes qu'au cantonnement de beaucoup d'espèces rares.

Après avoir combattu les arguments des géologues qui veulent absolument trouver des limites exactes, je vais examiner à mon point de vue la véritable affinité de l'infralias.

Le système de montagnes qui, comme on le dit, sépare en France le lias du trias, est le Morvan, et n'a pas été élevé à l'époque assignée par l'auteur de la théorie des soulèvements.

En effet, M. Élie de Beaumont suppose que ces montagnes sont posttriasiques et antéjurassiques, parce que l'on rencontre sur certains sommets des arkoses triasiques; mais cette raison ne saurait plus être invoquée depuis que j'ai démontré que les dénudations ont atteint des chiffres qui permettent de supposer l'existence antédiluvienne de couches jurassiques sur ces montagnes.

La deuxième raison qui a porté M. Élie de Beaumont à déterminer ainsi l'âge du Morvan est l'existence de couches horizontales de lias au pied des pentes occidentales du Morvan. On remarque, en effet, quelques couches jurassiques qui paraissent s'appliquer contre les pentes occidentales du Morvan; mais, en suivant avec attention la limite de ces roches, on est bientôt convaincu que cette juxtaposition (non application) est due à une faille qui a relevé la lèvre est, c'est-à-dire le Morvan, et affaissé la lèvre ouest, autrement dit le pays bas; cette faille commence à Vezelay et à Pont-Aubert sous forme de deux ramifications qui convergent Domecy-sur-Cure, où elle devient unique et où elle met en contact et au même niveau la grande oolithe à une altitude de près de 500 mètres et le gneiss; elle se prolonge ensuite jusqu'au delà de Saint-Honoré, où l'on voit le calcaire blanc jaunâtre, appuyé sur le calcaire à *entroques*, buter contre les roches ignées.

Dans presque toute cette étendue le relèvement de la lèvre est et l'affaissement de la lèvre ouest se sont exécutés sans donner naissance à des actions mutuelles le long des bords des lèvres; aussi voit-on souvent les terrains de la lèvre ouest buter avec une faible inclinaison contre la lèvre Est; mais ce fait n'est pas général, car le calcaire à gryphées est relevé à Moulins-Engilbert, à Ternant et autres lieux.

La faille du Morvan n'est que le premier terme d'un vaste système de rupture dont l'extrémité septentrionale a déjà été reconnue par M. Raulin, mais dont j'ai fixé toute l'étendue dans mes études géologiques sur le département de la Nièvre; avec M. Raulin, je considère ce système comme s'étant formé à la même époque, à la fin de la craie.

La faille du Morvan est une cause de la formation de ces montagnes qui, comme elle, courent du sud au nord; mais cette cause n'est pas unique; le métamorphisme des schistes de la formation carbonifère traversée par de nombreux filons de porphyre prouve que ce pays a déjà été tourmenté à cette époque; mais rien n'annonce un cataclysme violent à la fin des marnes irisées.

Il faut donc admettre que ces dernières se lient intimement au lias, puisqu'en France aucun cataclysme violent n'a séparé ces terrains, et nous allons voir que la pétrologie et la paléontologie nous conduiront au même résultat. Il y a déjà longtemps que M. Fournet a remarqué l'analogie qui existe dans la sédimentation du trias et de celles de l'infralias; on sait que cette analogie a porté ce géologue à ranger son choin bâtard dans le muschelkak. Si les études stratigraphiques rendent aujourd'hui cette opinion inadmissible, la remarque de M. Fournet ne disparaît pas pour cela; il s'agit seulement de l'interpréter autrement en voyant dans les couches de l'infralias, je dirai même du lias tout entier, la continuation d'une sédimentation soumise aux mêmes influences.

Nous avons vu que le *facies* magnésien envahit déjà à Fijeac les roches très-reconnaissables du calcaire gryphées arquées, traversé, comme nous l'avons vu, d'une multitude de filons de barytine et de spath calcaire; plus au sud les dépôts magnésiens du lias inférieur deviennent tellement importants qu'un de nos confrères a été porté à faire reposer le lias moyen sur le muschelkak; ce *facies* se poursuit en faiblissant jusqu'au calcaire à entroques, car on sait que l'on rencontre des formations de gypse dans le lias supérieur.

Ce n'est que peu à peu que le *facies* jurassique a envahi régulièrement la série de terrains; on commence à reconnaître dans les bancs lumachelles la première apparition du *facies* oolithique et du *facies* sublamellaire, puis arrivent les calcaires du lias moyen, véritable accident au milieu des puissantes formations argileuses des marnes à Bélemnites et du lias supérieur; enfin arrivent seulement les dépôts réguliers de l'oolithe.

Cherchons maintenant à analyser les causes qui ont donné naissance à cette série lithologique si complexe et si variable. Après le dépôt des formations arénacées du terrain houiller, du grès rouge, du grès des Vosges et des grès bigarrés qui témoignent si vivement du régime dynamique prolongé auquel les mers, toujours en mouvement, étaient soumises en corrodant et dénudant les roches ignées, il a dû s'établir de grands lacs d'eau de mer analogues aux lacs gypsifères qui ont déposé les calcaires d'eau douce tertiaire (dans ces derniers l'eau de la mer a été plus rapidement ramenée à l'état d'eau douce).

Il est possible de supposer que la production des marnes irisées a été le résultat de la sédimentation de grandes portions de mer restées isolées et dont les affluents n'étaient pas suffisants pour compenser les pertes dues à l'évaporation. Or, nous savons que quand on distille l'eau de mer, c'est-à-dire quand on augmente sa densité, on trouve :

1° à 7° de l'aréomètre du carbonate de chaux.

2° à 16°, du carbonate de chaux et de magnésie avec un peu de gypse.

3° à 20°, du sulfate de chaux.

4° à 30° du chlorure de sodium et un peu de sel de magnésie.

Et si nous examinons la succession des couches du trias et de l'infralias, nous trouvons de haut en bas :

1° état correspondant, 7° calcaires du lias lumachelles.

2° — 16° calcaires magnésiens, cargnieu- les avec intermittence de gypse, grès infraliasiques dénotant le remplissage du bassin.

3° état correspondant, 20° gypses des marnes irisées.

4°   —   30° sel gemme des marnes irisées.

5°   —   16° calcaires magnésiens de la base
                       des marnes.

6°   —   7° muschelkak, calcaires.

Cette disposition remarquable des sédiments vient donc jeter un nouveau jour sur la formation des couches triasiques et liasiques.

Ainsi, à la fin des grès bigarrés, le muschelkak se déposa, et, par suite de l'évaporation, la densité de l'eau descendit à 16°, en abandonnant les principes magnésiens que l'on rencontre à la base des marnes irisées; puis, l'évaporation continuant à augmenter la densité, les gypses et les sels gemmes se déposèrent vers 20° et 30°, qui représentent le maximum de densité que les eaux de la mer atteignirent alors. Les phénomènes se produisirent plus tard dans un ordre inverse; l'affaissement du bassin, appelant à lui les eaux marines, eut pour conséquence une diminution dans la densité; à 16° se déposèrent en effet de nouveau de puissantes dolomies; puis, à 7° et au-dessous, les calcaires du choin bâtard, les lumachelles et le lias à gryphées arquées [1].

Les formations géologiques comprises entre le muschelkak inclusivement et le lias inférieur me paraissent donc résulter d'une grande oscillation qui, après avoir, par voie d'exhaussement, isolé une vaste partie de la mer jusqu'au point de faire arriver les eaux à 30°, l'a replongé par voie d'affaissement au sein des eaux marines. Le double mouvement s'est fait avec lenteur, mais avec irrégularité et par saccades.

1. Il est démontré aujourd'hui que la densité de l'eau de la mer augmente dans la profondeur; on se demande alors si les dépôts calcaires, en général d'autant plus épais que les mers sont plus profondes, ne résultent pas tout simplement de cette augmentation de densité.

Les mouvements lents d'exhaussement ou d'affaissement ont pu ne pas se faire partout au même instant et avec la même intensité, et comme ce sont ces mouvements qui modifient localement soit les faunes, soit les sédiments, il y a lieu de supposer que les variations dans l'état pétrologique des roches et dans la succession des êtres organisés n'indiquent pas nécessairement une époque synchronique. Ainsi, pendant que, dans une localité, il se déposait des marnes irisées, sur d'autres points il pouvait se déposer de l'infralias.

CHAPITRE XXVI.

DES MARNES IRISÉES.

Les marnes irisées constituent l'étage supérieur de la formation triasique; on lui donne aussi le nom de *Keuper*, et d'Orbigny s'est servi du terme *étage saliférien* pour désigner ces marnes qui contiennent en effet de puissantes masses de sel de diverses natures.

Quoique les marnes irisées se lient intimement au lias, il faut cependant reconnaître que ce dépôt fait partie d'un ensemble possédant des caractères bien particuliers.

On ne rencontre plus dans cette formation la succession si nette de roches où la vie animale a laissé ces nombreux restes fossiles qui permettent au géologue de se reconnaître dans le dédale des étages. Pendant cette période, les mers se débarrassaient d'une série de substances qui nuisaient au développement régulier des mollusques, de même qu'à l'époque jurassique la nature s'est purgée par la production de carbonates d'un excès d'acide carbonique incompatible avec l'existence de l'homme et des quadrupèdes.

Les marnes irisées contiennent presque toujours de puissantes masses de sel, du sulfate de chaux, des sulfures de fer qui se transforment souvent en peroxyde par le procédé naturel de la rubéfaction

Le principal affleurement du trias se rencontre aux environs de Decise, où plusieurs sondages ont permis de reconnaître des puissances considérables qui n'auraient pas pu être
déduites de l'observation superficielle.

Cette formation se compose, en effet, d'une succession d'assises solides et de massifs argileux; il est arrivé ici ce que
nous avons déjà constaté pour les marnes du Bradford-Clay
et pour les argiles du lias. Les parties compressibles et af-
fouillables ont été démaigries sur les affleurements par les
pressions supérieures, par l'action des forces diluviennes et
aussi par les effets destructeurs des agents atmosphériques;
de telle sorte qu'elles se terminent aujourd'hui à la surface
par un biseau ne donnant sur l'épaisseur des couches aucune
indication réelle.

Le trias se compose, dans la Nièvre, de trois parties principales :

1° Supérieurement des marnes irisées; 2° de calcaires magnésiens, en général peu puissants, surmontés d'arkoses; 3° de
grès que l'on peut rapporter aux grès bigarrés.

Dans les Vosges et dans le midi de la France, ces trois termes, et surtout le deuxième, sont très-développés et très-distincts les uns des autres; la formation des calcaires subordonnés est souvent fossilifère; elle permet, par une faune
spéciale, d'établir certaines limites et un âge indiscutable;
mais il n'en est pas ainsi dans le centre de la France.

Soit que les eaux qui ont déposé les calcaires du trias fussent trop impures, trop chargées de sels magnésiens et autres,
soit qu'il se déposât des calcaires dans le nord et dans le midi,
pendant que des sables se formaient dans le centre, soit enfin
que la profondeur des mers fût trop grande pour permettre
aux organismes animaux de se développer, les différentes couches du trias sont restées azoïques. Ce n'est que vers le département du Rhône, aux environs de Lyon, que les calcaires
triasiques recommencent à offrir des fossiles.

Nous allons décrire les différents termes du trias, en commençant par les marnes irisées.

Les principaux affleurements des marnes irisées se rencontrent à Decise, dans la vallée de l'Andarge, à Rouy, aux environs de Châtillon-en-Bazois, à Saint-Révérien et sur quelques points de la lisière du Morvan. Ce sont partout des argiles généralement rouges, quelquefois bariolées. A différents niveaux, mais principalement vers les parties moyennes, se rencontrent le gypse et le sel gemme. Ce dernier existe en petite quantité, mais sa présence est révélée par des sources minérales salines, comme celle de Saint-Parize.

Plusieurs géologues ont expliqué la présence des gypses et du sel gemme dans l'intérieur de la terre par l'action d'eaux minérales; nous préférons la considérer comme le résultat de causes plus générales en rapport avec les lois de sédimentation et de décantage des matériaux que les eaux de la mer ont tenus et tiennent encore en dissolution.

L'atmosphère et les eaux marines ont nécessairement dû être fort impures dans les temps géologiques, et l'examen des différentes couches dont se compose l'écorce de la terre, de même que l'étude de la succession des êtres dont les organes se mettent en rapport avec les milieux vitaux, conduisent évidemment à l'idée de l'épurement successif de l'atmosphère et des eaux marines. Cette idée finira, nous en sommes convaincus, par constituer un élément principal des théories géologiques et paléontologiques qui restent encore à créer.

Nous renvoyons le lecteur à la page 297 de cet ouvrage, en remarquant que les causes qui forcent les eaux à se débarrasser de leurs matières solides doivent être recherchées dans l'abaissement de la température de ces eaux et dans l'augmentation de pression dans la profondeur des mers.

Le gypse présente des allures en chapelet; il forme, à des niveaux divers, des amas en forme d'amande, plus ou moins étendus.

La position du sel gemme est plus difficile à établir que celle du gypse. D'abord, il est probable que cette substance n'existe pas dans le département de la Nièvre en grande quantité; mais les résultats obtenus par le sondage de Saint-Maurice, près de Decise, permettent de supposer qu'ici, comme presque partout ailleurs, les principes salins se rencontrent au-dessous du gypse. On sait d'ailleurs que ce sondage, sur lequel je n'ai pu obtenir que des renseignements très-sommaires à cause du secret dont on a entouré les opérations, n'a pas fourni d'eaux salines assez riches pour permettre une exploitation fructueuse.

Le diagramme ci-joint donne la disposition générale des couches telles qu'elles affleurent le long du chemin de Cercy-la-Tour à Saint-Benin d'Azy, au-dessous du hameau le Montot.

1. Marnes vertes.
2. Arkose, 0^m 80.
3. Argile rouge et jaune, 0^m 80.
4. Grès très-fin, 0^m 80.
5. Argile verte, 0^m 80.
6. Arkose à petits éléments, 0^m 30.
7. Argile verte et sable, 1^m.
8. Argile verte, 1^m.
9. Arkose à gros éléments avec cristaux de gypse, 1^m.
10. Argile verte et rouge, 2^m.
11. Calcaire gris, 0^m 40.
12. Arkose, 3^m.

L'infralias possède à Montot ses caractères ordinaires; on constate les poudingues à la partie supérieure et les calcaires caverneux reposant sur un beau banc de calcaire sublamellaire, qui occupe probablement la place du banc oolithique dont nous avons constaté la présence à Châtillon; les grès infraliasiques sont peu puissants, ils reposent directement sur les marnes irisées. Au-dessous de ces marnes, dont les affleu-

rements ont été amaigris, on peut étudier, vers la partie inférieure du chemin de Montot, le système d'arkose formant la
base des marnes irisées. Ces arkoses sont tantôt fines, tantôt
grossières, contenant des cristaux de sulfate de chaux, et elles
sont séparées par des bancs plus ou moins épais d'argile grise
ou rouge. Elles reposent sur le petit banc calcaire dont nous
avons déjà parlé, et sur un vaste système de grès appartenant
aux grès bigarrés.

Nous avons dit que la couche de carbonate de chaux occu-
pait ici la place du muschelkalk; elle ne contient pas de fossiles, et cette pénurie rend, au premier abord, problématique
l'assimilation dont il est question.

Cependant, la persistance de cette couche dans le massif de
la Serre où elle a été signalée par M. Coquand, sa présence
dans le département de Saône-et-Loire et dans le Rhône,
l'existence de fossiles caractérisant le muschelkalk au Mont-
d'Or, forment une série de faits assez importants pour ne pas
conserver de doutes sur la réalité d'un équivalent de l'étage
conchylien dans le centre de la France. Aucun fait n'indique
d'ailleurs la possibilité d'un émergement à la fin des grès
bigarrés.

Les arkoses des marnes irisées contiennent, comme substances subordonnées ou accidentelles, du sulfate de baryte, des
sulfures de plomb et de cuivre, du quartz et des pyrites de fer.
Ces substances paraissent avoir été introduites dans les fentes
de cette formation par des sources hydro-thermales. Elles se
rencontrent souvent aux abords des failles, soit en filons réglés,
soit en amas irréguliers, soit sous forme de simples mouche-
tures. Je préfère, pour expliquer la présence de ces minéraux,
l'hypothèse de l'influence hydrothermale à l'hypothèse volcanique, parce que la barytine et la galène se rencontrent jusque dans les poudingues et les macignos de l'infralias, et
même dans les couches du lias à gryphées arquées, qui certainement n'ont jamais été exposées à une chaleur intense.

Au-dessous de la petite couche calcaire vient une série puissante de grès bariolés avec argiles rouges subordonnées; ces grès ne peuvent être assimilés qu'aux grès bigarrés. On y constate quelques vestiges de *calamites arenaceus*, que l'on retrouve aussi au même niveau dans d'autres départements.

L'épaisseur générale du trias est extrêmement variable; on peut pressentir ces variations en observant qu'au sud de Pont-Aubert les marnes irisées ont disparu, qu'à Domecy-sur-Cure elles n'ont que 1 à 2 mètres d'épaisseur, tandis que le trias a au moins 400 mètres de puissance à Decise.

L'amaigrissement vers le nord n'est pas uniforme, car, déjà à Rouy, les marnes irisées n'ont que 60 mètres d'épaisseur; les arkoses y conservent leur puissance normale et les grès bigarrés se réduisent à de simples indices qui semblent même parfois disparaître entièrement.

Est-il possible de déduire de ces variations des conclusions sur les limites des anciennes mers? Peut-on conclure, par exemple, que les environs d'Avallon ou de Pont-Aubert étaient émergés à l'époque du trias?

Nous ne le pensons pas, car il faut introduire dans ces questions les autres causes si nombreuses qui ont pu supprimer les couches et même les étages, telles que l'existence de grandes dénudations qui sont venues, de temps en temps, faire d'immenses sections dans les formations géologiques.

Pour conclure, avec probabilité de ne pas se tromper, il faudra s'entourer d'observations que nous ne possédons pas encore; c'est pour ce motif qu'il vaut mieux observer aujourd'hui que de se livrer aux élucubrations théoriques sur les limites des anciennes mers.

CHAPITRE XXVII.

DES GRÈS ROUGES ET DU TERRAIN HOUILLER.

Les couches qui recouvrent le terrain houiller sont en général des grès micacés, fins et de couleur lie de vin. Leur épaisseur est très-variable; elles ne paraissent exister que là où les parties supérieures du terrain houiller existent encore; elles font partie de l'étage permien, presque partout en concordance avec le terrain houiller.

Comme ce dernier est séparé des étages plus récents par des failles, il est fort difficile d'observer comment les grès rouges viennent se superposer. On constate cependant, soit en suivant le chemin de La Machine, soit en examinant les couches qui affleurent autour du Fond-Judas, que les grès rouges inférieurs débutent par des poudingues. Ces derniers indiquent nécessairement une recrudescence dans le régime des courants qui ont formé le terrain houiller. C'est surtout vers le nord de La Machine que ces grès sont développés. On peut les suivre dans les bois qui bordent le chemin de Saint-Benin à Cercy; ils s'étendent dans la direction de Billy.

Malgré des recherches attentives, il ne m'a pas été possible de découvrir des végétaux fossiles.

La constitution du terrain houiller a été élucidée par les travaux exécutés autour de La Machine. M. Boulanger en a donné une description détaillée, qui peut être considérée comme exacte. Depuis la publication de cet ouvrage, on a recueilli de nouvelles données, surtout en ce qui concerne les couches inférieures. Ainsi on a reconnu dans un puits de La Machine (le puits de l'administration) l'existence d'une couche de 1 mètre 60 à 2 mètres d'épaisseur, à 80 mètres environ au-dessous de la couche du Crot-Benoît; cette nouvelle couche doit correspondre à la couche des Marizis, dont on connaît l'affleurement. Le système tout à fait inférieur, débutant par la couche des Germignons non encore régulièrement exploitée, reste à explorer.

Il y a tout lieu de croire que ce système inférieur est séparé du supérieur par un système stérile qui, d'après la longueur de son affleurement, ne doit pas avoir moins de 400 mètres de puissance. Il serait très-intéressant de voir de nouvelles exploitations se former sur ce système inférieur qui peut recéler de grandes richesses. D'après les renseignements fournis par les travaux, renseignements relatés dans la description de M. Boulanger, et d'après ce que nous venons de dire, la coupe générale du terrain houiller connu de La Machine serait la suivante :

Terrain permien : épaisseur variable.

Poudingues : épaisseur variable.

Grès houiller : épaisseur inconnue.

Couche de la Haute-Meule, 1^m 30.

Terrain stérile, 20^m.

Couche de la Basse-Meule, 2^m.

Terrain stérile, épaisseur inconnue.

Premier Blard, 2^m.

Terrain stérile, 20^m.

Deuxième Blard, 2^m.

Terrain stérile, 80^m.

Couche du Crot-Benoît, 2^m 30.

Terrain stérile, 80^m.

Couche des Marizis, 1^m 60.

Terrain stérile, 400^m.

Couche des Germignons, 2^m.

Terrain houiller, inconnu.

Le terrain houiller de La Machine étant, comme on l'a vu dans la description des failles, une portion de l'écorce de la terre mise au jour par des cataclysmes, on doit s'attendre à y rencontrer des inclinaisons et des directions fort variables, des failles et des contournements fréquents. C'est, en effet, ce que les travaux apprennent, car à chaque instant les couches se perdent en donnant naissance à des barrages qui augmentent le prix du combustible.

Malgré ces irrégularités on reconnaît cependant dans une région circonscrite comme la concession de La Machine, des directions dominantes; et si nous consultons l'ouvrage de M. Boulanger, nous voyons que les couches de La Meule se dirigent suivant une ligne N. O. Les couches Blard, du Crot-Benoît, des Marizis et des Germignons forment une courbe concentrique dont la conexité serait tournée vers le Sud-Ouest.

L'inclinaison des couches varie entre 25° et 30°.

Nous allons dire quelques mots au point de vue des recherches qui seront probablement tentées dans le but de créer de nouvelles exploitations.

Quand on examine les progrès qui ont été réalisés dans le Nord et même dans le bassin de Saint-Étienne, on a le droit de déplorer le peu de parti que le département de la Nièvre a su tirer d'un bassin houiller qui doit nécessairement se prolonger dans tous les sens sous les terrains de recouvrement entourant la concession de La Machine. Cet état arriéré de l'industrie houillère est d'autant plus incompréhensible que la position de Decise est une position exceptionnellement favorable, sous le rapport de la consommation et de l'expédition de la houille.

Diverses tentatives ont déjà été exécutées en dehors de la concession de La Machine, dans le but de rechercher le prolongement du terrain houiller. Toutes ou presque toutes ont rencontré ce terrain, aucune n'a traversé des couches de houille, parce que aucune n'a voulu ou pu faire les sacrifices nécessaires qui couronnent les efforts de la persévérance.

Nous allons cependant nous servir du résultat de ces tentatives et des renseignements que nous avons pu recueillir sur les travaux pour établir l'opportunité et les chances de réussite des recherches.

Une des galeries d'avancement qui fournit la meilleure donnée relative à la direction des couches Blard est celle que l'on a poursuivie sur plus de deux kilomètres partant de La Machine et se rendant vers le Fond Judas. D'un autre côté nous avons vu que le terrain houiller est séparé des lambeaux jurassiques adjacents par deux failles, dont l'une, celle de Travant peut présenter des différences de niveau anormales de 400^m, et dont l'autre, moins profonde, se traduit à la surface par une anomalie qui peut atteindre 70^m. La galerie du Fond Judas permet de calculer la profondeur à laquelle la couche Blard doit se trouver sur la lèvre occidentale de la faille.

Mais en prolongeant la galerie de la couche dont il est question sur une carte, on voit que son prolongement passe vers le confluent de l'Andarge et de l'Aron. L'orifice du puits de La Machine étant à 300^m au-dessus du niveau de la mer, l'Andarge au confluent de l'Aron étant à 200^m d'altitude, la couche Blard étant exploitée à La Machine environ à 200^m du jour, on arrive à conclure qu'au point considéré de la vallée de l'Andarge on doit rencontrer cette couche à 170^m de profondeur.

Il est probable qu'en ce point les terrains de recouvrement ont plus de 170^m, mais ces calculs permettront de reconnaitre la nature des couches inférieures.

Le terrain houiller se redresse fortement dans la direction de la vallée de l'Andarge; ce fait sert à expliquer les incidents qui se sont produits dans les sondages de Vanzé et de Charancy. Ce dernier a été établi par l'administration des mines dans le but de reconnaître à l'est de la concession de La Machine de quelle manière le terrain houiller se prolonge dans cette direction. On trouve dans la description de M. Boulanger, que le terrain houiller a été atteint dans ce sondage après avoir traversé 10^m de terre végétale, 44^m de lias, 21^m de marnes irisées et 49^m de grès bigarrés. Il est probable que ce sondage n'a pas rencontré de grès rouges.

Le sondage de Vanzé établi tout-à-fait dans le voisinage du précédent, a rencontré 7^m de terre végétale, 46^m de lias et d'infralias, 43^m de marnes irisées et 20^m de grès bigarrés. Le terrain houiller a été exploré à 100^m de profondeur sans que la sonde ait rencontré la houille.

Si nous nous reportons à ce que nous avons dit sur la position du Blard au confluent de l'Andarge et sur le redressement probable du terrain houiller vers les parties supérieures de cette vallée, on voit clairement que tout le système supérieur et moyen de ce terrain doit affleurer entre ce confluent et un point situé à quelque distance au sud de Vanzé; qu'il est très-probable que la grande épaisseur de terrain stérile qui a été rencontré dans le sondage de Vanzé correspond au massif qui sépare la couche des Marizis et celle des Germignons et que le sondage aurait rencontré cette dernière couche si la compagnie des recherches du Nivernais avait persévéré dans son entreprise.

Cette compagnie de recherches a établi encore un autre sondage aux Fourneaux, au nord de la concession de La Machine; ce sondage a rencontré 160^m de grès bigarrés, et n'a pas été poussé jusqu'au terrain houiller.

Le sondage le plus profond a été établi dans la vallée de la Loire près de Ronzière; il a été poussé jusqu'au-delà de 400^m. Toutes les marnes irisées, les grès bigarrés et les grès rouges ont été traversés par la sonde. Le terrain houiller lui-même a été exploré, mais des circonstances obscures ayant fait rencontrer dans les carottes extraites un test de coquille, ce test fut déclaré comme appartenant à un spirifère de l'étage silurien et le sondage fut abandonné au moment où probablement l'on allait toucher à un résultat positif. Quand on songe qu'il n'existe pas de silurien dans la Nièvre, que le terrain houiller lui-même ne contient pas des mollusques, on arrive à reconnaître qu'il y a réellement des méthodes de faire abandonner les sondages quand ils touchent au but.

Sur la rive droite de la Loire affleurent au nord de Decise, les grès bigarrés et les marnes irisées. Ici encore le terrain houiller doit exister sous ces terrains de recouvrement.

CHAPITRE XXVIII.

DU TERRAIN ANTHRACIFÈRE ET DES SCHISTES CARBONIFÈRES

Il existe dans le Morvan une série de roches exomorphiques dont l'étude et le classement sont fort difficiles à cause de l'apparence de ces roches qui ont souvent tous les caractères de roches éruptives ou pyrogènes. Nous voulons parler des grès anthracifères et des schistes carbonifères déjà signalés dans les Vosges, dans le département de la Loire et dans les montagnes du Beaujolais.

Dans ces dernières contrées, la présence de ces étages anciens a pu être constatée avec plus de facilité, les roches y sont moins compactes, moins cristallines; elles contiennent des couches d'anthracite exploitables et remplies quelquefois d'empreintes végétales. Les roches éruptives qui les ont traversées forment en outre des points de repère précieux qui ont permis d'établir de véritables superpositions et des synchronismes indiscutables. C'est donc par analogie que nous pourrons chercher à établir l'âge des roches sédimentaires anciennes du Morvan. Ces roches sont, comme dans les Vosges et le Beaujolais, de trois principales natures :

1° Des grès porphyritiques constituant minéralogiquement de véritables porphyres;

2° Des calcaires cristallins blancs dans lesquels je n'ai jamais rencontré de fossiles;

3° De schistes pétrosiliceux, quelquefois micacés, passant

vers le midi du département et dans Saône-et-Loire à de véritables schistes argileux. Jusqu'à ce jour, les grès porphyritiques ont été classés dans les porphyres, les schistes carbonifères métamorphiques étaient devenus des porphyres noirs. La carte géologique de la Nièvre les met à leur véritable place, c'est-à-dire dans le terrain houiller inférieur, plus justement appelé terrain carbonifère.

Les grès anthracifères occupent en général les sommités du nord du département; ce sont des grès porphyriques rougeâtres, à grains fins, ne contenant pas les cristaux réguliers d'orthose que l'on rencontre assez souvent dans les roches éruptives anciennes. Elles sont traversées par les filons de porphyre qui se distinguent difficilement de la roche encaissante. Ce porphyre est le porphyre quartzifère à pâte abondante, à cristaux de quartz nombreux, à orthose faiblement développé et présentant parfois de beaux cristaux de pinite.

Les calcaires cristallins forment des amandes peu nombreuses au milieu des schistes métamorphiques. Le principal gisement existe à Champ-Robert, où ces calcaires ont été exploités comme marbres. Les schistes métamorphiques occupent de grandes surfaces au sud de Saint-Honoré. Dans beaucoup de localités ils sont très-durs, pétrosiliceux et ils passent vers Semelay et Ternant à de véritables schistes. Ils sont traversés par une roche éruptive, quelquefois amphibolique, que j'assimile au granite syenitique ou au porphyre granitoïde.

Les schistes carbonifères contiennent dans les Vosges et dans le Beaujolais une grande quantité de plantes fossiles qui ont été étudiées par M. Schmipfer et par moi. A part les environs de Cervon, je n'ai rien pu découvrir dans la Nièvre, mais je pense que des recherches prolongées amèneront la découverte de la flore carbonifère avec ses stigmaria, ses sagenaria et ses calamites.

CHAPITRE XXIX.

TERRAINS PRIMORDIAUX

Nous arrivons aux roches cristallines que l'on peut diviser en deux grandes classes, les terrains primordiaux et les roches éruptives.

On entend par terrain primordial la portion ignée de la surface du globe qui s'est solidifiée par le refroidissement et sur laquelle les autres formations sont venues se déposer. Les géologues ont classé dans cette catégorie certains granites non éruptifs, certains gneiss, mais l'on se demande si l'on a bien le droit de considérer comme la première pellicule du globe ces roches cristallines alors même que nous n'avons pas de preuves directes de leur éruption ou de leur métamorphisme. La première croûte formée a été sujette à de si nombreuses vicissitudes, les causes de destruction ont été si grandes et si multipliées que l'on peut se demander si cette première croûte existe encore et si les granites que nous constatons à la surface ne sont pas déjà des roches de seconde formation.

Lorsque la température du globe s'était suffisamment abaissée pour permettre aux organismes animaux de s'établir et de se propager, il s'est déposé à la surface du globe une série de couches sédimentaires fossilifères dont nous avons donné la description.

On peut admettre que les premiers organismes ont pu prendre naissance à des températures de 80° à 90°. Il est vrai que l'albumine et la fibrine dont se composent les humeurs des êtres organisés se coagulent à des températures inférieures, mais nous devons supposer que si la Providence a pu permettre aux êtres actuels de braver des températures inférieures à celle de la congélation, elle a dû aussi dans les anciens temps établir des organismes capables de supporter des températures élevées; mais c'est faire une large part à cette influence que d'admettre la nature vivante jusqu'au point de l'ébullition. Nous supposerons donc qu'au-dessus de 100°, la vie n'existait pas, les sédiments étaient azoïques.

Mais comme la puissance de dissolution de l'eau augmente avec la température, nous devons admettre que pendant ces temps de chaleur humide, les dépôts devaient s'accumuler très rapidement. Il doit donc exister entre la première croûte consolidée et les roches fossilifères anciennes une énorme épaisseur de terrains sédimentaires qui se sont déposés sous l'eau à une température supérieure à 100°.

Un calcul approximatif va nous donner une idée sommaire de cette puissance. En supposant que la terre se refroidisse graduellement et proportionnellement au temps (hypothèse inadmissible pour de grands laps de temps mais plausible pour élaborer le sujet dont nous nous occupons), et en admettant que la température moyenne de la surface de la terre soit de 10°, on voit qu'il s'est déposé pendant un abaissement de 90° :

Terrains tertiaires.	800^m
Id. crétacés	1500^m
Id. jurassiques	1000^m
Id. trias	500^m
Permiens, houiller, carbonifère	3000^m
Dévonien, silurien	3000^m
Total. . .	9800^m

Si donc il s'est déposé une épaisseur d'au moins 10,000^m

pendant un abaissement de température de 90°, il a dû se
déposer des épaisseurs bien plus grandes entre les températures de 100° et 300° (un calcul de proportion donnerait
30,000ᵐ), époque à laquelle la densité de l'atmosphère devait
maintenir les vapeurs à l'état fluide.

Mais alors on se demande où se trouvent ces grandes épaisseurs de terrains hydro-thermaux dans nos légendes? Évidemment on ne peut les trouver ailleurs que dans les roches qui
ont été considérées comme pyrogènes jusqu'à ce jour.

DU GNEISS.

Le gneiss peut, jusqu'à un certain point, être rangé dans les
roches cristallines, puisqu'il contient du mica, du quartz, de
l'amphibole, des grenats, de la tourmaline et autres cristaux.
Mais il me paraît hors de doute, tout en m'appuyant sur les
considérations qui précèdent, qu'en appelant à l'appui les expériences de M. Daubrée, qui démontrent la possibilité de la
formation de nombreuses espèces de silicates sous l'influence
de la vapeur d'eau et d'une haute pression, que le gneiss est
une formation argileuse hydro-thermale. Ce n'est pas comme
l'a pensé M. Daubrée, une roche affectée d'un métamorphisme
général ou régional, mais bien une roche normale dont la
nature est en rapport avec les conditions dans lesquelles elle
s'est formée.

Le gneiss apparaît sous forme d'une bande assez étroite,
au nord du département, entre Châtillon, Domecy et Pouques.
Il forme une roche de transition entre les schistes carbonifères
modifiés et les granites, et il se lie même assez souvent à cette
dernière roche par l'intermédiaire du granite schisteux. Ce
dernier passe à des roches granitoïdes imparfaitement cristallines sur lesquelles le gneiss paraît reposer.

Cette roche fournit des moellons, de l'arène argileuse; elle est traversée par des filons de barytine, de quartz, de galène et de spath-fluor.

GRANITE NON ÉRUPTIF.

Comme nous l'avons dit, il y a lieu de croire que les roches granitiques ne forment pas la première croûte consolidée de l'écorce de la terre et qu'elles ont été formées comme les gneiss, par l'eau ou la vapeur d'eau à des températures peut-être modérées de 200° à 300°. On conçoit qu'il est fort difficile, dans l'état actuel de la science, d'analyser toutes les circonstances au milieu desquelles s'est développée cette longue série de roches passant de la formation hydro-thermale à la formation ignée ; nous devons constater ici notre ignorance et reconnaître tout ce qui reste à étudier et à établir sur cette période prolongée et uniforme de l'écorce de la terre. Les granites offrent des variétés très-nombreuses dont l'âge relatif n'est pas facile à établir, comme cela peut se faire pour les roches éruptives anciennes qui sont traversées les unes par les autres. Nous allons cependant examiner s'il n'existe pas quelques procédés généraux qui permettent d'arriver au moins à une présomption sur l'ancienneté relative de ces formations.

Quand on examine le facies des roches éruptives qui ont traversé l'écorce de la terre depuis la sortie des basaltes jusqu'aux granites éruptifs, c'est-à-dire la série formée par les basaltes, les mélaphyres, les minettes, les eurites, les porphyres quartzifères, les porphyres granitoïdes, les granites, on ne tarde pas à reconnaître que les roches sont d'autant moins cristallines qu'elles se rapprochent des roches éruptives modernes, telles que basaltes et trachytes. Comme ces roches proviennent de profondeurs très-grandes et comme elles ont été formées en dehors de l'action de l'eau, il y a lieu de sup-

poser que le maximum de cristallinité correspond à une température à laquelle une grande quantité de vapeur était répandue dans l'atmosphère et qu'il existe dans le temps et de
chaque côté du granite largement cristallisé, deux séries dans
lesquelles le facies cristallin va en s'atténuant de plus en plus.

Nous pensons en conséquence, en nous appuyant sur cette
loi, que le granite à petits grains est plus ancien que celui à
gros grains ; mais nous le répétons, rien dans la Nièvre ne
vient corroborer cette manière de voir.

CHAPITRE XXX.

DES ROCHES ÉRUPTIVES.

PORPHYRE GRANITOÏDE.

Il y a longtemps que les géologues, depuis Brongniart, ont parlé de porphyre granitoïde sans cependant jamais préciser ni sa véritable composition, ni son âge; ce n'est que dans ces dernières années, que M. Gruner est parvenu à définir cette roche d'une manière précise.

On trouve dans la description géologique du département de la Loire que le porphyre granitoïde est une roche composée, comme les granites, de quartz, de feldspath et de mica; mais le quartz y existe en médiocre quantité, la roche contient deux feldspath, l'orthose et un feldspath du sixième système (probablement albite). Accidentellement et même assez fréquemment il montre l'amphibole. Son âge a été établi par M. Gruner, avec précision; il traverse les schistes carbonifères sans atteindre les grès anthracifères.

De mon côté, j'ai constaté que le granite syenitique du Beaujolais (syenite de Fournet) projetait de nombreux filons dans les schistes carbonifères des environs de Tarare, et que ces filons ne traversaient pas les grès anthracifères; j'ai conclu de ce fait que l'on pouvait assimiler ce granite syenitique à gros grains au porphyre granitoïde.

On rencontre dans le Morvan et dans la petite chaîne de Saint-Saulge toutes les variétés des syenites et des porphyres granitoïdes du Beaujolais, accompagnées des phénomènes métamorphiques que ces roches produisent sur les terrains encaissants.

Le métamorphisme des schistes carbonifères en roches porphyritiques, euritiques, est dû à l'influence du porphyre granitoïde; il est même présumable que certaines bandes de roches minettiformes, analogues à celles que j'ai constatées et décrites vers Saint-Franchy, ne sont que des lames schisteuses métamorphiques.

DU PORPHYRE QUARTZIFÈRE.

Le porphyre quartzifère se compose d'une pâte pétrosiliceuse dans laquelle sont disséminés des cristaux de quartz, d'orthose, de pinite et de mica. L'aspect de cette roche varie beaucoup suivant l'épaisseur des filons et probablement aussi suivant les altitudes. Plus les filons sont de faible épaisseur, moins la roche est cristalline, plus les cristaux sont petits; de telle sorte qu'elle a pour terme extrême le facies porphyroïde et le facies porphyritique. Au milieu des filons puissants on constate des variations dans l'épaisseur même du filon; le centre est toujours plus largement cristallisé que les bords.

Le porphyre quartzifère traverse les grès anthracifères qui sont, comme nous l'avons dit, souvent tellement métamorphiques que nous n'avons pas pu les séparer sur la carte géologique et encore moins suivre les filons sur de grandes distances comme nous avons pu le faire dans le département du Rhône.

Cette roche occupe une large bande aux environs de Saint-Saulge où elle se présente sous des aspects très-divers. Tantôt on la rencontre sous forme d'une pâte pétrosiliceuse criblée de nombreux cristaux de quartz bi-pyramidés, tantôt la roche devient porphyroïde, pinitifère, enfin elle passe à des eurites quartzifères.

Ce porphyre est assez abondant dans les environs de Roussignol et de Château-Chinon.

Dans certaines localités du Morvan, on découvre de grandes masses pseudoporphyriques sans directions déterminées et sans caractères filoniens; ces roches doivent être séparées des porphyres.

DE LA MINETTE.

La minette est une roche éruptive composée d'une pâte orthosique dans laquelle se trouvent disséminés une grande quantité de cristaux de mica, un peu d'amphibole et un peu de quartz. Ce dernier minéral est très-peu abondant et se montre dans la minette plutôt en globules qu'en cristaux. L'âge précis de cette roche n'a pas encore été déterminé avec précision. Les filons de minette traversent le porphyre quartzifère et l'on n'en a pas constaté dans les grès triasiques, ni même dans le terrain houiller. Ces circonstances paraissent indiquer que cette roche s'est fait jour à la fin des terrains anthracifères.

Je connais quatre ou cinq filons de minette; celui de Saint-Franchy, visible sur les bords de la route nationale, est un des plus importants; les autres sont situés aux environs de Semelay.

Ces filons sont en général assez inclinés, leur épaisseur varie de 1ᵐ à 1ᵐ 50; ils se rencontrent sur la lisière des schistes carbonifères et ils pourraient, à la rigueur, représenter des lames schisteuses empâtées, comme celles que j'ai décrites dans le Beaujolais. (Nouveaux renseignements sur la minette du Rhône, Académie de Lyon).

QUARTZ.

Le quartz s'est épanché pendant toutes les périodes géologiques : on trouve des cristaux de quartz dans les calcaires jurassiques du Mont-d'Or, des couches siliceuses dans la craie; encore aujourd'hui, certaines sources minérales contiennent de la silice.

La présence de ce minéral au milieu de ces terrains ne peut être expliquée que par l'action hydro-thermale.

Mais il existe au milieu des porphyres et des grès anthracifères de gros filons de quartz qui ont dû se former à la manière des roches éruptives, car comment admettre que des fentes de cette dimension aient pu rester ouvertes pendant si longtemps et à de si grandes profondeurs?

Des filons de ce genre existent à Domecy-sur-Lure, à la Colancelle, à Champallement, vers Saint-Honoré, Moulins-Engilbert.

Ils sont souvent accompagnés par la fluorine, la barytine, la galène et autres minéraux accidentels.

CHAPITRE XXXI.

RECHERCHE DES MATÉRIAUX UTILES.

Nous traiterons ce sujet en nous occupant successivement de tous les cantons par ordre alphabétique.

BRINON.

L'existence du terrain houiller sous les terrains de recouvrement est possible; le petit affleurement de ce terrain que les dénudations ont laissé en place à Cervon, sur la lèvre ancienne de la faille occidentale du Morvan, prouve que le terrain houiller peut se prolonger jusqu'à Brinon et au-delà. Aujourd'hui des recherches sur ce canton ne seraient pas rationnelles, car avant de s'attacher à explorer les contrées où la présence du combustible est incertaine, il convient d'étudier celles où cette présence est plus certaine : la vallée de l'Andarge, par exemple, ou les environs de Decise. Il ne faut pas non plus perdre de vue que les environs de Brinon sont sillonnés par des failles profondes qui ont dû amener des brouillages fréquents, et par conséquent préparer une exploitation difficile et onéreuse.

En supposant que des recherches se pratiquent sur le lias

à gryphées arquées, on aurait les étages suivants à traverser avant d'atteindre le terrain houiller :

Calcaire à gryphées . . . . 25^m;
Infralias . . . . 20^m;
Marnes irisées . . . . 80^m;
Grès bigarrés . . . . 40^m;
Grès rouges . . . . 60^m.

Total. . . . 225^m.

L'épaisseur des terrains situés au-dessous de l'infralias est très-variable; ce chiffre de 225^m est donc très-approximatif et l'inclinaison inconnue des couches peut augmenter dans une certaine mesure la profondeur probable des sondages.

Nous allons cependant dire comment nous avons évalué cette épaisseur probable des marnes irisées, des grès bigarrés, et des grès rouges. On sait qu'à Domecy-sur-Cure les marnes irisées disparaissent en biseau sur les terrains anciens; il en est de même aussi en grande partie des grès bigarrés et des grès rouges. A Decise, au contraire, ces formations ont 500^m d'épaisseur. Si cette grande épaisseur diminuait proportionnellement à la distance, il faudrait admettre à Brinon 200 à 300^m, mais un sondage pratiqué à Rouy n'ayant donné que 90^m de marnes irisées, il faut admettre que cet amaigrissement proportionnel n'existe pas et nous avons admis le chiffre 180^m comme un maximum. Parmi les autres matériaux utiles, il faut citer le minerai de fer. Il existe une couche de fer oolithique entre le calcaire à entroques et la terre à foulon (couches à Am. Parkinsoni) et une autre couche entre la terre à foulon et le calcaire blanc-jaunâtre (couches à Am. Arbustigerus, Am. Bullatus, Pho-Vezelayi). Ces couches existent dans le canton de Brinon comme partout où ces étages affleurent. Le chemin vicinal de

Brinon à Chevannes-Changy a mis à découvert une de ces couches à peu de distance de Brinon. Sur les affleurements, la couche ferrugineuse paraît avoir 1ᵐ d'épaisseur; elle me paraît exploitable comme celle d'Ysenay près de Vendenesse. Les matériaux de construction, les pierres à chaux sont assez variés. Le calcaire blanc-jaunâtre devenu compacte et divisé en bancs épais, permet d'extraire des pierres de taille de fortes dimensions, assez élégantes et faciles à travailler.

La pierre est tendre, elle s'écrase en moyenne sous une charge de 200 kilogs par centimètre de surface; elle perd difficilement son eau de carrière et est hygrométrique. On conçoit que ces propriétés en font une pierre peu apte à être employée dans l'humidité, mais elle rend de grands services dans la construction des édifices, et il faut se garder de la poser trop près du sol.

Le calcaire à entroques donne des matériaux un peu ferrugineux; la pierre est assez dure et résiste bien à la gelée quand elle est dégagée de son eau de carrière. Le calcaire à entroques se trouve au-dessus du lias et ce dernier se décèle toujours par la présence de sources abondantes et ses bonnes prairies. Les bons bancs du calcaire à entroques donnent des matériaux qui s'écrasent sous une charge moyenne de 350 kilogrammes par centimètre.

Le lias à gryphées arquées fournit des moellons bien assisés, durs et résistants; mais la grande quantité de gryphées que cette pierre contient lui donne un aspect peu agréable; elle est, en outre, souvent traversée par des délits parallèles à la stratification suivant lesquels la pierre se fend sous l'influence de la gelée. Elle résiste à 350 kilogrammes par centimètre de section.

On sait que les grès infraliasiques fournissent de bons pavés à Saint-Reverien; mais cette partie de l'infralias perd rapidement ses caractères, et déjà à Crux-la-Ville, ces grès perdent leurs propriétés. Il ne faut donc pas espérer rencontrer des grès infraliasiques exploitables dans le canton de Brinon.

Le calcaire blanc-jaunâtre, le calcaire à entroques et le lias à gryphées arquées fournissent de la chaux grasse ; le lias moyen et quelques bancs de l'infralias donnent de la chaux hydraulique qui supporte l'aiguille Vicat au bout de vingt heures d'immersion. Le lias supérieur et quelques assises du lias moyen donnent du ciment analogue à celui qui se fabrique à Corbigny, en général de bonne qualité.

Les assises argileuses du lias permettent d'exploiter la terre à brique.

La constitution géologique du canton de Brinon est très-variable, on doit donc y rencontrer des cultures fort variées.

A l'est de la vallée du Beuvron, règne la grande oolithe et le calcaire à entroques, formations perméables où l'on rencontre des carrières, des bois et des champs là où il y a assez de terre végétale, c'est aussi le sol de la vigne et spécialement des vins rouges : les vins de Garchizy, ceux de Nolay près de Châteauneuf, prospèrent sur la grande oolithe ou sur l'étage callovien, mais dans le centre du département on arrive à des altitudes de 250^m, qui sous la latitude de la Nièvre, sont déjà incompatibles avec les bonnes qualités de vins. Nous croyons cependant qu'avec des soins, du fumier et de bons plants, il serait possible de faire prospérer la vigne jusqu'à 280^m. Aux environs de Lyon, on cultive la vigne avec succès jusqu'à l'altitude de 400^m ; en Savoie on fait de très-bons vins blancs et rouges à 460^m au-dessus du niveau de la mer ; le plant employé est la Mondeuse (Mandouse) espèce rustique qui résiste bien mieux que beaucoup d'autres aux froides températures.

Il est essentiel d'insister sur l'utilité du développement de la viticulture en France, car son sol et son climat sont éminemment favorables au développement de la vigne. Le nord de l'Europe deviendra, pour ce produit, tributaire de la France quand la liberté des échanges aura anéanti l'ancien usage des droits d'entrée et de toutes ces mesures qui entravent le développement des productions naturelles d'un pays. A cette époque de liberté, beaucoup de terres incultes se couvriront de vignes et augmenteront de milliards la richesse agricole.

A l'ouest de Brinon se trouve encore une bande assez large de grande oolithe, à laquelle succèdent par suite de la faille de Chevannes, l'infralias, le lias à gryphées arquées et le lias moyen. Ces terrains sont généralement recouverts par des terres fortes qui dans les bas-fonds ou à mi-côte forment de bons pâturages et de bonnes prairies, et sur les plateaux des champs fertiles.

Nous avons maintenant à nous occuper des eaux, des sources, des ruisseaux souterrains; nous commencerons par établir certains principes qui seront applicables au sol des autres cantons du département et nous dirons de suite que l'art de découvrir les sources et de les aménager est un corollaire très-simple des premiers principes de géologie. Tout agriculteur possédant quelque instruction, doit avec ces principes et bien mieux que tous les chercheurs de sources, découvrir l'eau quand elle existe; je dis bien mieux, parce que l'agriculteur qui a vécu longtemps sur sa propriété doit avec un peu d'observation reconnaître bien mieux que qui que ce soit les données si simples et si précises qui conduisent à découvrir le régime des eaux souterraines.

La connaissance de ce régime repose entièrement sur l'étude des terrains perméables ou imperméables et sur l'inclinaison de ces terrains. Il existe, en effet, deux espèces de terrains; les uns composés de bancs plus ou moins épais, fissurés, laissant pénétrer les eaux de pluies; les autres, au contraire, composés de masses argileuses ou marneuses, les retiennent comme le ferait un vase. On conçoit dès lors fort bien que ces eaux arrivées à cette enveloppe imperméable s'y meuvent suivant les lois très-simples de la pesanteur;

elles coulent suivant la ligne de plus grande pente jusqu'à ce qu'elles trouvent une issue en formant des suintements et des sources. L'art de l'hydrologue consiste à rechercher ces formations imperméables, à en étudier les pentes et à pratiquer des issues artificielles dans les endroits les plus convenables.

Chaque cas est accompagné de conditions spéciales qui dépendent des localités, et c'est à chaque propriétaire à raisonner et à tenir compte de ces influences locales. Nous allons cependant établir quelques cas généraux. Quand les bancs ont une inclinaison appréciable, il ne faut jamais rechercher les eaux sur le versant situé dans la direction où les couches se redressent. Ce versant est toujours sec, tandis que le versant opposé est souvent humide et aquifère.

Il est facile de se rendre compte de cette inclinaison en examinant le profil général des montagnes. Le côté vers lequel les couches se redressent est en général plus abrupte; il est aussi plus stérile et plus aride. Il suffit du reste de quelques excavations pour pouvoir se rendre compte directement de l'inclinaison des couches.

Quand on s'est bien rendu compte de cette donnée du problème, on recherchera les points où les couches argileuses ou marneuses affleurent.

En pratiquant sur ces points des puits, des galeries, des sondages, on trouvera de l'eau. Le fond des vallées est presque toujours occupé par des terrains de transport ou des terrains détritiques perméables; il s'ensuit qu'au-dessous des rivières superficielles il existe presque toujours des cours d'eau souterrains invisibles, qui en temps de sécheresse peuvent être considérés comme des réservoirs. L'eau circule dans ce cas entre le terrain meuble et le sol naturel, quand celui-ci a une certaine imperméabilité. On étudie alors à quel point il faut pratiquer les recherches et l'on détermine le système à employer dans chaque cas.

En premier lieu il faut chercher à déterminer l'épaisseur

du terrain détritique et la forme du sous-sol, puis on cherchera le point le plus bas du thalweg souterrain en prolongeant de chaque côté le profil des coteaux ; ce point le plus bas sera donc toujours plus rapproché du versant abrupt que du versant incliné.

Pour mettre l'eau à découvert, il suffira de faire une tranchée transversale ou une galerie longitudinale débouchant au jour et dont le fond sera rendu imperméable au moyen de beton ou de ciment.

Des indices extérieurs donnent encore quelques indications et ce sont même ces indications qui guident en général les chercheurs de sources, plus que les données géologiques. Je fais cependant une exception en faveur de l'abbé Paramelle et de quelques-uns de ses élèves. Quand on se promène pendant la nuit dans les vallées, on constate sur certains points quelques légères vapeurs qui indiquent toujours la présence d'une source ; une certaine fraîcheur plus prononcée annonce l'humidité, il en est de même pour certaines plantes sub-aquatiques. Les eaux souterraines se rencontrent aussi en plus grande abondance à la rencontre des vallées secondaires.

Il existe dans le canton de Brinon plusieurs couches qui retiennent les eaux, ces couches sont formées par les marnes irisées, elles recueillent les eaux que laissent passer l'infralias et le calcaire à gryphées arquées ; par les argiles du lias moyen qui recueillent les eaux des calcaires fissurés du lias à gryphées cymbium, le lias supérieur sur lequel coulent les eaux abondantes qui circulent dans le calcaire à entroques et dans le calcaire blanc-jaunâtre.

Il ne faut pas songer aux eaux artésiennes, quoi qu'il soit impossible de prétendre à leur insuccès complet ; il est nécessaire cependant d'indiquer que les grandes failles doivent jeter un trouble profond dans le régime des eaux souterraines et empêcher de cette façon tout calcul et tout raisonnement.

CHATEAU-CHINON.

La ville de Château-Chinon est environ à l'altitude de 500^m, le fond des vallées qui entourent la ville est à 300^m. Le climat de ce canton est rude et les terres resteraient peu productives si l'agriculteur n'avait pas à sa disposition la pratique si utile du chaulage et du marnage. La plus grande partie du sol est granitique et par conséquent dépourvue de l'élément calcaire, indispensable à la prospérité des céréales; avant l'application du chaulage on ne cultivait que la pomme de terre, le sarrasin et le seigle.

Il suffit de jeter les yeux sur la carte géologique du département pour se convaincre de la facilité avec laquelle on peut établir des fours à chaux sur toute la lisière du Morvan; ici, comme souvent ailleurs, la nature a eu le soin de mettre le remède à côté du mal et il n'y a rien d'exagéré d'annoncer que le chaulage généralement pratiqué triplerait la production du Morvan.

Les cours d'eau sont nombreux dans ce pays, les pentes des rivières permettent de créer des chûtes, les habitants sont sobres et travailleurs, les champs granitiques sont faciles à travailler; il existe donc au milieu de cette contrée que l'on considère comme pauvre, de grands et de nombreux éléments de prospérité. La question est de les mettre en œuvre et c'est au gouvernement et surtout à l'initiative privée à opérer ces transformations utiles. Nous appelons donc de tous nos vœux la création des fours à chaux bien administrés qui permettront de fabriquer cette denrée à bon compte et surtout la construction de routes et de chemins de fer économiques destinés au transport de cet amendement utile. Ces chemins de fer pourraient s'établir avec des pentes de 3 centimètres et des rayons de 200 mètres. Il faudra mettre de côté ces étatsmajor coûteux et orgueilleux qui absorbent autant de papier en lettres, projets, formalités, qu'il faut de terres pour les remblais. Qu'on mette un chemin de fer de ce genre en adjudication et que cette adjudication comprenne le tracé, les acquisitions de terrains, matériel, travaux d'art, et l'on verra que l'on arrivera à des résultats véritablement économiques; mais pour arriver à ce but, il faudrait que les administrateurs d'une contrée (préfets, maires) s'occupassent d'administration et non pas presque exclusivement de politique. Que d'efforts et que de mouvement sans résultats! au lieu de s'occuper d'affaires, d'améliorations morales et matérielles, on s'occupe à tous les niveaux de l'échelle sociale de choses qui ne rapportent que des dissensions et des haines. Je sais que la cause du mal est complexe, mais il est bon en toute occasion de mettre cette plaie à nu.

Comme tous les pays granitiques et porphyriques, le canton de Château-Chinon produit des pierres de construction fort résistantes; il existe aussi quelques filons de galène. Les porphyres et les granites n'étant pas stratifiés, les principes que nous avons établis pour la recherche des sources ne sont pas applicables ici. Dans ces formations, les eaux circulent le long des salbandes des filons et à la jonction des terrains décomposés et des terrains normaux. C'est là qu'il faut rechercher les eaux qui apparaissent plutôt à l'état de suintement qu'à l'état de sources importantes.

Nous terminons le canton de Château-Chinon en appelant l'attention des agriculteurs et des capitalistes sur la création d'institutions destinées à faciliter au paysan l'amélioration de ses terres par la pratique du chaulage. Ce qui empêche surtout le petit propriétaire d'appliquer le chaulage d'une manière régulière, c'est l'absence des moyens nécessaires à l'achat et au transport de cet amendement. Nous croyons qu'une société financière, qui se chargerait de faire des avances de marnes de chaux et de fumier, à condition de participer pendant un certain nombre d'années dans l'excédant des récoltes, ferait de très-bonnes affaires, tout en rendant au pays de bien grands services.

CHATILLON.

Le canton de Châtillon est un des plus fertiles du département. La formation du lias avec ses argiles calcaires est recouverte de prairies précieuses.

Sur les bords du canal, aux environs de Montassas, affleurent les marnes irisées avec des gypses subordonnés. Aucune tentative n'a été faite jusqu'à ce jour pour rechercher le terrain houiller sous le lias. Sa présence y est peu probable; cependant, on ne peut rien affirmer à ce sujet, et, en supposant qu'on installe un sondage sur les marnes irisées, on aurait à traverser les terrains suivants :

Marnes irisées.	150 ^{m}
Grès bigarrés	60
Grès rouge.	40
TOTAL.	250 ^{m}

On rencontre dans les grès bigarrés des amas et des filons de barytine et de galène.

Les principes que nous avons établis au sujet de la recherche des eaux sont applicables au canton de Châtillon, où existent tous les niveaux d'eau que nous avons signalés dans le canton de Brinon.

CLAMECY.

Les formations géologiques qui affleurent dans le canton de Clamecy appartiennent généralement à l'oolithe moyennne, et cette dernière donne à quelques contrées un cachet stérile.

Les bois sont très-nombreux à l'Est du chef-lieu d'arrondissement; quelques contrées sont arides, mais le fond des vallées produit, comme dans la Nièvre, de très-bons prés.

La vigne donne des produits fort médiocres, et nous avons déjà dit qu'on ne portait pas assez d'attention dans le centre du département, ni aux engrais propices, ni au plant, ni à la fabrication du vin.

Les carrières sont fort nombreuses aux environs de Clamecy. Elles fournissent des matériaux estimés qui s'exportent fort loin. La grande oolithe donne, en premier lieu, des pierres oolithiques d'un grain serré et de fort belle apparence.

La pierre de Chevroche est le type de la bonne pierre oolithique; il faut convenir cependant qu'elle n'est pas à l'abri de tous les inconvénients. Certains bancs fournissent de la pierre gelive, et, quand elle n'a pas jeté son eau de carrière, elle peut se fendre ou s'exfolier. Elle se rompt sous une charge moyenne de 250 kilog. par centimètre de section. Comme qualité, la pierre de Chevroche vient après le choin de Villebois; elle ne vaut même pas les matériaux provenant du calcaire à entroques du Guetin et des étages oxfordien de Verger et de Narcy.

Le coralrag fournit un autre système de bancs calcaires donnant de la pierre de taille. Cette formation est développée vers le nord du département et sur la lèvre récente de la faille de Chevannes. Les matériaux de construction du corallien sont de belle apparence, mais ils ne résistent pas bien à l'action de la gelée; leur résistance à l'écrasement ne dépasse pas 200 kilogrammes.

CORBIGNY.

Le canton de Corbigny est un canton essentiellement liasique, permettant l'élevage des bêtes à cornes, des chevaux et des moutons. On y trouve de la très-bonne terre à brique, de la chaux hydraulique et du ciment.

Les grès triasiques montrent des galènes et de la baryte sulfatée; les mines de Chitry ont été dans le temps activement exploitées; mais nous avons dit que les filons de galène n'étaient appelés à aucun avenir dans la Nièvre.

Des indices de terrain carbonifère à Cernon indiquent la possibilité de retrouver le terrain houiller, plus ou moins démantelé, sous le trias de ce canton; les chances ne sont cependant pas assez grandes pour justifier des recherches.

COSNE.

Le canton de Cosne est occupé par les terrains crétacés et les terrains tertiaires. Quelques parties sont recouvertes par le terrain diluvien.

Ce dernier se compose, comme nous l'avons vu, de sables plus ou moins micacés et quartzeux et de silex roulés provenant de la craie et des terrains jurassiques. Il forme des plaines maigres et stériles, comme celle des environs de Villechaud. Susceptible cependant d'être amélioré, le sol que fournit la formation diluvienne produirait toutes les récoltes, si les habitants de ces pauvres hameaux voulaient se donner la peine de marner leurs terrains. Mais, soit par incurie, soit par le manque de moyens pécuniaires, ils restent, pour ainsi dire, sans culture.

Nous avons vu qu'il existait sous les terrains diluviens des calcaires d'eau douce fournissant de la chaux grasse et des pierres de construction assez estimées. Ce calcaire affleure sur les bords de la Loire, aux environs des Guerins et de Port-à-la-Dame; il repose lui-même sur la formation de l'argile plastique, composée d'argiles avec minerais de fer oolithique et de matériaux de transport. Une grande partie de la plaine comprise entre la Loire et l'embouchure du Nohain, étant formée de diluvium et de calcaire d'eau douce, il y a lieu de supposer que des amas de minerais de fer doivent exister à peu de profondeur au-dessous du sol, aux environs des hameaux les Cortillats, les Guerins, Port-à-la-Dame, les Cottéreaux, les Foins, l'Etang-des-Granges et même la Roche. La recherche des minerais présente de l'intérêt, car les fers fabriqués avec le minerai dit du Berry sont excellents.

Presque toute la superficie du nord du canton est occupée par le terrain crétacé. La craie tufeau (étage cénomanien) affleure à Neuvy, où elle est exploitée comme pierre de taille ; les matériaux provenant de cette formation ont des avantages et des inconvénients ; ils sont tendres, un peu gélifs, mais ils se taillent avec une extrême facilité. Cette propriété les rend précieux pour la construction des maisons ; mais il faut éviter de les employer trop près du sol. La craie tufeau forme aussi un très-bon amendement ; elle améliore sensiblement les champs assis sur le diluvium et les sables ferrugineux de l'étage albien.

Au sud de Neuvy affleurent tous les termes compris entre la craie tufeau et l'étage portlandien ; vers les Brocs se rencontrent les sables ferrugineux, et à Myennes les argiles du gault. Ces deux subdivisions de l'étage albien ont une importance toute particulière, car les sables ferrugineux unis aux argiles du gault forment de très-bonnes terres à poteries, exploitées d'ailleurs très-activement à Saint-Amand ; les argiles donnent des terres à briques utilisées à Myennes.

A la jonction des sables ferrugineux, il existe une couche d'argile ferrugineuse qui s'exploite pour la fabrication de l'ocre, et une autre couche, presque entièrement composée de débris de fossiles transformés en phosphate de chaux, qui fournit un engrais très-estimé. Ces deux couches se touchent, pour ainsi dire, et elles pourraient être exploitées ensemble.

Dans tout le canton de Cosne, on a la chance de rencontrer

ces deux couches en fonçant des puits à la base de l'étage cénomanien ou de la craie tufeau.

DECISE.

Le canton de Decise offre des terrains très-divers, et les
terres végétales qui recouvrent ces terrains se ressentent évidemment de cette diversité. On y constate des terres sablonneuses dans les anciennes alluvions de la Loire, qui remontent,
comme vers Sougy, à près de 20 mètres au-dessus du niveau
actuel du fleuve. Ces terres ne sont pas fertiles, mais l'emploi
des marnes argileuses les améliorerait sensiblement. Les
marnes irisées ne forment pas non plus un sol d'une grande
fertilité ; l'élément ferrugineux, trop abondant, ne paraît pas
propice à la culture des prés, aussi constate-t-on une grande
différence entre les fourrages liasiques et les fourrages triasiques. L'amélioration des terres des marnes irisées doit être
recherchée dans le chaulage plutôt que dans le marnage et
dans l'emploi de tous les moyens qui conduisent à l'ameuble-
ment de la terre.

Il existe dans le canton de Decise plusieurs niveaux d'eau
sur lesquels on peut établir des recherches de sources, soit
artésiennes soit ordinaires. Le premier de ces niveaux se trouve
sur les argiles du lias moyen, le deuxième sous l'infralias, le
troisième sur les couches schisteuses du terrain houiller. C'est
ce troisième niveau qui a fourni les belles sources artésiennes
des sondages de Vanzé et de Charancy.

Le canton permet de se procurer des terres argileuses pour
la fabrication des briques dans les argiles du lias moyen ; des
pierres de taille et des moellons d'appareil dans le lias inférieur et dans l'infralias ; des gypses et peut-être du sel dans
les marnes irisées ; de la chaux hydraulique de très-bonne

qualité dans l'infralias, et des argiles à poterie dans les terrains tertiaires.

Decise a surtout de l'importance à cause de la présence presque certaine de la houille dans toute son étendue. Je ne connais pas, en effet, un seul point où la sonde ne rencontrerait pas le terrain houiller et la houille à une profondeur exploitable, c'est-à-dire au-dessus de 500 à 600 mètres de profondeur. Les régions les plus avantageuses à explorer sont certainement le côté Est de la concession de La Machine, la vallée de l'Andarge, le côté Nord vers les Fourneaux, les bords de la Loire au Sud d'Avril. Vers le Sud de la concession, le terrain houiller se prolonge aussi sous les terrains jurassiques et tertiaires; mais il s'enfonce dans cette direction rapidement sous les terrains de recouvrement.

DONZY.

Les étages géologiques qui affleurent dans le canton de Donzy sont tous jurassiques; c'est donc un canton qui donne avant tout des matériaux de construction; aussi les carrières y sont nombreuses.

L'étage corallien fournit des pierres blanches, plus ou moins oolithiques, qui rendent des services dans les constructions non exposées à l'humidité; dans l'étage callovien des environs de Donzy sont taillées d'importantes carrières, donnant la pierre dite de Donzy; on y rencontre des bancs fort épais; la pierre est tendre, puisqu'elle s'écrase sous une charge de 180 kilog., et un peu gélive.

Sur les bords récents des failles, comme à Saint-Malo, il existe des lambeaux de terrain d'eau douce qui recouvrent du minerai de fer oolithique.

DORNES.

En jetant les yeux sur la carte géologique, on remarque que le sol de ce canton est en général occupé par les terrains tertiaires, composés de calcaires et de marnes d'eau douce, d'argiles souvent peu calcaires et de terrain de transport. Il existe aussi dans ce canton un petit lambeau de terrain ancien.

Comme l'épaisseur des terrains tertiaires n'est pas très-forte, il serait possible de rencontrer le terrain houiller sur une grande partie de cette région. Il y a aussi quelques chances de rencontrer les couches de fer oolithique sous les calcaires d'eau douce.

L'argile à poterie est abondante.

Il existe dans ce canton beaucoup de terres maigres susceptibles d'être améliorées par l'emploi des marnes argileuses.

FOURS.

La superficie de ce canton est occupée par le diluvium, d'une épaisseur inconnue; il est probable que ce diluvium, appartenant au terrain quaternaire, repose sur le terrain d'eau douce qui recouvre à son tour, en discordance de stratification profonde, les terrains jurassiques. A part les argiles tertiaires, utiles pour la fabrication de la poterie, ce canton offre peu de ressources. Des étangs assez nombreux en font même un pays malsain.

Des drainages, le marnage, la construction d'habitations salubres suffiraient pour changer la face de ce pays, qui, jusqu'à ce jour, a pu être considéré comme une petite Sologne.

LA CHARITÉ.

La Charité est un canton étendu dont la partie occidentale touche la Loire, depuis Germigny à Tronsanges ; la partie septentrionale passe au sud de Garchy et de Vielmanay ; la partie orientale touche à Châteauneuf, la Celle-sur-Nièvre et Saint-Aubin-les-Forges ; la partie méridionale passe au sud de Trosanges et au nord de Parigny.

Les terrains et les cultures y sont très-variés. Le centre du canton est occupé par des bois fort étendus, connus sous le nom de bois de la Bertange, bois de Raveau ; le sol qui les compose est un sol maigre, caillouteux, qui provient de la décomposition de la partie supérieure de l'étage callovien ; nous croyons que la culture du bois est ce qui convient le mieux à ce sol peu fertile et d'ailleurs trop élevé pour permettre l'établissement de vignes.

Nous regrettons de voir de grandes étendues de bois mal aménagés ; des coupes trop répétées en font quelquefois de véritables broussailles ; nous croyons que, tout en donnant à la fabrication du charbon de bois et aux industries qui en dérivent l'activité nécessaire, il ne faut pas abandonner le maintien de la production des bois de construction ; les chemins de fer, la marine, l'industrie en général sont intéressés à la création de forêts de haute futaie. Que la France évite le rabougrissement, même dans l'aménagement de ses forêts.

Les bords de la Loire fournissent des vignes bien situées ; mais il faut le reconnaître, si l'agriculture est encouragée, conduite avec intelligence par beaucoup de personnes influentes, qui ne dédaignent pas de s'occuper de cette branche vitale, la viticulture laisse bien à désirer, et à part quelques vins blancs qui ne doivent leur bonté qu'à un sol exceptionnel, les autres produits de la vigne sont plus ou moins mauvais. Assurément, ce n'est ni le sol ni l'exposition qui manquent. Certains propriétaires des communes de Nannay et de Chasnay, près de Châteauneuf, dont les vignes sont assurément moins bien exposées que celles des bords de la Loire, arrivent, par les soins qu'ils donnent à leurs vignes, par une fabrication plus intelligente, à faire des vins meilleurs que ceux que l'on produit dans les contrées privilégiées de la Marche et de Tronsages. Les argiles du bradford-clay comme les argiles du lias de Tannay sont favorables à la fabrication du vin blanc ; il existe quelques vignes de ce genre à Chaulgnes.

Les carrières abondent dans le canton de la Charité, où l'on rencontre toutes les variétés de pierres de construction. Narcy est connu par ses belles pierres de taille oxfordiennes, résistant à 350 kilog. par centimètre, elles sont à l'abri de l'influence de la gelée quand on les exploite en bonne saison. A la Pointe, à peu de distance au nord de la Charité, et vers Jourel, on extrait des matériaux blancs de l'étage corallien qui rendent de bons services dans la construction des maisons ; à Tronsanges, on exploite des pierres de taille de l'étage callovien, en tout semblables aux matériaux des carrières de Donzy. La partie marneuse de l'étage oxfordien fournit de la marne et de la chaux hydraulique analogue à celle de Beffes.

Il existe à la base de l'étage oxfordien une couche de minerai de fer oolithique qui affleure à La Loge, sur les bords de la Loire, au-dessous de La Marche ; le minerai oolithique de l'argile plastique, dit minerai du Berry, se rencontre à la base des terrains tertiaires ; on en voit un bel affleurement sur la route de Guerigny à Premery, dans les carrières de Poizeux.

Il ne faut songer ni aux recherches de la houille ni aux exploitations métallifères.

LORMES.

A l'exception de la partie située à l'ouest de la faille occidentale, tout le reste du canton est granitique et porphyrique. Le sol produit donc des matériaux de construction, des filons de quartz, de la barytine et du plomb argentifère.

L'avenir du canton est basé sur une bonne culture et sur l'amélioration progressive du sol par l'élevage des bestiaux, donnant l'engrais animal, et par le chaulage. Nous ne pouvons que répéter ici ce que nous avons dit à propos du canton de Château-Chinon. A l'Ouest de la faille occidentale du Morvan affleurent les terrains jurassiques et tous les terrains du lias ; ils permettent de donner à la fabrication de la chaux une grande extension.

LUZY ET MONTSAUCHE.

Le sol de ces deux cantons est aussi granitique, porphyrique et composé d'arènes. Les filons de fer oxidé, de barytine y sont nombreux; mais ces filons ne paraissent pas exploitables. La faille occidentale met vers Ternand les calcaires de l'infralias en contact avec les schistes carbonifères et les terrains anciens; il existe dans cette localité de nombreux fours à chaux qui ne demandent que d'avoir de bonnes voies de communication pour faire le bien qu'ils sont capables de faire.

MOULINS-ENGILBERT.

Ce canton est aussi traversé par la faille occidentale du Morvan, passant très-près de Moulins et dirigée du Nord au Sud. Il s'ensuit que les terrains situés à l'Ouest de cette ligne n'ont aucune ressemblance avec ceux situés à l'Est. Le passage est subit, puisque à proximité de Moulins le calcaire à entroques touche les terrains anciens. Ce canton présente beaucoup d'intérêt à cause des nombreux gisements de pierre à chaux, qui abondent depuis Meaux jusqu'à Saint-Honoré. L'exploitation de ces gisements est une véritable mine d'or pour le Morvan. Les pierres de construction ne sont pas rares autour de Moulins. Le calcaire à entroques, sur lequel nous avons souvent appelé l'attention du lecteur, fournit de bons matériaux. Le calcaire à gryphées arquées d'une nuance très-foncée a été exploité pour marbre. Il existe deux gisements de minerais de fer exploitables : les oxides de fer subordonnés aux porphyres et les minerais de fer oolithique. Ces derniers ont été exploités à Isenay; ils se prolongent jusqu'à Saint-Honoré, où ils se retrouvent dans les petites carrières à entroques qui bordent la route de Vandenesse.

On rencontre aussi au milieu des terrains anciens des poches d'argiles à poterie, qui sont très-habilement exploitées par le marquis d'Espeuilles, à Saint-Honoré. Sur les limites du canton de Lusy, à Champ-Robert, il existe un affleurement fort remarquable de calcaire cristallin, qui fournit un très-beau marbre blanc déjà exploité par les Romains.

La faille occidentale permet, à Saint-Honoré, à des sources thermales sulfureuses d'arriver au jour; nous espérons que le chemin de fer d'Auxerre à Cercy-la-Tour facilitera l'arrivée des malades et augmentera la renommée de ces eaux salutaires. Les maladies de la gorge, les maladies de poitrine, celles de la peau et les rhumatismes s'y guérissent souvent.

NEVERS

Le canton de Nevers est presque entièrement jurassique; les carrières y sont très-nombreuses, et c'est le kelloway-rock qui donne les matériaux les plus abondants. La pierre que l'on extrait de ces carrières est généralement assez tendre, puisqu'elle résiste à peine à 200 kilog. par centimètre de section. La gelée l'attaque surtout quand elle est extraite en mauvaise saison; mais son prix de revient est peu considérable. Presque toutes les maisons de Nevers et des environs sont construites avec ces matériaux.

Le calcaire à entroques affleure vers Fourchambault, où le chemin de fer l'a exploité; il existe aussi de puissantes carrières à Marzy qui donnent de bons matériaux non gélifs et résistant à 400 kilog. Cette même formation affleure aussi vers la Maison-Rouge, entre Nevers et Imphy; les carrières se présentent là dans une position désavantageuse.

Il existe dans le canton de Nevers plusieurs couches de minerai de fer, les unes exploitables, les autres trop peu puissantes pour produire un rendement industriel. La couche la plus supérieure est celle de l'étage callovien; elle affleure au bas des Montapins et fournit du minerai oolithique. La couche située au-dessus du calcaire à entroques est plus épaisse; on la reconnaît dans les petites carrières de Fourchambault, situées à côté du chemin de fer. Le fer supraliasique existe aussi aux environs de Nevers, au-dessous de Marzy, où il est cependant moins puissant que vers Gimouille. Il est probable que ces deux dernières couches seront exploitées dans un avenir plus ou moins rapproché. Le minerai du Berry doit aussi exister en amont d'Imphy, sous les calcaires d'eau douce.

Les terrains tertiaires et les argiles calloviennes fournissent aux environs de Nevers de la terre à tuile et des terres à faïence.

Les niveaux d'eaux sont nombreux dans le canton qui nous occupe; le premier niveau se trouve sous le calcaire à entroques. C'est ce niveau qui donne une partie des sources des environs de Marzy et de la partie Nord de Fourchambault. Le deuxième niveau se rencontre à la partie supérieure de la terre à foulon; le troisième niveau, situé à la partie supérieure des marnes calloviennes, alimente la ville de Nevers; le quatrième niveau, peu important, se rencontre à la base des calcaires d'eau douce.

La nature des terres végétales est très-variée dans le canton de Nevers. Les anciennes alluvions de la Loire remontent jusque vers Pougues et constituent un sol très-maigre, ayant besoin pour produire de fréquentes fumures et de la marne. Le terrain jurassique fournit de meilleures terres; la terre à foulon donne naissance à de bonnes prairies; les coteaux de la formation callovienne sont plus arides, mais ils permettent l'établissement de bons vignobles, comme ceux de Garchizy. Il y a, comme nous l'avons déjà dit au sujet de La Charité, de grandes améliorations à introduire dans le choix des plants, dans la culture de la vigne et surtout dans la fabrication du vin qui, suivant la maturité du raisin, doit cuver plus ou moins longtemps.

Les points les plus élevés du canton sont occupés par la partie supérieure de l'étage callovien, qui donne naissance à un terrain rocailleux et maigre. Les bois prospèrent bien dans ces terrains.

POUGUES.

Ce canton touche à celui de Nevers et offre aussi les mêmes caractères. Le kelloway-rock fournit de puissantes carrières vers Tronsanges et sur la route impériale. Aux Coques affleure la partie supérieure de la grande oolithe (le forest-marble), formée de bancs calcaires sublamellaires d'une assez grande dureté (320 kilog. par centimètre). La terre à foulon et les marnes inférieures de la grande oolithe permettraient, comme à Nevers, d'extraire des matériaux fournissant du ciment et de la chaux hydraulique.

Nous savons qu'une faille importante traverse le canton de Pougues en laissant échapper des sources minérales, alcalines et gazeuses, se rapprochant, d'une part, des eaux de Vichy et de Vals; d'autre part, des eaux de Saint-Alban. Leur action sur l'économie est puissante, et elles sont prises avec succès dans les maladies du foie, de la vessie, du système lymphatique; leur usage, comme eau de table, doit être réglementé.

Cette même faille laisse échapper des sources analogues à celles de Pougues, dans la propriété Lamalle et vers Fourchambault.

POUILLY-SUR-LOIRE.

Les étages qui dominent dans ce canton sont les étages portlandien, kimméridien, corallien. Vers Boisgibaud affleurent le gault et le cénomanien.

L'étage portlandien et l'étage corallien fournissent des sous-sols compactes, perméables et calcaires; l'étage kimméridien donne des terres imperméables et argileuses. Le gault offre vers le nord du canton ses deux termes ordinaires : les sables ferrugineux et les argiles bleues.

Les carrières de Malvaux fournissent de beaux matériaux de construction qui réussissent très-bien pour les maisons; la pierre résiste à 200 kilog. environ par centimètre de section. L'étage portlandien affleure vers les Girarmes sous forme de bancs, variant de 0^m 80 à 0^m 20 d'épaisseur; il permet d'extraire de l'excellente pierre à chaux grasse. L'étage kimméridien montre vers sa base des calcaires très-fins qui fourniraient de la pierre lithographique, si les bancs n'étaient pas divisés par des fissures verticales trop fréquentes qui empêchent l'extraction de matériaux d'une dimension suffisante.

Sur la route de Sully, on remarque de grandes marnières établies dans la partie crayeuse du coralrag ; ces marnes s'utilisent pour l'amélioration des terres fortes et des terres sablonneuses.

Le terrain houiller existe peut-être dans le canton de Pouilly ; dans tous les cas, il se rencontrerait à une profondeur qui le rendrait inexploitable, et qui ne peut être évaluée au-dessous de mille mètres. Nous savons qu'à cette profondeur la température de la terre est déjà très-élevée.

Certaines couches marneuses du corallien et du kimméridien fournissent de la chaux maigre et même de la chaux hydraulique. Les terres végétales sont très-variées et influent beaucoup sur les productions du sol.

L'étage cénomanien donne naissance à des terres recouvertes de silex qui produisent, comme à Tracy, des vins blancs assez estimés.

Les sables ferrugineux, dont les affleurements ne sont pas abondants, fournissent une terre légère qui ne produit que par l'emploi de la chaux et du fumier à forte dose.

L'étage portlandien, plus pierreux, donne du vin rouge assez estimé, comme aux Girarmes ; la partie inférieure, plus marneuse et plus rapprochée des Loges, fournit des vins blancs.

L'étage kimméridien produit un sol très-argileux donnant naissance, dans l'intérieur du canton, à des terres à froment fertiles ; sur les bords de la Loire, entre Les Loges et Pouilly, il est recouvert par des vignobles fort estimés. Les vins blancs de La Prée et de La Loge-aux-Moines ont une réputation méritée.

Les vignes ne reçoivent que fort peu de fumier ; les gryphées, dont ces terres sont pétries donnent un engrais naturel, auquel le bouquet de ces vins n'est pas étranger. Les vignerons ont même remarqué que, si le fumier augmente la quantité de raisins par unité de surface, il agit désavantageusement sur la qualité du vin. Certains plateaux, situés entre Tracy et La Roche, sont recouverts par de grandes quantités de silex tertiaires, exploités pour l'entretien des routes.

PREMERY.

Ce sont les calcaires du système oolithique inférieur et les divers étages du lias qui dominent dans ce canton. Le fond des vallées principales est à l'altitude de 230 mètres environ, les sommets les plus élevés atteignent des hauteurs de 400 mètres au-dessus du niveau de la mer. Ce sont donc les bois, les céréales et les prairies qui dominent. Quelques vignes cependant existent dans les environs de Premery; elles donnent naissance à des vins médiocres.

Il existe de nombreuses carrières, mais elles sont mal exploitées, et elles fournissent des matériaux peu estimés; le calcaire à entroques donne seul de la pierre résistante. Les grès de l'infralias affleurent à Moussy, où il existe quelques petites carrières mal exploitées de grès infraliasiques. Nous croyons que, jusqu'à ce jour, on n'a pas su tirer parti de cette formation qui, à Moussy, fournit encore de bons matériaux. Le fer supraliasique est bien développé à Lurcy, où il a été activement exploité. Cette couche, malheureusement, présente des allures en forme de chapelet et paraît se perdre à quelque distance de cette localité.

SAINT-AMAND.

Le canton de Saint-Amand occupe la région Nord-Ouest du département. On y rencontre les étages du jurassique supérieur et les différents termes de la formation crétacée. Vers Saint-Verain, Bitry, Bouhy, affleure l'étage portlandien, surmonté par l'étage néocomien. Autour de Saint-Amand, on constate la présence d'une assez grande quantité de tuileries, des fabriques de poteries ayant une certaine réputation; ce sont les sables ferrugineux et les argiles du gault qui fournissent la terre nécessaire. Dans la direction d'Arquien, le tufeau recouvre le gault; il donne à sa base l'ocre exploitée sur les limites du département de l'Yonne et la couche du gault supérieur à phosphate de chaux.

Le canton de Saint-Amand est parsemé de bois; il y a sur les sables ferrugineux des terres incultes qui pourraient être améliorées par le fumage combiné avec le chaulage et le drainage. L'ensemble de ce canton se rapproche déjà de la Puisaye, qui doit son caractère aux argiles du gault et aux sables ferrugineux. Les argiles du gault forment un niveau d'eau important, dont il faut bien tenir compte dans la recherche des sources et dans le fonçage des puits.

SAINT-BENNIN D'AZY.

Ce canton doit sa fertilité à la présence des étages marneux du système oolithique inférieur et au lias qui affleure du côté de Billy. Cette région est bien cultivée; les améliorations à introduire dans ce canton doivent être recherchées dans la généralisation des procédés de drainage, d'irrigation et dans l'épargne et le bon emploi des fumiers animaux et humains.

La recherche des sources ne présente pas de difficultés; il existe trois ou quatre niveaux d'eau importants : le premier est celui des marnes irisées; le second est celui des argiles du lias moyen; le troisième celui du lias supérieur; le quatrième résulte de l'imperméabilité des marnes, de la terre à foulon qui supporte le calcaire blanc-jaunâtre. Connaissant la position de ces niveaux, il reste à se rendre compte en chaque lieu de l'épaisseur des couches qui recouvrent ces niveaux et de la méthode la plus avantageuse destinée à les amener au jour ; cette méthode dépend entièrement des circonstances locales.

Il existe des minerais tertiaires dans le bois situé au sud de Limon.

La terre à foulon contient des pierres à chaux hydraulique et du ciment. L'infralias pourrait aussi être exploité dans ce but: il existe aux environs de Billy une série de petits bancs marneux qui paraissent être très-propices à la fabrication de la chaux hydraulique.

Les autres étages, le calcaire à entroques et la grande oolithe fournissent, comme aux environs de Nevers, des matériaux de construction dont nous avons déjà énuméré les propriétés.

SAINT-PIERRE.

Le sol de Saint-Pierre provient de la décomposition des différents termes du lias, des marnes irisées et des grès bigarrés.

Les terrains d'alluvions et les terrains tertiaires sont développés dans les communes de Langeron et de Chatenay.

Les calcaires infraliasiques fournissent beaucoup de matériaux de constructions autour de Saint-Pierre. La pierre est dure et résiste à 300 kilog. par centimètre ; mais il existe au milieu de ces carrières plusieurs bancs gélifs, que les ouvriers connaissent fort bien et qui doivent être écartés. Le calcaire à gryphées fournit, comme ailleurs, des bancs bien assisés, mais peu épais. Des amas de gypse existent dans les marnes irisées, et ils sont moins puissants que ceux que l'on exploite à Decise.

Le terrain houiller se prolonge probablement jusque sur les bords de l'Allier et même au-delà. Les sondages exécutés n'ont donné aucune indication, parce qu'ils n'ont pas été suffisamment approfondis. Les lieux les plus favorables aux recherches sont les environs d'Azy-le-Vif, Biousse, Paraise, Corbeloux, où il faut s'attendre à rencontrer au moins 400 mètres avant d'atteindre le terrain houiller.

SAINT-SAULGE.

Les formations les plus diverses affleurent dans le canton de Saint-Saulge. La faille de Chevannes le traverse presque en ligne droite, suivant une ligne qui relie Rouy à Saint-Franchy. A l'Ouest de cette ligne règne le jurassique; à l'Est, les terrains primitifs, éruptifs anciens, les marnes irisées et le lias.

Vers Bona, Saint-Benin-des-Bois, on trouve le jurassique inférieur, fournissant les matériaux de construction dont nous avons déjà parlé.

Autour de Saint-Saulge existent de beaux porphyres, dont la résistance peut être estimée à 1,500 kilog.; enfin, vers Crux-la-Ville, on constate la présence des grès infraliasiques. Ils n'y possèdent ni la puissance ni les bonnes propriétés des grès de Saint-Reverien.

A Saint-Franchy, on constate la présence de la galène argentifère; le filon paraît pauvre et inexploitable.

Le terrain houiller ne paraît pas exister dans ce canton; cependant, cette prévision a besoin d'être vérifiée par des sondages plus sérieux que ceux qui ont été exécutés aux environs de Rouy. Dans tous les cas, les deux grandes failles qui passent à l'Est et à l'Ouest de Saint-Saulge ont dû disloquer toutes les couches jusqu'à de grandes profondeurs.

Le canton de Saint-Saulge offre tous les échantillons de terre végétale, depuis le sol maigre de l'arène granitique jusqu'aux terres fortes du lias, produisant les bonnes prairies de Saint-Maurice, de Montapas, etc.

Le chaulage n'est pas encore pratiqué sur une grande échelle, mais nous espérons que le petit cultivateur comprendra de plus en plus la nécessité d'améliorer ses terres par ce puissant modificateur.

La succession des étages argileux et perméables rend la recherche des eaux de source facile, si l'on suit les principes élémentaires que nous avons développés à propos du canton de Brinon.

VARZY ET TANNAY.

La constitution de ces deux cantons se ressemble beaucoup ; elle ne diffère pas non plus de celle du canton de Premery. Tout ce que nous avons dit du canton de Premery s'applique, d'une manière générale, à ces deux cantons. Le calcaire blanc-jaunâtre acquiert aux environs de Tannay une grande puissance, les bancs sont épais et permettent d'extraire des pierres de taille de fortes dimensions ; la pierre est tendre et ne doit pas être exposée à l'humidité.

Les points culminants sont occupés par le terrain à chailles ; ils fournissent des bois ; ailleurs, le sol fournit des terres à froment et des blés.

Vers Tannay, on récolte du vin blanc assez bon qui prospère sur le sol argileux du lias supérieur et du lias moyen.

NOTES

Si le savant trouve en consultant les phénomènes naturels des données certaines pour établir les bases de la science, sans avoir recours à des investigations dont le résultat dépend des autorités administratives, il n'en est pas de même du statisticien qui cherche à se baser sur les faits pour améliorer les habitudes de la société. Dans ce genre d'études, les faits se perdent en général dans une organisation administrative vicieuse et tombent dans l'oubli ou dans le néant par le manque d'intelligence de ceux qui pratiquent, et qui sont cependant les premiers intéressés à ce que l'on puisse constater ce qui se fait et étudier comment on pourrait mieux faire.

C'est dans ces recherches importantes que les hommes qui sont au pouvoir, c'est-à-dire les préfets, les maires, les médecins cantonaux, etc., pourraient rendre au pays des services considérables en observant, enregistrant et en coordonnant le résultat des mille et mille expériences qui se font naturellement sous leurs yeux.

Mais il faut ici le reconnaître et le proclamer bien haut, afin que toutes les volontés convergent à guérir un mal qui contribue à ronger la France. L'étude de ces questions est devenue pour nos gouvernants un travail tout à fait secondaire, et l'agitation stérile qui occupe tant d'intelligences contribue trop souvent à aigrir les citoyens les uns contre les autres, et à conduire les classes ouvrières à abuser des réunions électorales, où l'avinage des électeurs touche la corruption des meneurs.

Le mobile du courage du militaire est l'avancement; le mobile du magistrat est trop souvent l'appointement; la moitié de la France est à la recherche de places, et l'on oublie que le seul mobile honnête est le dévouement à la patrie, que le véritable but de l'homme courageux et intelligent est de prospérer matériellement par le travail, le commerce, l'industrie et l'agriculture; moralement, par une religion épurée de superstition, et par l'étude de la science.

Les bases administratives sont donc à changer. Instruire les masses pour que le suffrage universel ne soit pas une arme qui ne profite qu'aux ambitieux et aux fanatiques; simplifier la besogne politique et administrative de manière à permettre à ceux qui gouvernent de s'occuper de questions utiles; tel doit être le but qui demande à être atteint.

Si je m'étends sur les défauts de l'administration française, c'est que j'ai eu l'occasion de les toucher de près en cherchant à me rendre compte de la situation agricole du département de la Nièvre.

La nature du sol influe sur toutes nos productions, sur le tempérament des hommes et la constitution des animaux, sur le caractère et sur la nature des maladies dominantes. Il est donc indispensable de rechercher l'importance et la part de cette influence, afin d'en tirer des conclusions utiles.

C'est dans ce but que j'ai proposé à M. le Préfet de la Nièvre d'adresser des circulaires aux maires et aux médecins cantonaux, en les priant de remplir des tableaux résumant l'état sanitaire, agricole et industriel du département.

RENSEIGNEMENTS SUR LE CHAULAGE.

La circulaire que j'ai rédigée et qui a été envoyée par le préfet de la Nièvre aux maires, appelait leur attention sur l'urgence de pratiquer le chaulage sur une grande échelle, et les engageait à remplir un tableau indiquant la surface de la commune susceptible d'être chaulée, la surface chaulée, la position des fours à chaux, le mode de fabrication de la chaux, le prix de vente et la quantité de chaux à employer par hectare. Je vais donner les principaux renseignements qui ressortent du dépouillement des tableaux remplis par les maires.

Je commencerai par relater les observations diverses qui accompagnaient le rapport des maires.

Arzembouy. Le chaulage ne se fait pas dans la commune d'Arzembouy. Les terres qui seraient susceptibles d'être chaulées sont généralement marnées, ce qui devient moins coûteux que la chaux. Ce système est beaucoup préférable, attendu que la marne dure plus longtemps, et elle se trouve sur place.

Bitry. Dans cette commune le marnage tient lieu du chaulage, la marne étant abondante et de bonne qualité.

Garchy. Il y a des marnières de la commune; le marnage produisant un excellent effet, il n'y a pas lieu de s'occuper du chaulage, qui reviendrait beaucoup plus cher et qui ne produirait pas les mêmes effets pour la durée.

La Celle-sur-Nièvre. Il existe dans la commune plusieurs marnières de qualité supérieure, qui sont à proximité de chaque hameau et dont on fait depuis quelque temps un grand usage. Le terrain marné est rendu productif au-delà de l'ordinaire.

Raveau. Une grande partie des cultivateurs emploie la marne.

Sainte-Colombe. Plusieurs habitants ont commencé à marner.

Saint-Nerain. Le marnage remplace le chaulage.

Les communes dont il est question ici sont situées sur le terrain jurassique et sur le terrain crétacé, qui fournissent à la terre végétale une quantité notable de chaux ; on serait tenté de se demander pourquoi les cultivateurs ont été conduits à introduire dans leur terrain l'élément calcaire, qui cependant n'y fait pas défaut. Il faut reconnaître ici que la routine a conduit à une pratique judicieuse et qui serait en contradiction avec la science, si celle-ci ne tenait pas compte de toutes les circonstances. En effet, si le raisonnement conduit à admettre que la terre végétale qui repose sur des terrains calcaires contient du carbonate de chaux, il ne faut pas oublier que ce sel insoluble en principe le devient au bout d'un certain temps, en se combinant, sans doute, avec l'acide carbonique de l'air et en se transformant en partie en bicarbonate de chaux plus soluble. L'introduction de l'air dans la terre végétale, par le labourage, doit conduire plus rapidement à cet épuisement calcaire, qui conduit à son tour à la nécessité du remplacement de cette substance si indispensable à la production des céréales. L'élément calcaire ne faisant pas complètement défaut dans la terre recouvrant les étages jurassiques, on conçoit fort bien que la marne (mélange de chaux et d'argile) suffise à l'agriculture pour amender ses terres ; elle est, comme le font remarquer les maires, bien moins coûteuse que la chaux, puisque dans les communes ci-dessus énumérées les marnières sont à pied d'œuvre.

La marne a encore un avantage sur la chaux, et cet avantage n'est pas à dédaigner pour les cultivateurs peu intelligents, ou pour ceux encore assez nombreux qui ne suivent qu'avec méfiance les conseils que les gens instruits leur donnent ; on sait que la chaux épuise rapidement les terres végétales, quand on n'a pas le soin d'y mettre la proportion de fumier nécessaire, car alors le condiment n'est plus en rapport avec la quantité de matières alimentaires; le même écueil n'existe pas pour la marne dont l'emploi nécessite moins de discernement.

Les autres maires de l'arrondissement de Cosne disent :

Dampierre-sur-Bouhy. Les propriétaires de la commune projettent de construire des fours où on ne cuirait que de la chaux destinée aux terres. Sous peu, le chaulage se pratiquera en grand dans la commune.

Moussy. Il n'y a dans la commune que le sieur Lorat, fermier au domaine de la Colonne, qui ait commencé à chauler.

Murlin. D'après le calcul qu'on a fait pour arriver à chauler, c'est une dépense de 14 à 16 fr. la boisselée, qui est ici de 8 ares 50 centiares; il n'y a pas de four à chaux dans la commune. Il faut qu'on aille la prendre aux carrières de Narcy, à neuf kilomètres de Murlin, où il y a trois fours qui en font continuellement. On la prend sur place à 85 cent. l'hectolitre. Il en faudrait environ 10 hectolitres par boisselée, ce qui ferait : pour achat, 8 fr. 50; conduite, 5 fr.; 1 fr. pour répandage, soit 14 fr. 50 cent. par boisselée, et 175 fr. environ par hectare. Si un four était établi ici la dépense serait moindre, puisqu'il y a des pierres à chaux.

Saint-Aubin-les-Forges. Les fours à chaux fournissent 300 hectolitres à l'agriculture et 150 aux constructions.

Il existe sur la ligne de Murlin et de Saint-Aubin de grands espaces de terrain à chailles du kelloway-rock, délayés et remaniés par les eaux tertiaires. Les terres végétales qui reposent sur ces étages sablonneux et caillouteux sont presque entièrement dépourvues de calcaire, et comme il faut chercher la marne et la chaux à une certaine distance, on conçoit qu'il soit préférable de faire usage de la chaux, puisqu'il en faut peu pour amender une même surface.

On peut donc admettre le principe, confirmé d'ailleurs par la théorie et par les pratiques qui tendent à s'introduire dans l'arrondissement de Cosne, que toutes les fois qu'il existe une bonne marnière à proximité de la commune, il vaut mieux marner. Si au contraire, il devient nécessaire pour se procurer l'amendement calcaire d'avoir recours à des charrois onéreux, il est plus avantageux d'employer la chaux; mais, dans ce cas, il convient de faire marcher de front et avec mesure le chaulage et l'emploi du fumier, afin de ne pas épuiser la terre.

Tous les maires de l'arrondissement n'ont pas répondu à l'appel du préfet; mais, en compulsant les renseignements fournis par les quarante-trois communes, la cinquième partie des terres susceptibles d'être chaulées ont reçu cet amendement. D'après ces mêmes rapports, le prix de l'hectolitre varie beaucoup d'une commune à l'autre. Voici les prix fournis par les maires : Alligny, 1 fr. 50 cent. l'hectolitre; Bitry, 70 cent.; Champlemy, 1 fr. 25; Champvoux, 2 fr.; Châteauneuf, 1 fr.; Chaulgnes, 1 fr. 50; Cosne, 1 fr. 50; Dampierre, 20 fr. le mètre cube; Myennes, 1 fr. 25 ; Narcy, 1 fr.; Perroy, 1 fr. 50; Raveau, 1 fr.; Saint-Père, 1 fr. 50; Saint-Verain, 1 fr. 50; Tracy, 2 fr.; Tropsanges, 1 fr. 50; Varennes, 1 fr. 25.

On voit que le prix de l'hectolitre est trop variable, même en tenant compte des circonstances particulières dans lesquelles chaque four peut être placé, et qu'il est important, dans l'intérêt de l'agriculture, d'arriver à des prix plus abordables. Il existe plusieurs moyens d'arriver à régulariser les prix de la chaux. Il faut d'abord perfectionner les fours, qui sont en général en mauvais état et mal conduits, et ensuite augmenter la consommation, de manière qu'ils puissent travailler régulièrement.

Il est nécessaire aussi de multiplier et d'améliorer les voies de communication; mais pour y arriver, il est urgent d'en abaisser le prix de revient. Que le département se débarrasse, pour la construction de ses routes départementales, de ce personnel incapable et orgueilleux, que l'École polytechnique fournit depuis quelque temps à la France et qui n'est bon qu'à abrutir par la servilité le nombreux personnel qui croupit sous ses ordres; qu'il étende le service vicinal, composé de gens vraiment capables, exempts de cet esprit de coterie et dépourvu de ce fol orgueil, qui fait croire aux chers camarades à une infaillibilité conduisant précisément aux grandes fautes et aux grands errements.

Que l'administration départementale favorise l'initiative privée, l'association des efforts et des capitaux, sans tenir compte des castes et des coteries qui ont toujours perdu la France.

Les chemins de fer départementaux rendront à l'agriculture d'immenses services, mais il faut savoir les faire économiquement et fuir dans leur construction le système onéreux des ponts-et-chaussées. — Pentes appropriées à l'orographie du sol et aux circonstances; rayons de 200 mètres, travaux d'art en maçonnerie ordinaire; adjudication de médiocre importance à des tâcherons qui n'ont pas l'habitude de gagner des millions; sévérité envers les employés qui ne font pas leur devoir et encouragement pour ceux qui sont réellement capables et qui s'adonnent à autre chose qu'à faire leurs révérences à MM. les ingénieurs, tels sont les principes qui doivent guider dans la réalisation de ces travaux.

J'avais dans le temps projeté, à mes frais, un chemin de fer pour le transport de la chaux à travers le Morvan; ce projet avait d'abord été bien accueilli par M. le sénateur marquis d'Espeuilles, mais il comportait des pentes de deux centimètres par mètre; l'école des ponts-et-chaussées considérait alors ces pentes comme une hérésie. Peu de temps après mon projet, on adoptait des pentes de deux et de trois centimètres à l'étranger, et l'école des ponts-et-chaussées, se mettant à la remorque des Italiens, comme l'école d'artillerie s'est mise, mais hélas! trop tard, à l'école du fusil à aiguille et des canons perfectionnés, se décida enfin à adopter des pentes de deux et demi pour la traversée du Sauvage et des pentes de trois pour celle du Cantal.

Il faut donc combattre l'ignorance, que l'orgueil et une trop haute idée de soi-même traîne toujours fatalement à sa suite, et marcher franchement dans la voie des perfectionnements et des économies. Ces perfectionnements on les trouvera, comme l'enseigne l'histoire, non pas dans l'esprit de caste et de coterie, mais bien dans les efforts de tous les gens spéciaux intelligents, quelle que soit leur origine.

Le dépouillement des rapports de l'arrondissement de Nevers conduit aux mêmes résultats et aux mêmes conclusions que ceux de l'arrondissement de Cosne; le prix de la chaux varie aussi de 70 centimes l'hectolitre à 2 fr. 25 cent., et même 2 fr. 50 comme à Saint-Seine; la proportion des terres chaulées est encore faible.

Le maire de Maulaix dit : « Il n'existe pas de four à chaux dans la commune; les carrières les plus rapprochées sont à Hery; malheureusement, le chemin est impraticable. »

ARRONDISSEMENT DE CHATEAU-CHINON.

Les observations les plus intéressantes sont fournies par l'arrondissement de Château-Chinon.

Le prix de la chaux varie de 85 centimes (Vandenesse) à 3 francs (Dun-sur-Grandry) l'hectolitre; évidemment, cette énorme différence ne peut provenir en grande partie que des difficultés de communication. La cinquième partie seulement des terres susceptibles d'être chaulées reçoit cet amendement calcaire. Les rapports des maires donnent une quantité fort variable de chaux à employer par hectare. Les uns, comme ceux de Villapourçon, de Tazilly, de Saint-Pérouse, de Planchez, de Dun-sur-Grandry, d'Avrée, mentionnent la quantité de 35 à 40 hectolitres par hectare; les autres, comme ceux de Vandenesse, Tannay, Poil, Monteroir, Limanton, Château-Chinon, admettent 80 hectolitres par hectare; d'autres enfin, comme les maires de Tintury, de Savigny, d'Ougny, d'Aunay et d'Ahun admettent des quantités de 100 hectolitres et plus par hectare.

En comparant les quantités employées par les diverses communes au prix de la chaux et à la quantité de fumier dont ces communes disposent, on voit, en général, que la quantité de chaux employée par hectare augmente avec la diminution du prix de la chaux et l'augmentation de la quantité de fumier disponible. Cette proportion est bien rationnelle; elle indique, en outre, de combien la production en céréales pourrait être augmentée, si l'on parvenait à faire marcher de front la production du fumier et la diminution du prix de la chaux, choses évidemment très-possibles.

Les fours marchent tantôt au bois, tantôt à la houille; l'emploi de ce dernier combustible ferait certainement baisser le prix de la chaux, si des voies de communication perfectionnées mettaient en rapport plus économique les concessions houillères et les fours à chaux.

Nous allons donner quelques rapports que les maires ont ajoutés au tableau.

Château-Chinon. La chaux produit sur nos terres granitiques une surexcitation magique. On peut dire qu'elle seule nous procure du trèfle, et par le trèfle nous arrivons aux engrais. Il n'est que trop vrai : les terres du Morvan ne font qu'entrevoir cette richesse. La lisière granitique, qui touche au calcaire, seule, jusqu'à ce jour, a pu mettre le chaulage à profit. Les environs de Château-Chinon n'ont pu être chaulés. Les transports sont trop coûteux. Il faut aller à quinze ou vingt kilomètres. L'hectolitre revient à 2 francs. En chaulant à 88 hectolitres, c'est une dépense de 176 francs par hectare. Donner la chaux aux terres du Morvan, c'est la multiplication des pains de l'Évangile. L'empereur se préoccupe des contrées pauvres de la France; il a cherché à porter la vie dans la Sologne et dans les Landes : ne jettera-t-il pas les yeux sur le Morvan. Quoi faire ? Comment mettre la chaux à la portée de cette contrée ? La ville de Château-Chinon et toutes les communes environnantes ont proposé un chemin de fer comme solution. Ce chemin de fer, la munificence de l'empereur nous l'a accordé dans le sens de la loi du 2 juin 1861, c'est-à-dire en le rapprochant le plus possible du pied des montagnes du Morvan. D'après les études qui se font, le tracé passe à vingt ou vingt-cinq kilomètres de Château-Chinon. Dans ces conditions, il ne peut être au Morvan que d'une utilité très-secondaire pour le chaulage. Il faut le rapprocher : *au lieu de suivre le canal, il faut remonter le plus possible la rivière de l'Yonne. Le pied des montagnes n'est pas à Châtillon, ni à Tamnay.*

Ou plus spécialement : L'empereur a donné à la Sologne un canal pour conduire la marne et la chaux. Donnez au Morvan un chemin de fer agricole pour y faire pénétrer la pierre calcaire. Cette idée, avec le temps, fera peut-être son chemin. En attendant, il faut chercher de petites mesures provisoires. Pour le canton de Château-Chinon, les comices n'ont pas produit grand résultat. Et cependant, l'idée en est bonne; ils ne péchent que par la pratique. M. de Champigny a importé dans notre canton des fours à chaux mobiles. L'administration ne pourrait-elle encourager ce mode de procéder? Ne pourrait-elle pas accorder une prime d'encouragement, une indemnité de transport à une entreprise, à une association de propriétaires?

Le maire de Château-Chinon est donc bien pénétré des immenses avantages du chaulage des terrains granitiques; il est, en outre, un fonctionnaire cherchant à réaliser ce progrès; mais il ressort de sa note divers enseignements qu'il ne faut pas laisser perdre.

1° Le projet du chemin de fer dû à la munificence de l'empereur devait suivre le plus possible le pied du Morvan.

Cette idée est vicieuse, car un chemin de fer passant seulement au pied du Morvan et reliant, par conséquent, les fours à chaux entre eux, au lieu de les relier aux contrées consommatrices, ne saurait être d'aucune utilité quant au but qui nous occupe ; il n'avance même pas la question de la fabrication de la chaux à bon marché, puisque les contrées fort voisines du tracé du chemin de fer ont déjà un canal chargé de transporter le combustible.

Ce qu'il fallait, c'est un chemin de fer traversant le Morvan.

2° On voit que le projet admis est une conception vicieuse de l'administration des ponts-et-chaussées et des grandes compagnies de chemins de fer, qui, pour toutes leurs branches (contrôle, construction, exploitation), sont tombées dans les errements des élèves de l'Ecole polytechnique, qui, à force d'être bourrés presque exclusivement d'études abstraites, ont perdu le sens commun, y compris le sens industriel et commercial.

En effet, les hautes questions de l'avancement du progrès agricole, la transformation du Morvan en pays fertile, ont été subordonnées à des questions de tracé, de pentes et rampes ; et encore ces questions ont été envisagées étroitement, sans tenir compte des progrès qui se sont réalisés en Allemagne, en Italie et en Amérique, progrès qui conduisent à augmenter les pentes et à diminuer les courbes, et, par conséquent, à rendre les contrées montagneuses accessibles aux chemins de fer.

3° Le mauvais côté de l'esprit français, qui consiste à attendre tout d'un souverain quelconque, perce, à un haut degré, dans la note du maire de Château-Chinon; ce magistrat, dont nous estimons d'ailleurs les idées émises dans sa note, attend tout de la munificence de l'empereur, en montrant, de cette façon, qu'il oublie totalement que cet usurpateur, dont le but unique était d'asseoir ce qu'il appelait sa dynastie, arrêtait sa munificence quand il supposait que les voix de telle ou telle contrée lui étaient acquises ; vice résultant, immédiatement et naturellement, de l'application du suffrage universel à la nomination d'un monarque, et que cette munificence de l'empereur avait pour seul fondement l'argent des contribuables.

Dans l'intérêt de l'application de la géologie à l'agriculture, et dans celui du progrès en général, je demande pourquoi on n'aurait pas recours aux deux principes anglais et américains : Dieu et mon droit; aide-toi et le ciel t'aidera. Par ces deux principes n'arrivera-t-on pas plus sûrement à la réalisation de grandes choses qu'en implorant par-ci, par-là, la munificence de sauveurs souvent fort équivoques.

Ainsi le Morvan, dans son intérêt, a besoin de chemins de fer économiques pour transporter la chaux et pour tripler au moins sa production. Sont-ce les habitants de Carpentras, de Bordeaux ou de Lille qui doivent contribuer à la solution? Nous croyons que non, et si l'établissement de ces chemins de fer constitue une affaire industrielle et commerciale, c'est-à-dire une affaire rénumératrice des efforts, il faut que ce soient les communes qui l'exécutent ou bien une société industrielle. L'adoption de pentes de 2 ou 3 centimètres et de courbes de 150 à 200 mètres permettrait d'établir un chemin de fer coûtant 150,000 francs le kilomètre; pour cent kilomètres, 15 millions. Si cette dépense doit tripler le revenu de dix mille kilomètres carrés, il est clair que l'opération est financièrement bonne, et il ne suffirait plus que de trouver une combinaison qui permît de mettre en œuvre *toutes les forces* intéressées à l'entreprise. Si une subvention doit être fournie, et cela ne me paraît pas indispensable, la commune peut s'en charger en fournissant les terrains. Elle rendrait à chaque propriétaire exproprié une superficie d'égale valeur en terrains communaux. Le capital de la construction serait fourni par une société; mais, pour que cette société prospère, il faudrait qu'elle entrât en participation de la plus value du rendement des terres chaulées. Elle fournirait la chaux suivant un tarif équitablement étudié, et elle partagerait dans une certaine mesure avec le propriétaire.

RENSEIGNEMENTS SUR LES FUMIERS.

Quand une terre végétale possède les éléments minéralogiques nécessaires à la production des plantes utiles, éléments que l'industrie peut toujours fournir, sa fertilité dépend de la quantité de fumier qu'elle reçoit. L'étude des cultures aux abords des grandes villes, où les fumiers abondent, montre jusqu'à quel point la fertilité du sol peut être augmentée par les engrais. Le point de départ de l'agriculture est donc l'économie du fumier, puisque la terre rend ce qu'on lui donne, et c'est précisément ce point qui est le plus négligé par le paysan. Cette question de fumier n'a pas de rapport avec la géologie ; cependant, j'ai voulu saisir l'occasion que M. le Préfet de la Nièvre a bien voulu m'offrir, pour me rendre compte de l'état de cette question, et je pense qu'il ne sera pas inutile de faire connaître les résultats de l'enquête à laquelle je me suis livré. Je ne parlerai que très-sommairement de l'aménagement des fumiers en général, mais j'appuierai sur une pratique tout à fait négligée dans le département ; je veux parler de l'emploi de l'engrais humain. L'homme arrivé à l'état adulte n'augmente pour ainsi dire plus de poids ; il rend, par conséquent, ce qu'il absorbe, et, à partir de cet âge, le but de la nature ne consiste qu'à renouveler par un mouvement lent les sucs essentiels au fonctionnement des organes. Or, ces excréments de l'homme qui représentent comme matière nutritive ce qu'il absorbe, sont absolument perdus ; l'absence de lieux d'aisances conduit les cultivateurs à déposer les engrais dans les ruelles de la commune, dans les fossés des champs, précisément là où les eaux pluviales les enlèvent rapidement en les transportant dans les rivières et de là dans la mer.

Le dépôt des excréments dans les rues est, en outre, contraire aux principes de la propreté, de la salubrité et de la bienséance. La création d'un arrêté interdisant le dépôt des ordures sur la voie publique, arrêté condamnant les délinquants à une amende, la construction de lieux d'aisances publics, me paraissent donc indispensables dans un pays civilisé.

Je sais qu'on criera à la confiscation de la liberté ; mais il serait bon, par de bonnes lois sévèrement appliquées à tout le monde, qu'on montrât qu'il ne faut pas confondre la liberté civile avec la liberté de mal faire ; autrement, en suivant cette voie dérivative, on arriverait à la liberté de l'assassinat et à la suppression du code.

ARRONDISSEMENT DE COSNE

Observations des maires :

Annay. Fumiers généralement très-mal tenus ; leur produit est perdu.

Champvoux. Les fumiers sont généralement mal soignés.

Chaulgnes. La tenue des fumiers laisse beaucoup à désirer, même dans les fermes.

Ciez. Mal disposés : exposés à l'action du soleil et de la pluie.

Garchy. En général les fumiers sont mal disposés.

Sainte-Colombe et *Saint-Loup.* Les fumiers sont disposés près des étables, et tous les sels qui s'échappent dans l'année des fumiers ne sont pas utilisés.

Plusieurs autres maires font des observations semblables, qui prouvent que l'aménagement du fumier laisse beaucoup à désirer. En compulsant les colonnes des tableaux remplies par les maires et donnant le nombre des lieux d'aisances par commune, dont les produits sont utilisés, et le nombre de ceux dont les produits ne sont pas utilisés, on reconnaît que, dans tout l'arrondissement populeux de Cosne, il n'y a que six cent cinquante lieux d'aisances; sur ces six cent cinquante, deux cents environ sont utilisés. On voit par là que la presque totalité de l'engrais humain se trouve perdu.

ARRONDISSEMENT DE CHÂTEAU-CHINON

Observations des maires sur la tenue des fumiers :

Aunay. En général les fumiers sont mal placés. Dans les villages, ils sont déposés dans les cours et chemins, devant les maisons.

Chaunard. Les fumiers sont ordinairement jetés sans aucun soin dans le coin d'une cour, à proximité des écuries, et quelquefois tout près des portes ou sous les fenêtres des maisons, d'où, après s'être desséchés en partie et après avoir perdu la meilleure portion de leurs sucs, ils sont conduits dans les champs.

Fretoy. En général bien mal disposés; on y ajoute très-peu d'importance. Les matières fécales de l'homme sont tout à fait négligées, et il serait bien à désirer que cet abus cessât.

Poil. Fort mal disposés. Le purin n'est nullement utilisé, etc.

Dans tout l'arrondissement de Château-Chinon, il n'y a que quatre cent quatre-vingts lieux d'aisances, sur lesquels quatre-vingt-onze seulement sont utilisés; certaines communes ne possèdent pas même de lieux d'aisances. Toutes les matières fécales sont donc perdues.

ARRONDISSEMENT DE NEVERS

Les observations des maires constatent que les fumiers sont mal disposés. Ils sont délayés par la pluie, le purin n'est pas utilisé; placés trop près des maisons, ils deviennent une cause d'insalubrité.

Je n'ai pas obtenu de renseignements sur Nevers. En général, les maires des localités les plus importantes n'ont pas bien répondu à l'appel qui leur a été fait. Ils avaient sans doute à s'occuper de questions plus importantes : travailler les populations dans l'intérêt de l'élection et de la dynastie, tel était leur devoir principal.

En dehors de Nevers, de Decise et de plusieurs autres communes qui n'ont pas fourni de renseignements, le nombre des lieux d'aisances de l'arrondissement s'élève à deux mille, sur lesquels environ le tiers se trouve utilisé.

L'arrondissement de Clamecy contient mille cinq cents lieux d'aisances, sur lesquels huit cents se trouvent utilisés. Ce nombre de lieux comparé à la population prouve que les matières fécales de l'homme sont en grande partie perdues.

DE L'INFLUENCE DU SOL SUR LES MALADIES DOMINANTES.

Il a été créé dans le département de la Nièvre une institution qui pourrait, si elle était bien dirigée, fournir des renseignements fort utiles. Je veux parler des médecins cantonaux.

Voulant utiliser cette institution, j'ai fait adresser à chaque médecin un tableau à remplir, indiquant, pour les maladies contagieuses, épidémiques, endémiques et aiguës, la date de la première apparition ou des apparitions successives, l'époque du maximum des cas, la durée de l'épidémie et le nombre de cas.

Les réponses suivantes montrent jusqu'à quel point le corps des médecins se soucie peu de statistique médicale; mais, il faut bien le dire, ce genre d'étude ne présente quelque attrait que quand le médecin sait que ses observations feront partie d'un système ou réseau étendu et savamment dirigé, précaution qui n'a pas été prise jusqu'à ce jour.

Communes de Sauvigny-les-Bois, Saint-Eloi et autres du même canton, le médecin dit : « Pour me rendre un compte exact, il me faudrait avoir tenu note, jour par jour, de tous les cas et des variétés de maladies observées, ce que je ferai, autant que possible, dorénavant. » Et ensuite :

« N'ayant point pris en note les différents cas observés, il m'est véritablement impossible de rendre un compte, qui ne pourrait être qu'inexact. L'an prochain, je ferai mon possible pour noter les diverses maladies que j'aurai à traiter. »

Feu le docteur Dluski, ex-médecin cantonal de Pouilly, donne la note suivante à l'appui de ces tableaux, d'ailleurs remplis avec soin, mais devenus presque inutiles, parce que les autres médecins n'ont rien pu fournir faute de renseignements :

« Les observations que j'ai eu l'honneur d'exprimer dans une lettre adressée à M. le Préfet, ayant toujours pour moi la même importance, je ne puis que transmettre quelques renseignements sur les épidémies du choléra, de la fièvre typhoïde, de diphtérite, qui ont passé dans certaines communes du canton de Pouilly. Quant aux maladies contagieuses prenant le caractère épidémique, qui ont précédé l'année 1862, il m'est impossible de présenter des résultats statistiques satisfaisants, parce que je n'ai pas conservé les notes nécessaires. Pour ce qui concerne l'année 1862, j'ai dressé sommairement l'inventaire des maladies endémiques observées dans chaque commune. Le but principal de ce travail, que M. le Préfet de la Nièvre a bien voulu imposer aux médecins résidant dans son département, est de venir en aide à M. Ebray, auteur de la carte géologique du département de la Nièvre, qui désire tracer sur cette carte des lignes de transmission des maladies, en partant de ce principe, que la nature des maladies est souvent en rapport avec la nature du sol. On voudrait arriver, par le résultat de tous ces renseignements, à la connaissance des lois qui président à la manifestation et à la marche des grandes épidémies, véritable fléau de l'humanité, et dont les causes sont toujours restées mystérieuses. Quoique je ne partage pas cette manière de voir ces hautes questions scientifiques, je ferai néanmoins tous mes efforts pour me conformer aux instructions de l'autorité supérieure. »

J'observe, à propos de cette note, que feu le docteur Dluski, tout en ne partageant pas ma manière de voir, affirme que, suivant lui, les causes de la marche des maladies sont toujours restées mystérieuses, et que, par conséquent, il n'a aucune raison à opposer à l'idée que j'ai de voir dans l'influence du sol un des nombreux facteurs qui influent sur la transmission des épidémies. Je trouve en plus une note de ce docteur, à propos de la commune de Tracy, dans laquelle il est dit que le village de Boisgibaud fournit le plus grand nombre de malades, étant le plus malsain. Cet état sanitaire critique corrobore entièrement l'ensemble des observations que j'ai faites. En effet, le village de Boisgibaud est assis sur le gault argileux, formation essentiellement imperméable et pénétrée de sulfures de fer qui, au contact de l'air, se transforment en sulfates solubles. Nous verrons que ces formations sont très-insalubres.

D'après le médecin de Saint-Amand, les communes d'Arquian et de Saint-Amand ont été fortement éprouvées par l'épidémie de l'angine couenneuse; cette dernière commune repose aussi sur les argiles du gault.

Cette tendance des terrains argileux, de prédisposer les habitants à plusieurs maladies, ne doit pas empêcher de suivre et de peser les autres causes de transmission, surtout quand il s'agit de maladies aussi contagieuses que la diphtérite. Je ne puis m'étendre sur ce sujet spécial, qui sort tout à fait du cadre de cet ouvrage, mais je dois cependant signaler le rapport du médecin cantonal de Montsauche, qui constate que, dans ces pays montagneux, composés d'un sol siliceux et granitique, la diphtérite s'est manifestée avec une certaine intensité. Ainsi à Montsauche, il y a eu 20 cas; à Planchez, 5; à

Ouroux, 10; à Gouloux, 19. L'épidémie a duré six mois.

Non-seulement la contagion a agi dans ce cas, mais il y a lieu de supposer que le froid assez intense qui règne en toute saison dans ces localités a été une cause déterminante; tandis que l'influence du sol et de la mauvaise qualité des eaux des puits argileux sont des causes prédisposantes à cette maladie redoutable, qui dans la Nièvre a fait plus de victimes que le choléra. Le médecin cantonal de Corbigny a fourni un tableau très-bien raisonné des maladies de ce canton, ayant pour base la composition du sol. Il récapitule toutes les maladies sur les sols argileux et sur les sols siliceux; cette récapitulation prouve que les maladies sont plus rares dans les lieux où le sol siliceux domine.

Les médecins n'ont rien fourni sur la marche du choléra; mais il ressort des données générales que cette maladie a surtout suivi les rivières et a évité les endroits entourés de forêts épaisses ou situés sur des sols primitifs. Une statistique sévère permettra seule de discerner les nombreux facteurs qui contribuent à développer cette maladie. Le choléra suit les rivières, c'est vrai, mais cette propagation provient-elle de ce que les rivières forment les lignes de maximum de trafic, et par conséquent les lignes où l'intensité de la contagion est à son maximum; ou bien cette propagation est-elle climatérique? Si cette ligne est déterminée par le maximum de trafic, pourquoi y a-t-il interruption pour certaines villes, comme Lyon, bâtie sur un sol et sous-sol primitifs? L'influence a-t-elle été contre-balancée par l'influence du sol ou l'influence de l'étranglement alpo-cévénique, qui arrive à Lyon à son maximum, en déterminant des courants d'air purificateurs? Nous croyons que toutes ces questions peuvent recevoir une solution et que cette solution ne peut être basée que sur l'observation et la statistique médicale.

J'ai dressé la carte géologique du département de la Nièvre pendant que l'angine couenneuse y faisait de nombreuses victimes. Il m'a été possible de constater que les localités les plus éprouvées ont été celles situées sur des étages argileux, tels que les marnes irisées, le gault, les argiles du lias. Parmi les localités les plus éprouvées, on peut citer : Rouy (marnes irisées), certains environs de Decise (marnes irisées), Saint-Amand (gault). Si l'imperméabilité du sol conduit aux eaux stagnantes, aux cloaques, à l'humidité, il y a lieu de conclure qu'il importe, dans l'intérêt de la salubrité publique, d'étudier, de faciliter les écoulements et d'encourager les drainages.

Pl. I

LÉGENDE

Diluvien
Étage falunien
Étage sannoien
Étage suessonien
Étage albien
Étage néocomien
Étage portlandien
Étage kimméridien

Étage corallien

Étage oxfordien
Étage callovien

Étage bathonien

Étage bajocien
Étage toarcien
Étage liasien
Étage sinémurien
Étage sublien
Étage conchylien
Étage permien
Étage carbonifère
Terrains azoïques

Faille de Chevannes-Changy

Coupe rectiligne passant par Bruis et Busseville

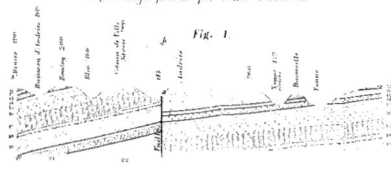

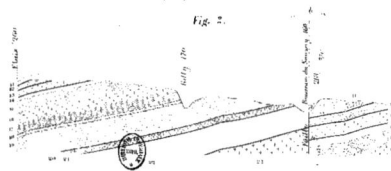

Fig. 1.

Coupe rectiligne passant par Etais et Biz

Fig. 2.

Échelle des coupes

Lith. Rémond à Nevers.

Pl. II

Faille de Chevannes-Changy

Coupe rectiligne passant par Varzy et Saligny

Fig. 3.

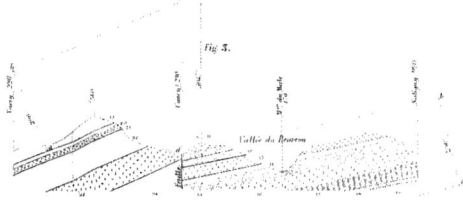

Vallée du Beuvron

Coupe rectiligne passant par Champlemy et Chevannes.

Fig. 4.

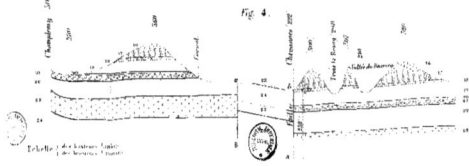

Echelle : des hauteurs ....
des longueurs ....

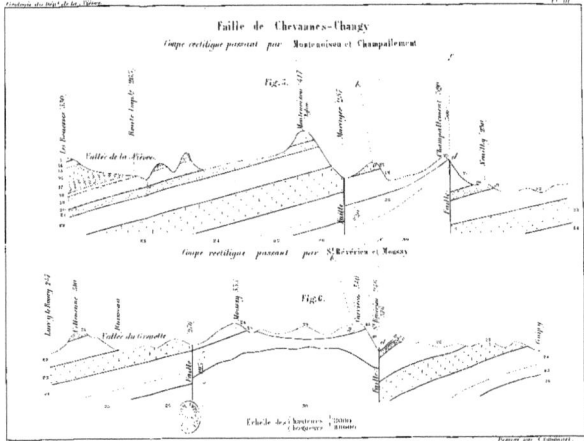

Faille de Chevannes-Changy

Coupe rectiligne passant par Montenoison et Champallement

Fig. 5.

Coupe rectiligne passant par St Révérien et Mouxy

Fig. 6.

Échelle des hauteurs

Longueurs

Lith. Annesch à Genève   Dessiné par C. Labussière

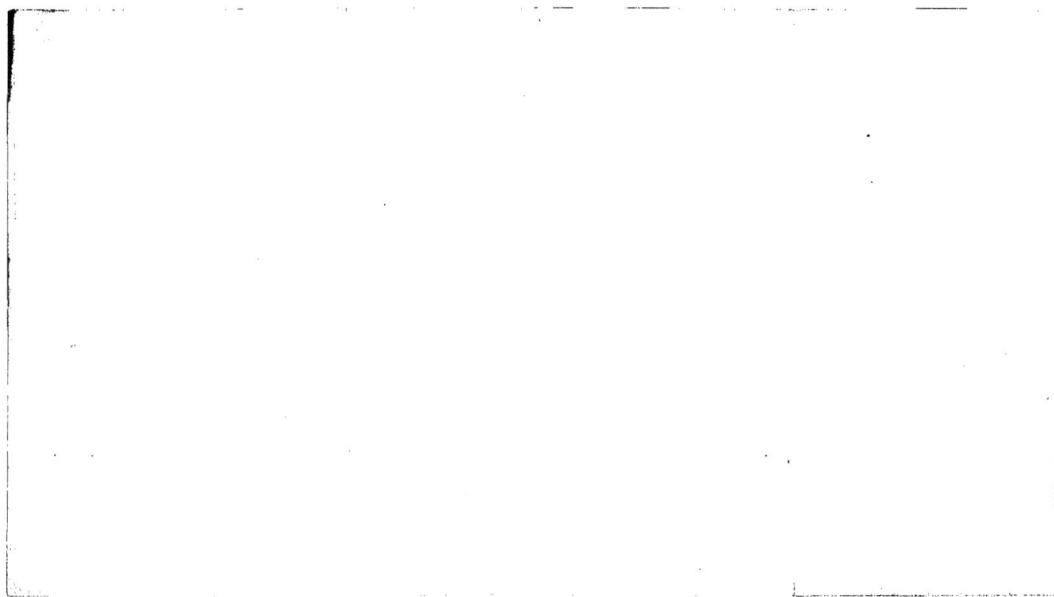

Faille de Chevannes-Changy.

Coupe rectiligne passant par St Benin-les-bois et Crux-la-ville.

Fig. 7.

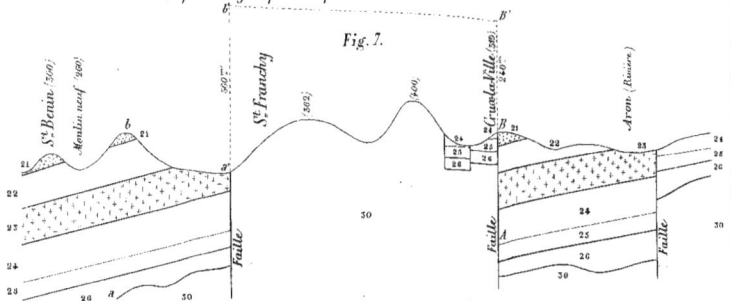

Coupe rectiligne passant par Bona et St Saulge.

Fig. 8.

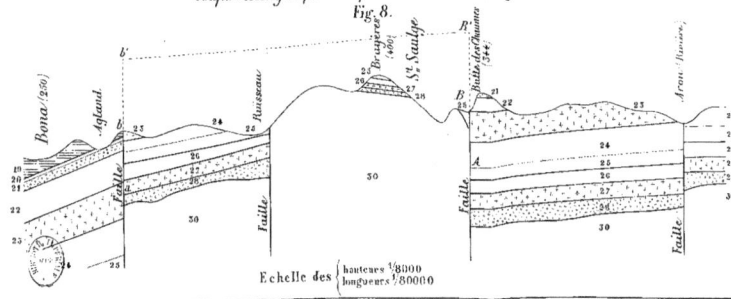

Echelle des { hauteurs 1/8000
             longueurs 1/80000

Lith. Renault, à Nevers.   Dessiné par A. Simonnet.

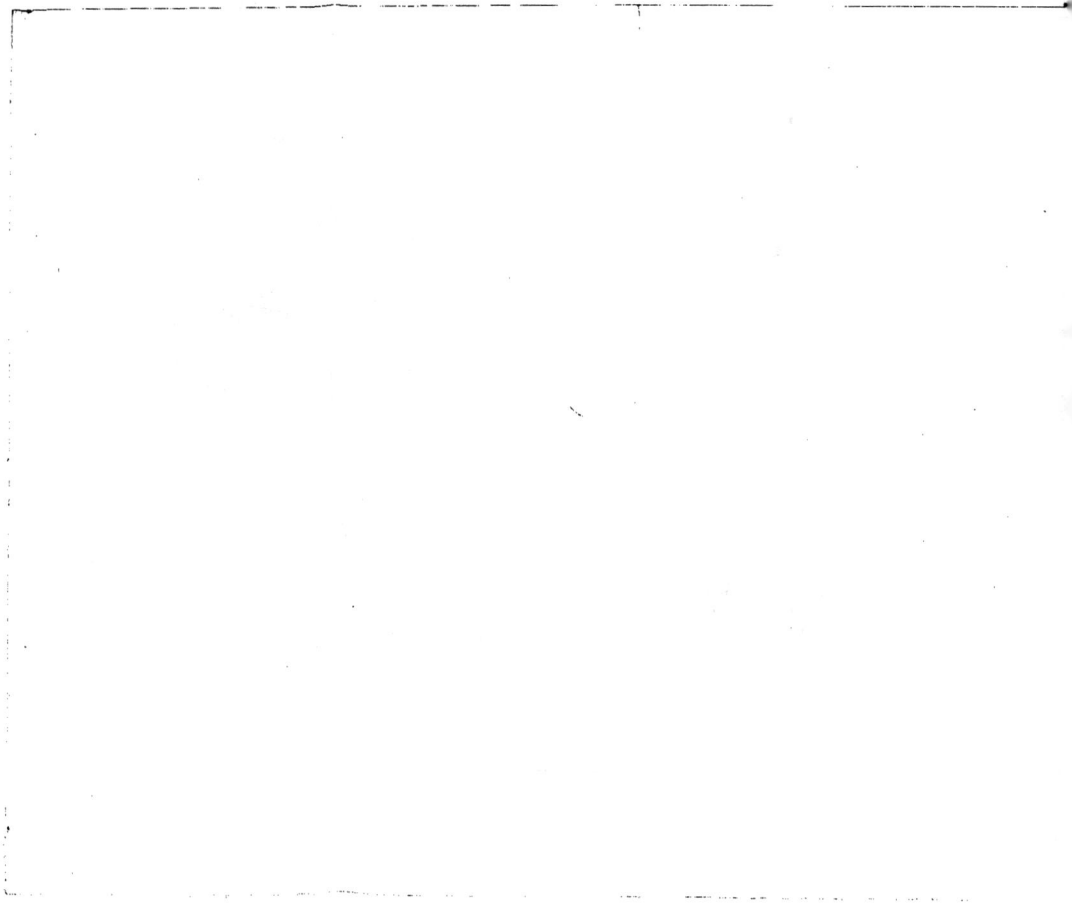

Faille de Chevannes-Changy.

Coupe rectiligne passant par Saxi-Bourdon et Lucy.

Fig. 9.

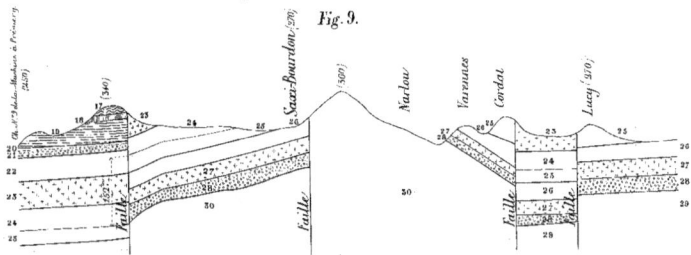

Coupe rectiligne passant par Maison-Rouge et Rouy.

Fig. 10.

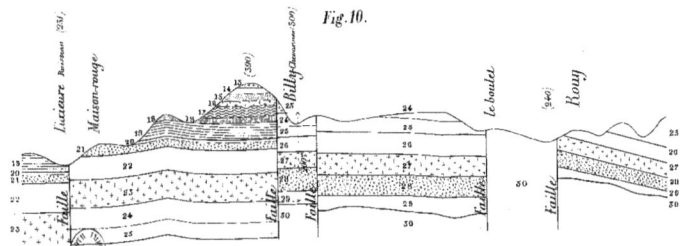

Echelle des { longueurs ¹/₈₀.₀₀₀
{ hauteurs ¹/₈₀₀₀

Faille de Chevannes-Changy.

Coupe rectiligne passant par Lavault et Aubigny.

Fig. 11.

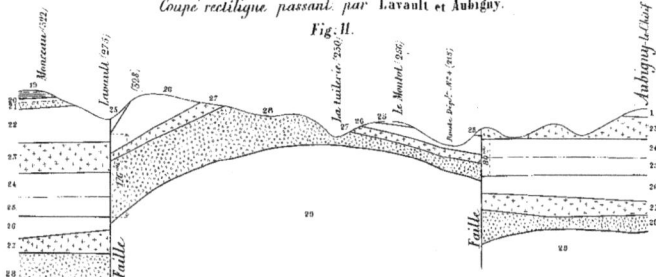

Coupe rectiligne passant par Travant et Bussières

Fig. 12.

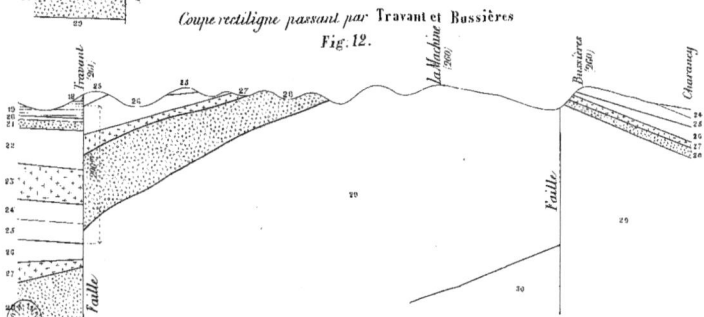

Echelle des { longueurs ¹/₈₀.₀₀₀
            { hauteurs ¹/₈₀₀₀

Lith. Renault à Nevers.

Dessiné par A. Simonnet.

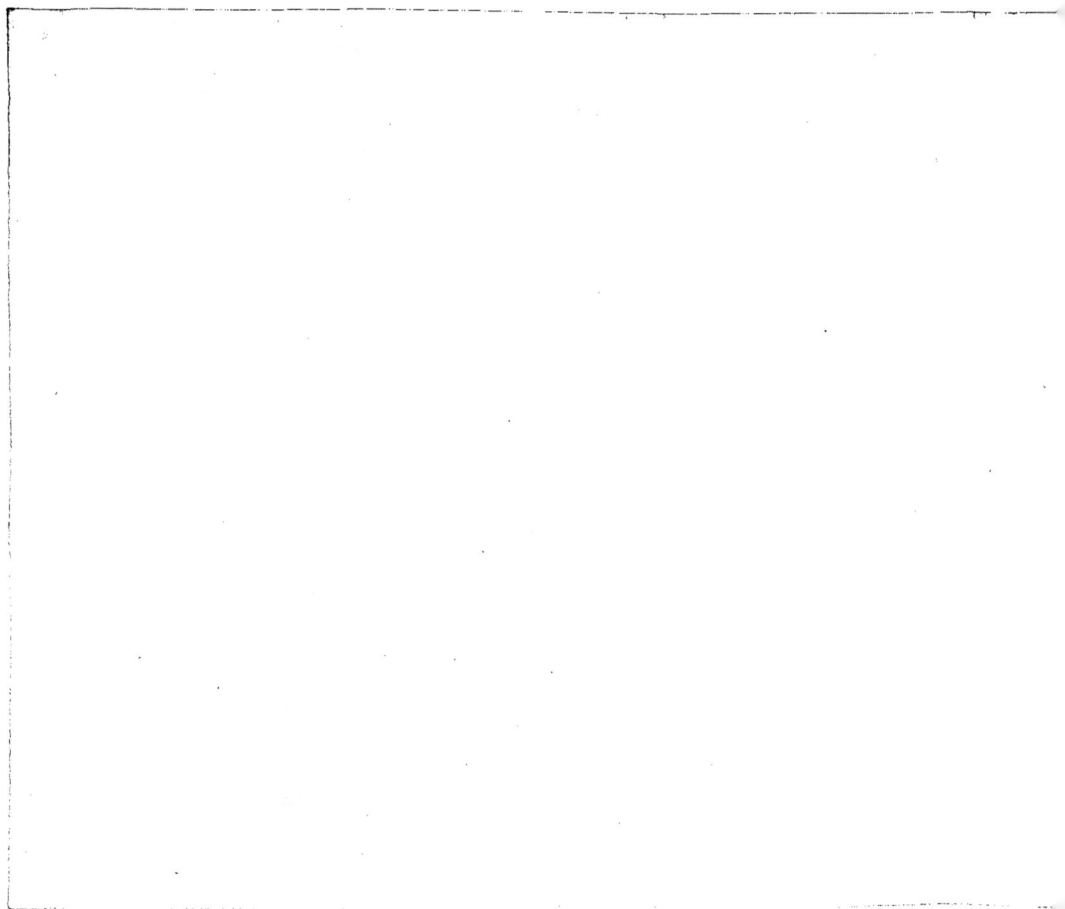

Faille de Chevannes-Changy.

Coupe rectiligne passant par Béard et la Charbonnière.

Fig. 13.

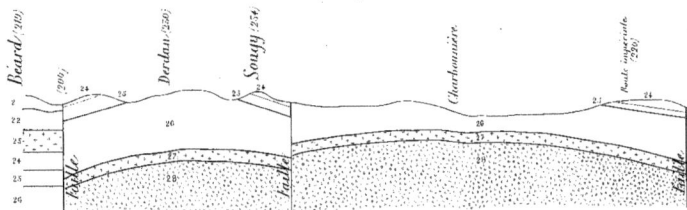

Echelle des $\begin{cases} \text{longueurs } 1/80.000 \\ \text{hauteurs } 1/8000 \end{cases}$

Profil d'une partie de la Lièvre Est.

Fig. 14.

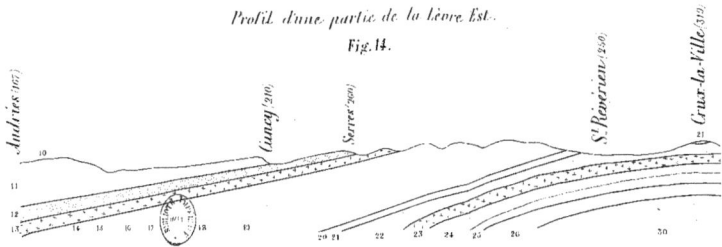

Echelle des $\begin{cases} \text{longueurs } 1/200.000 \\ \text{hauteurs } 1/20.000 \end{cases}$

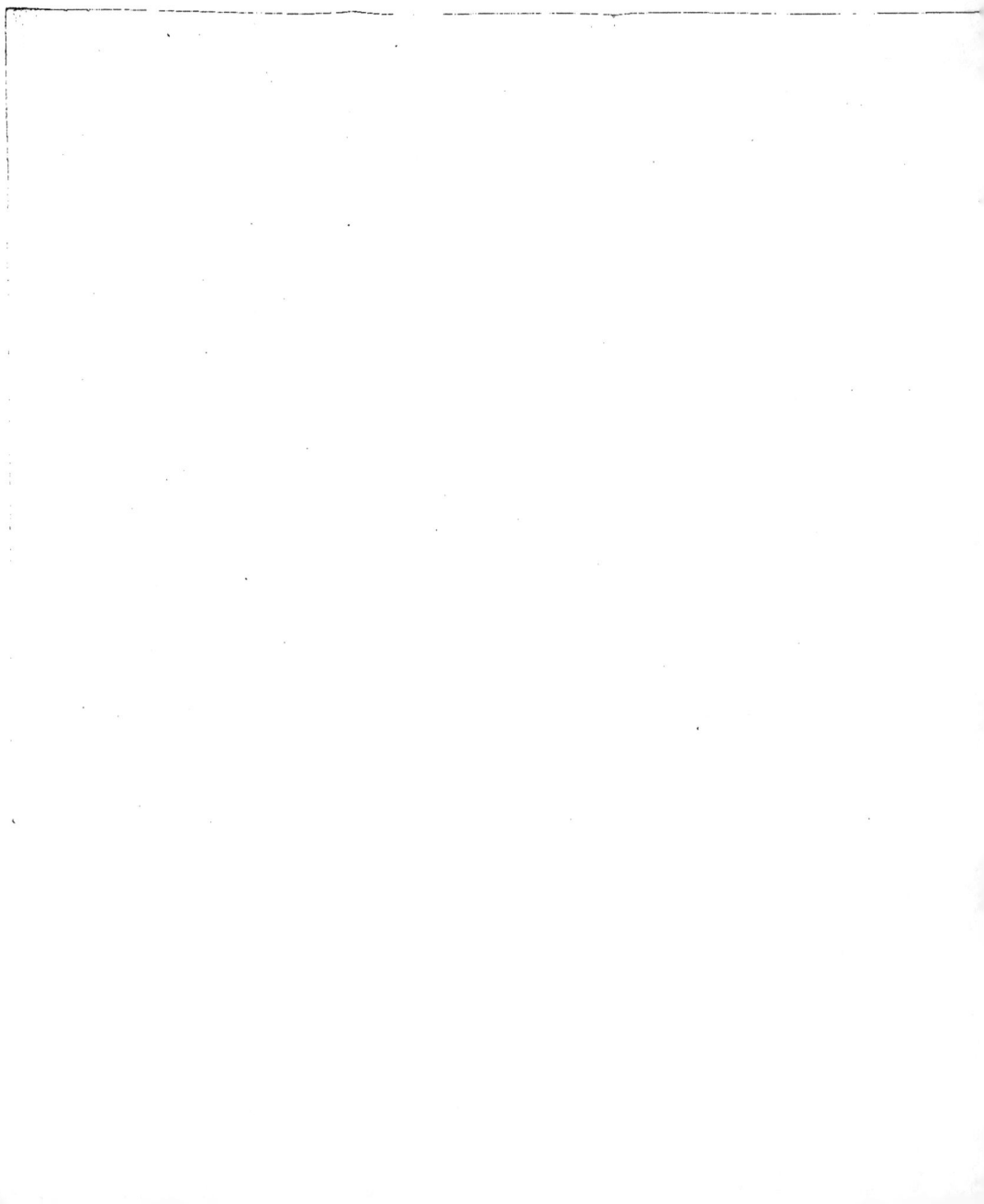

Faille occidentale du Morvan

Coupe rectiligne passant par Vézelay et Pontaubert

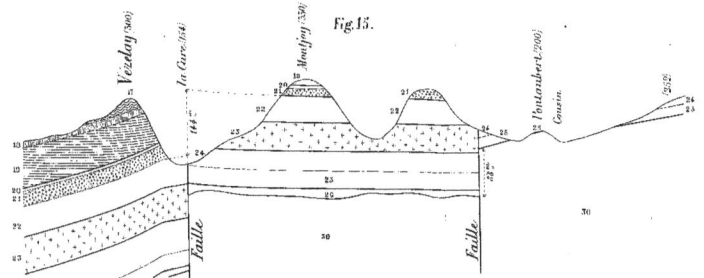

Fig. 15.

Coupes rectilignes passant par :

Pierre-Pertuis et Menades.

Fig. 16.

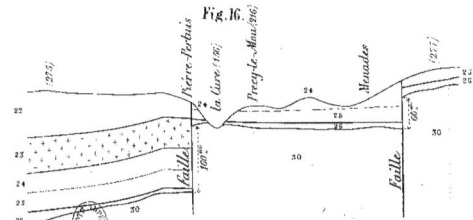

Dornecy-sur-Cure

Fig. 17.

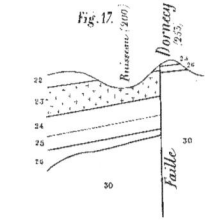

Echelle des { longueurs 1/80.000
              { hauteurs 1/8000

Géologie du Dépar.t de la Nièvre.

Faille occidentale du Morvan.

Coupe rectiligne passant par Nuars et Bazoches.

Fig. 18.

Pays-bas   Morvan

Yonne, (174)   Teigny   Nuars   Bazoches (240)   Bois de Bazoches (459)

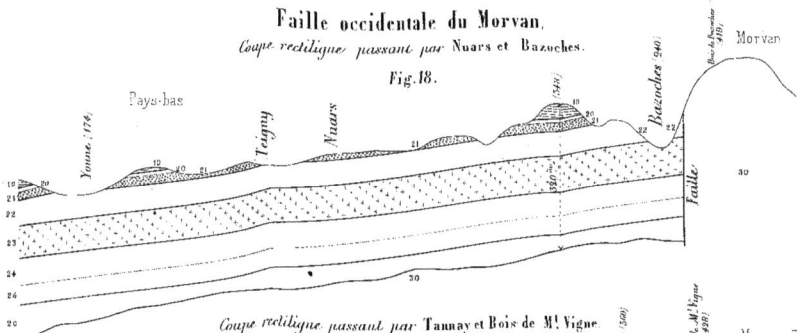

Coupe rectiligne passant par Tannay et Bois de M.t Vigne.

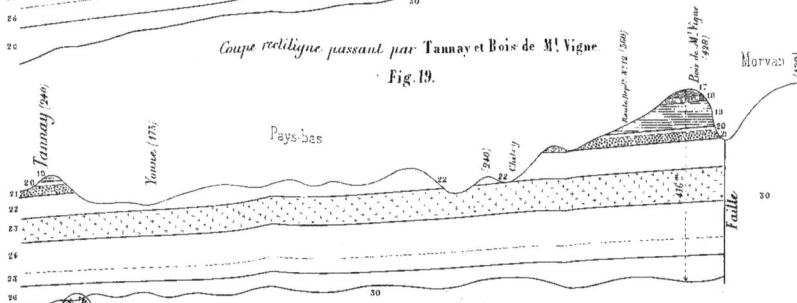

Fig. 19.

Tannay (240)   Yonne, (175)   Pays-bas   Chatey   Bois de M.t Vigne (480)   Morvan (420)

Faille

Echelle des { longueurs 1/80 000
            { hauteurs 3/8000

Lith. Renault à Nevers.   Dessiné par A.Simonnot.

Faille occidentale du Morvan.

Coupe rectiligne passant par Ruages et Lormes.

Fig. 20.

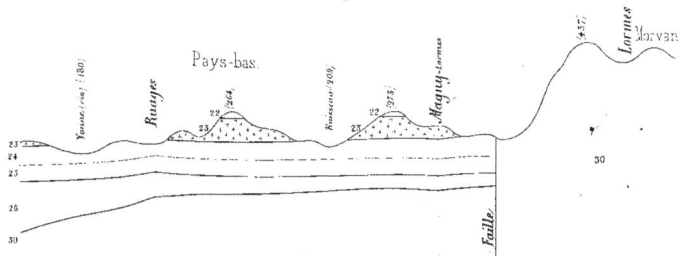

Coupe rectiligne passant par Corbigny et Cervon.

Fig. 21.

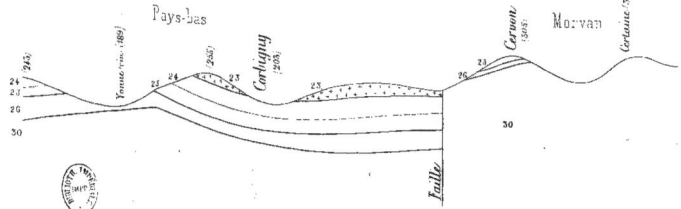

Echelle des {longueurs ¹/₈₀.₀₀₀ / hauteurs ¹/₈₀₀₀

Lith Renault à Nevers.　　　　　　　　　　　　　　　　　　　　　　　　Dessiné par A.Simonnot.

Faille occidentale du Morvan.

Coupe rectiligne passant par Bazolles et Montreuillon.

Fig. 22.

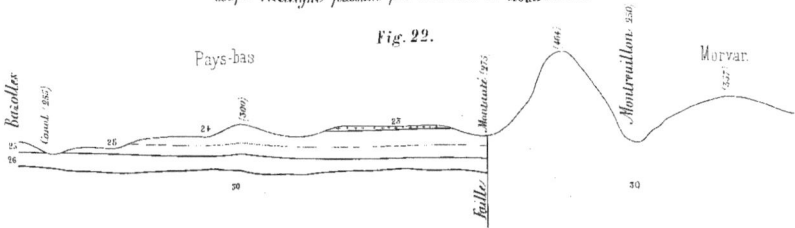

Coupe rectiligne passant par Aunay et Niault.

Fig. 23.

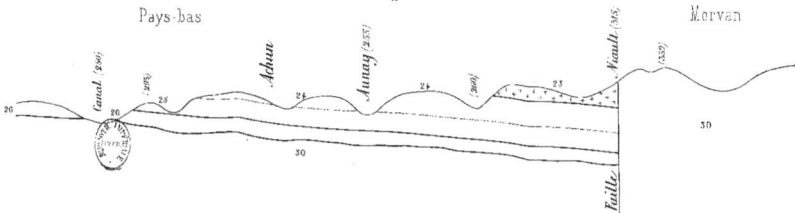

Echelle des { longueurs 1/80,000
{ hauteurs 1/8000

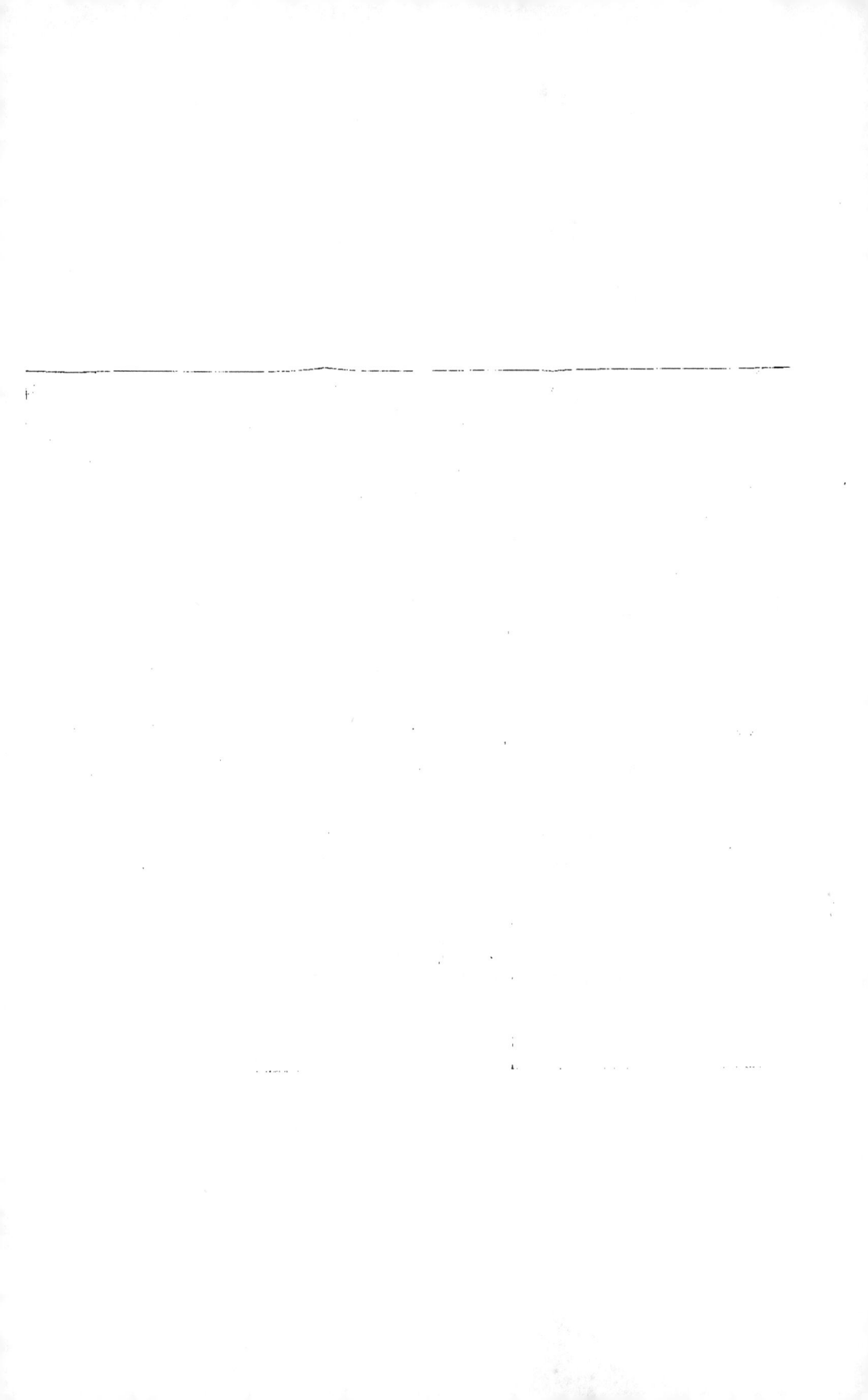

Faille occidentale du Morvan.

Coupe rectiligne passant par Châtillon et St.e Péreuse.

Fig. 24.

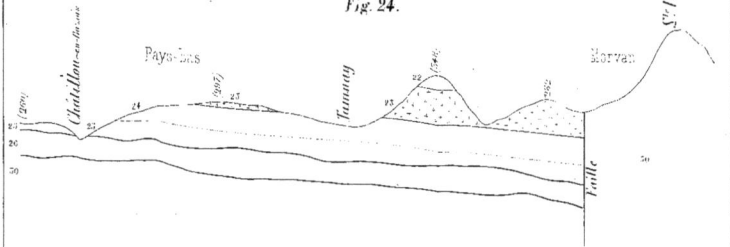

Coupe rectiligne passant par Mons et Moulins-Engilbert.

Fig. 25.

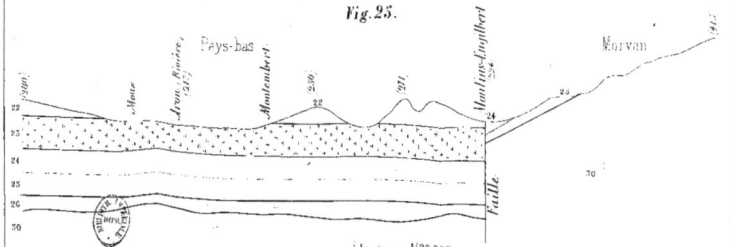

Échelle des { longueurs 1/80,000
              hauteurs 1/8,000

Faille occidentale du Morvan.

Coupe rectiligne passant par Vandenesse *et* S.t Honoré.

Morvan.

Pays-bas   *Fig. 26.*

Faille. Schistes métamorphiques et eurites.

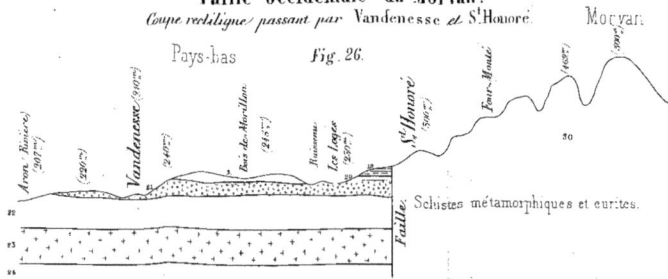

Coupe rectiligne passant par Sémelay.

Pays-bas   *Fig. 27*   Morvan.

Faille. Schistes métamorphiques et eurites

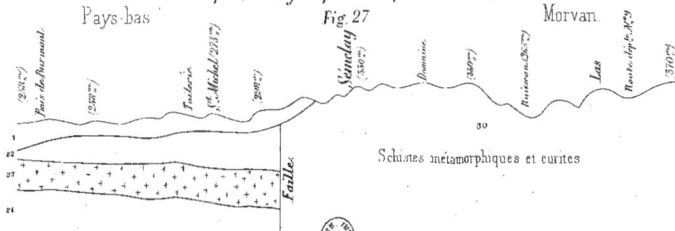

Echelle des { longueurs ⅟30.000
              hauteurs ⅟3.000

Lith. Ch. Renauld à Nevers.   N. Simonnot del.

Faille occidentale du Morvan.

Profil de la Lèvre Est.

Region occidentale.

Profil de la Lèvre Ouest.

Region orientale.

Tranches Roches métamorphiques.

Echelle des Hauteurs ¹⁄₁₆₀₀₀
Longueurs ¹⁄₁₆₀₀₀₀

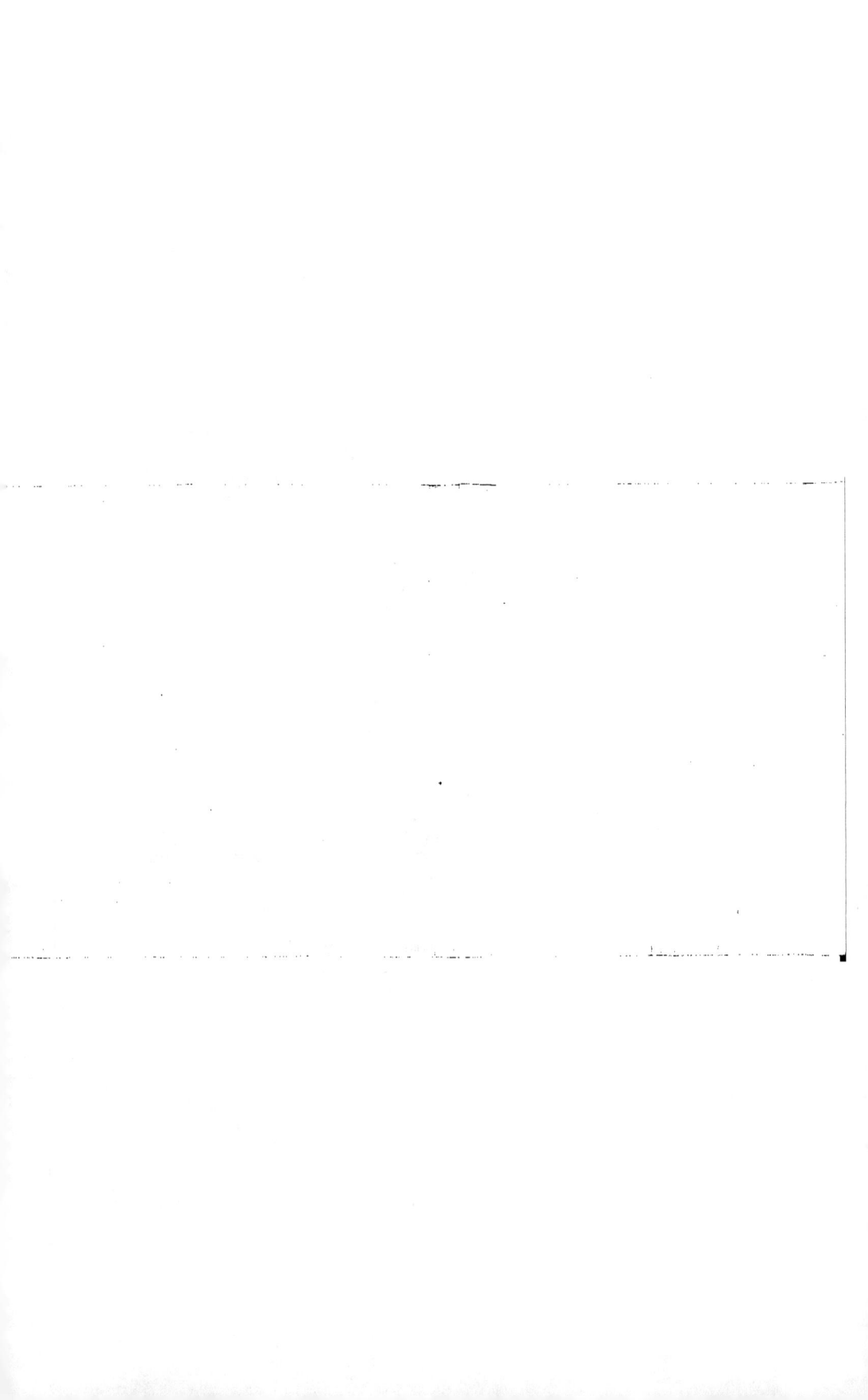

Faille de Ste Colombe.

Coupe passant par St Sauveur et Change.

Coupe passant par la Malerue.

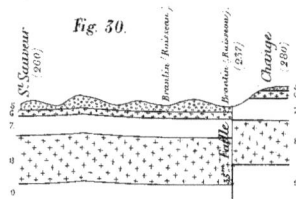

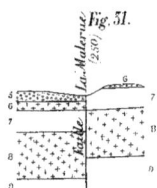

Fig. 30.

Fig. 31.

Coupe rectiligne passant par Treigny et Ste Colombe.

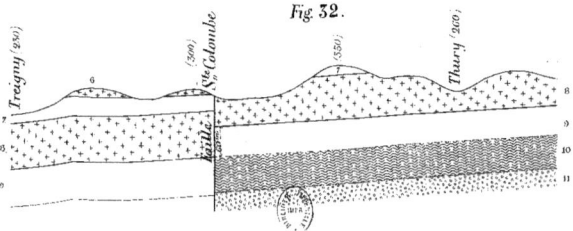

Fig. 32.

Echelle des { longueurs 1/80.000
hauteurs 1/8.000

Failles de Sᵗᵉ Colombe et de Menou.

Coupe passant par Perreuse et Le Moulin à vent.

Fig. 33.

Coupe rectiligne passant par Perreuse et la Montagne des Allouettes.

Fig 34.

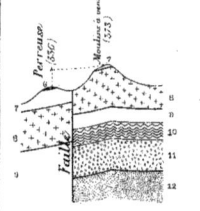

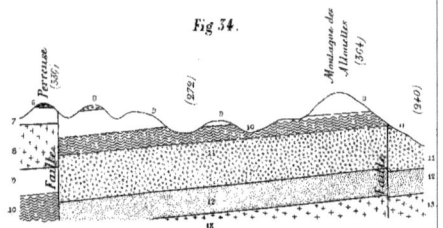

Coupe rectiligne passant par Ciez et Menestreau.

Fig. 35.

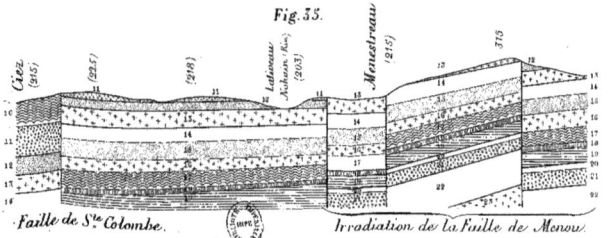

Faille de Sᵗᵉ Colombe.   Irradiation de la Faille de Menou.

Echelle des { longueurs ²/80,000. / hauteurs ⁴/8,000.

Lith. Ch. Renault à Nevers.   H. Ebray.

Failles de Sᵗᵉ Colombe et de Menou.

Coupe rectiligne passant par Donzy *et* Menou.

Fig. 36.

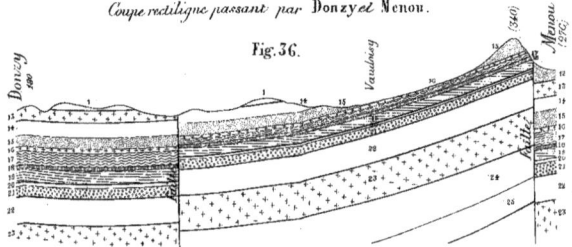

Coupe rectiligne passant par Vielmanay *et* Châteauneuf.

Fig 37.

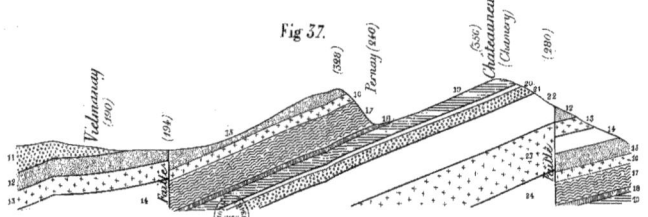

Echelle des { longueurs ¹/₈₀.₀₀₀.
{ hauteurs ¹/₈.₀₀₀.

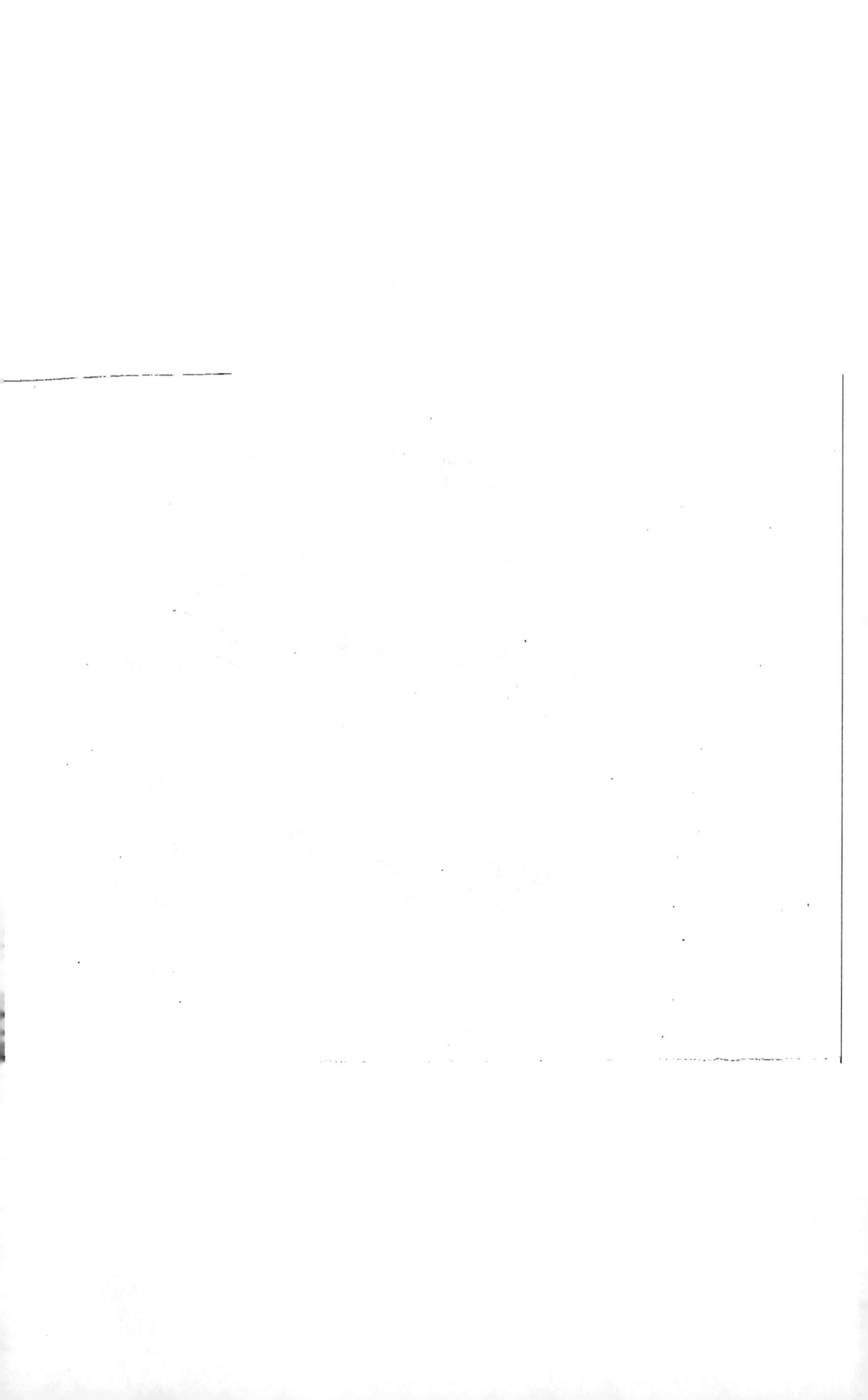

Faille de Ste Colombe et de Menou

Coupe rectiligne passant par Chasnay *et* Arbourses

Fig. 38.

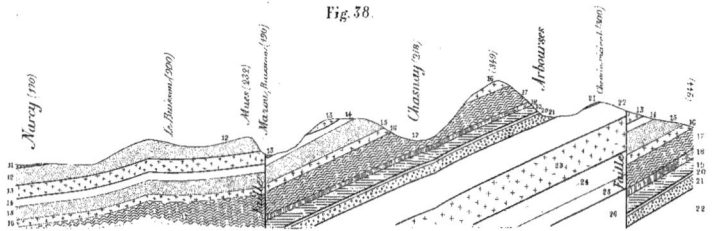

Coupe rectiligne passant par Beaumont *et les* Quatre-vents

Fig. 39.

Bois de Raveau.

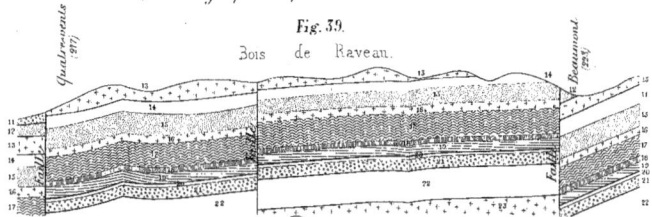

Échelle des { longueurs $\frac{1}{80.000}$
              hauteurs $\frac{1}{8.000}$

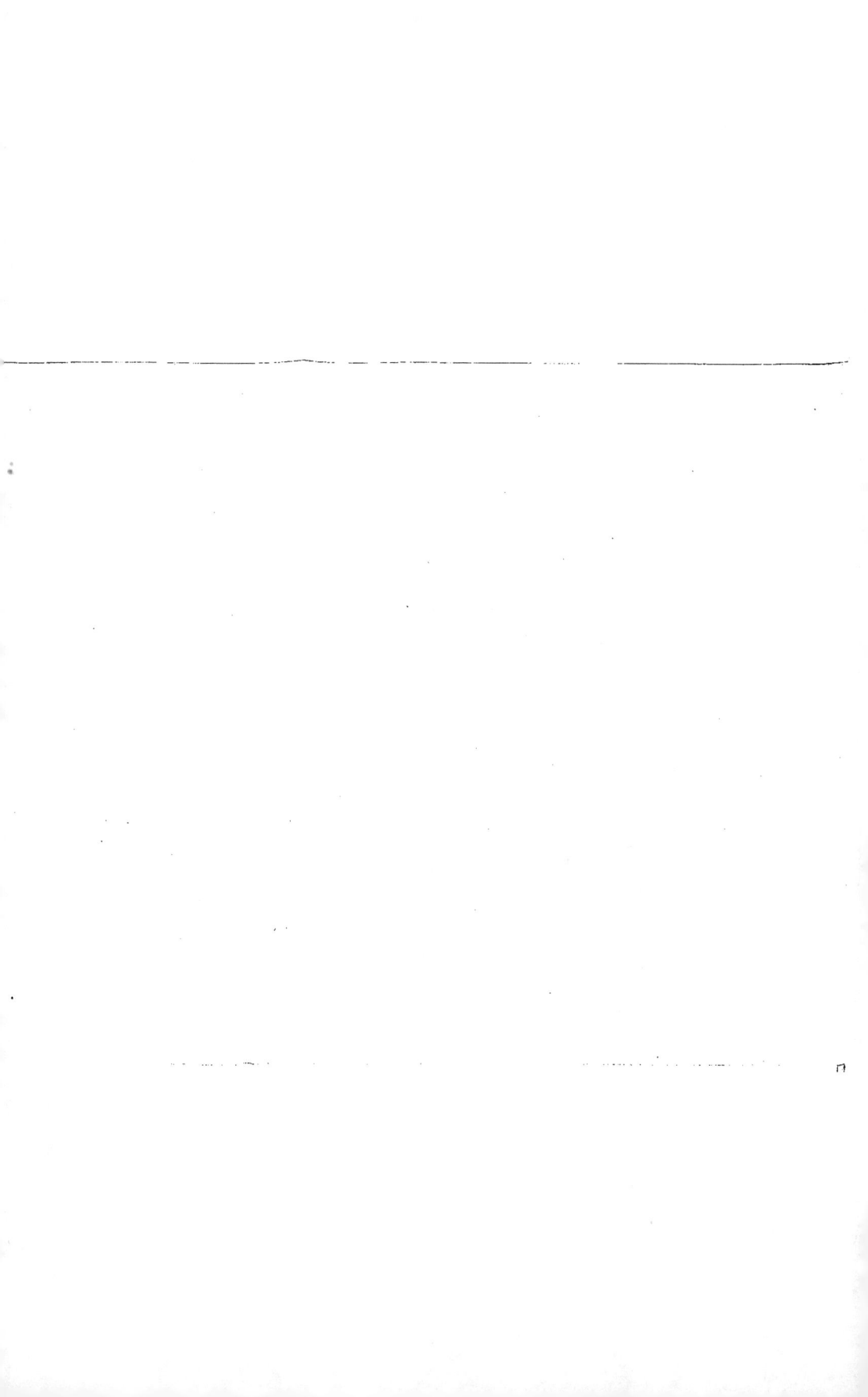

Pl. XIX

Failles de S.te Colombe et de Menou.

Coupe passant par St Aubin-les-Forges et Tronsanges.

Fig. 40.

Irradiation de la Faille de S.te Colombe.

Coupe rectiligne passant par Poiseux et Pougues.

Fig. 41.

Irradiation de la Faille de Menou.

Echelle des longueurs 1/80.000
hauteurs 1/5.000

Lith. Ch. Renault-la-Nièvre.
A. Simonnet. del.

Failles de S.te Colombe et de Menou.

Coupe passant par Vrille et Lautrion　　　　　*Coupe passant par Marcy et Mauvron*

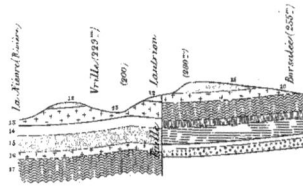

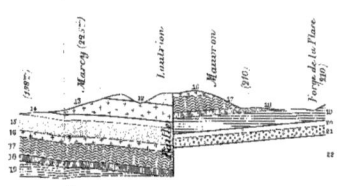

Fig. 42.　　　　　　　　　　　　　　　　Fig. 43.

Coupe passant par Fourchambault et Fay.

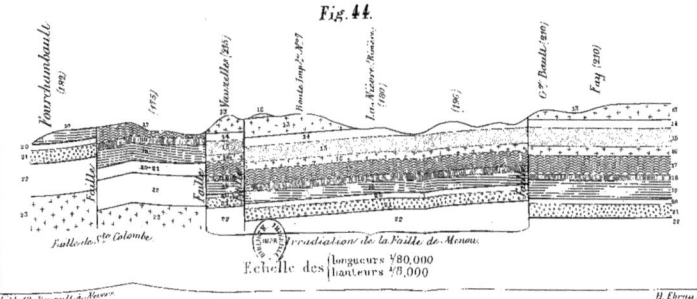

Fig. 44.

Échelle des longueurs 1/80,000 hauteurs 1/8,000

Failles de S.te Colombe et de Menou.

Coupe suivant le Chemin de Fer de Fourchambault à Nevers.

Légende

a. Calcaire à Am. perarmatus.
b. Cordon remanié
c. Calcaires à Am. coronatus.
d. Marnes à Am. macrocephalus.
e. Calcaires à Am. arbustigerus.
f. Banc percé par les lithophages.
g. Banc à ostrea marschii.
h. Calcaire à entroques.

Fig. 45.

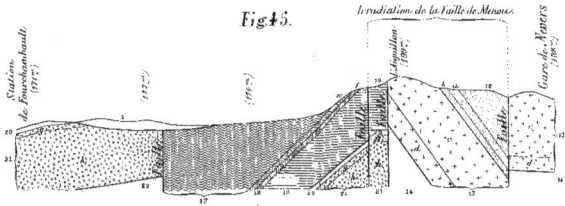

Coupe parallèle à la Loire passant par le Vernay, Nevers et les Forges d'Arlot.

Fig. 46.

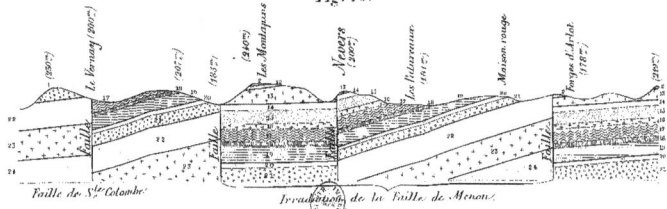

Echelles: Fig 45 { hauteurs 1/2,000 longueurs 1/40,000

Echelles: Fig. 46 { hauteurs 1/8,000 longueurs 1/80,000

Pl. XVII

Réseau des Failles du Morvan.

Coupe générale passant par Sancerre, Châteauneuf, Champallement et Dun-sur-Grandry.

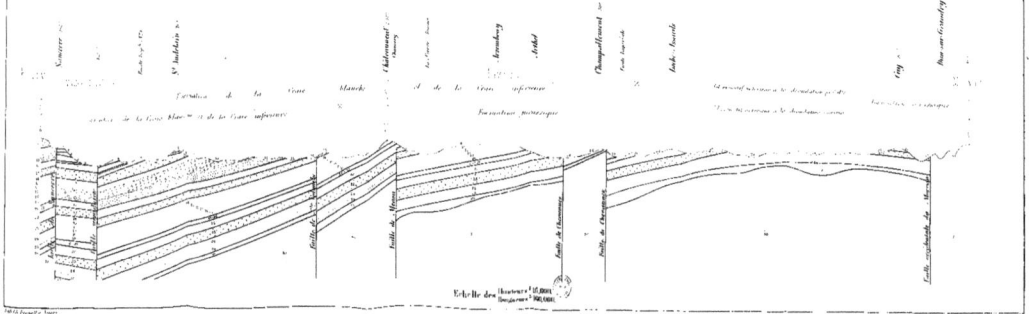

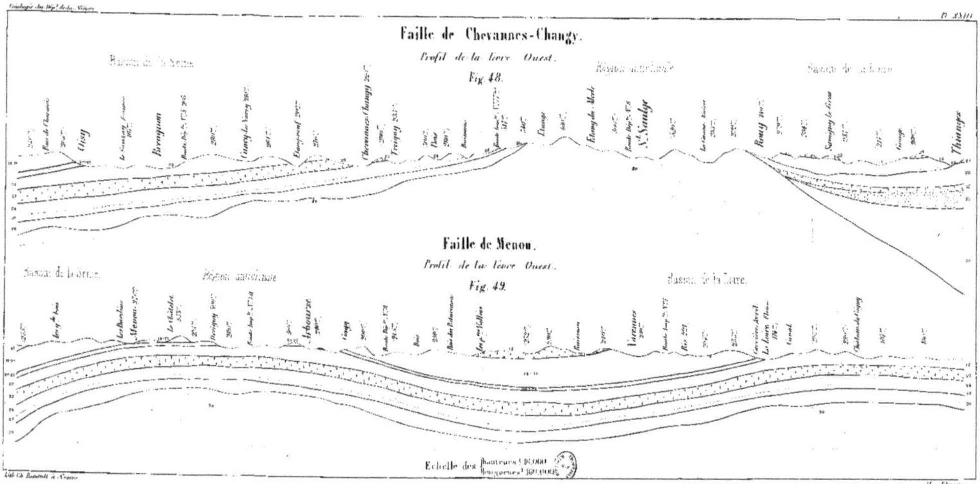
Faille de Chevannes-Changy.
Profil de la levée Ouest.
Fig. 48.
Oisy
Brinon
Chevannes-Changy
Trcigny
S.t Saulge
Rouy
Thianges
Faille de Menou.
Profil de la levée Ouest.
Fig. 49.
Menou
Arbourse
Varennes
Echelle des hauteurs 1/10.000
longueurs 1/100.000

Lith. Ch. Renaud à Nevers
H. Ebray.

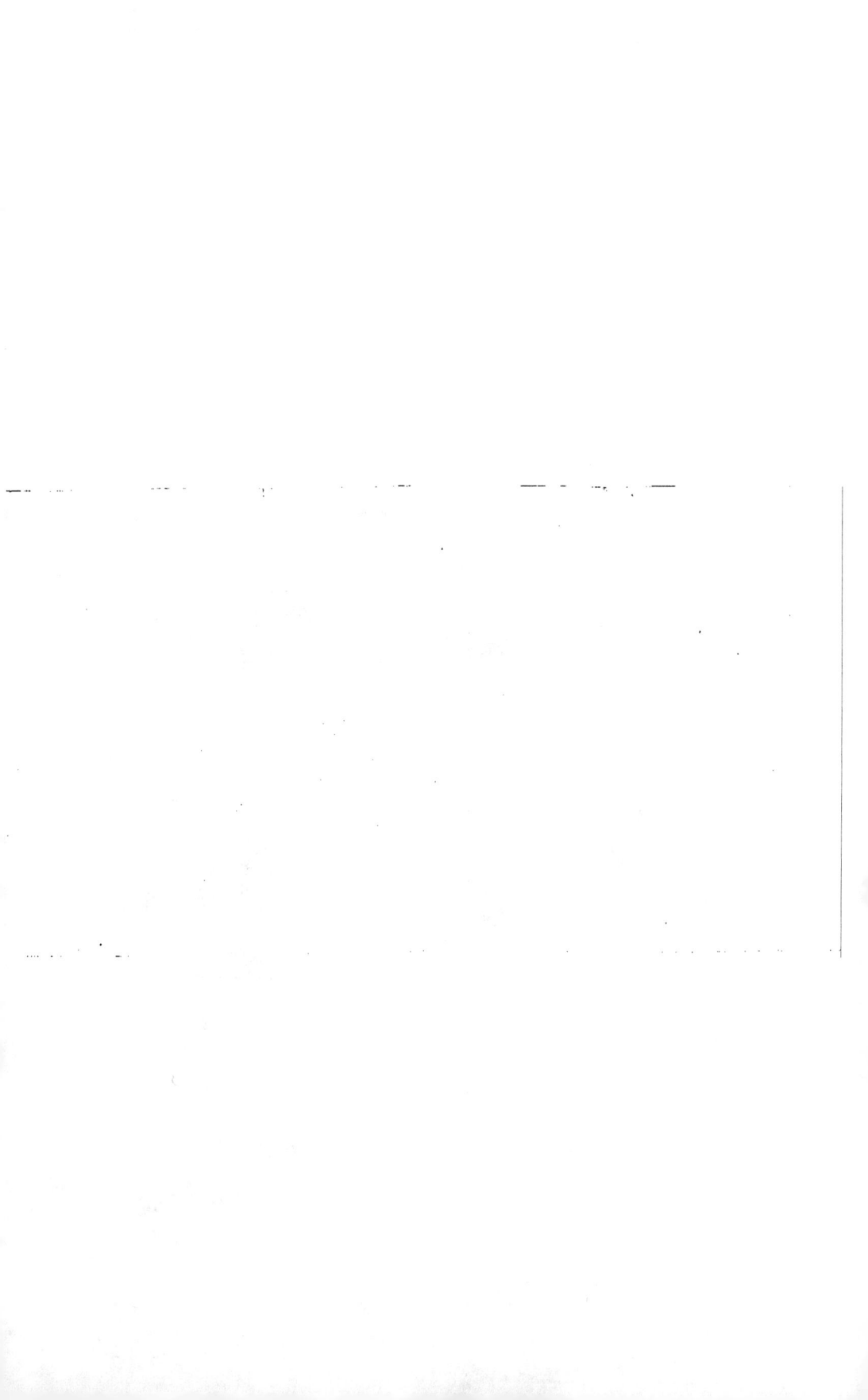

Failles de Menou et de Sancerre.

Fig. 50.

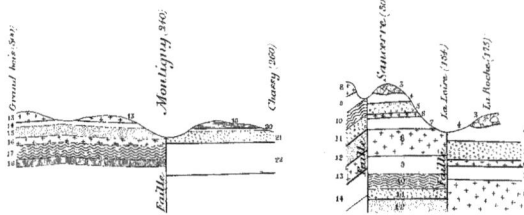

Fig. 51.

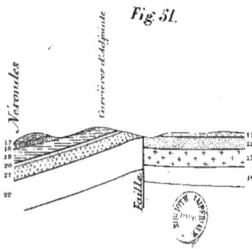

Fig. 52.

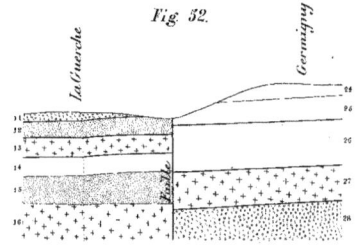

Echelle des { longueurs 1/80,000.
{ hauteurs 1/8,000.

Lith. Ch.Pinault, à Nevers.　　　　　　　　　　　　　　　　　　　　Dessiné par J. Simonnet.

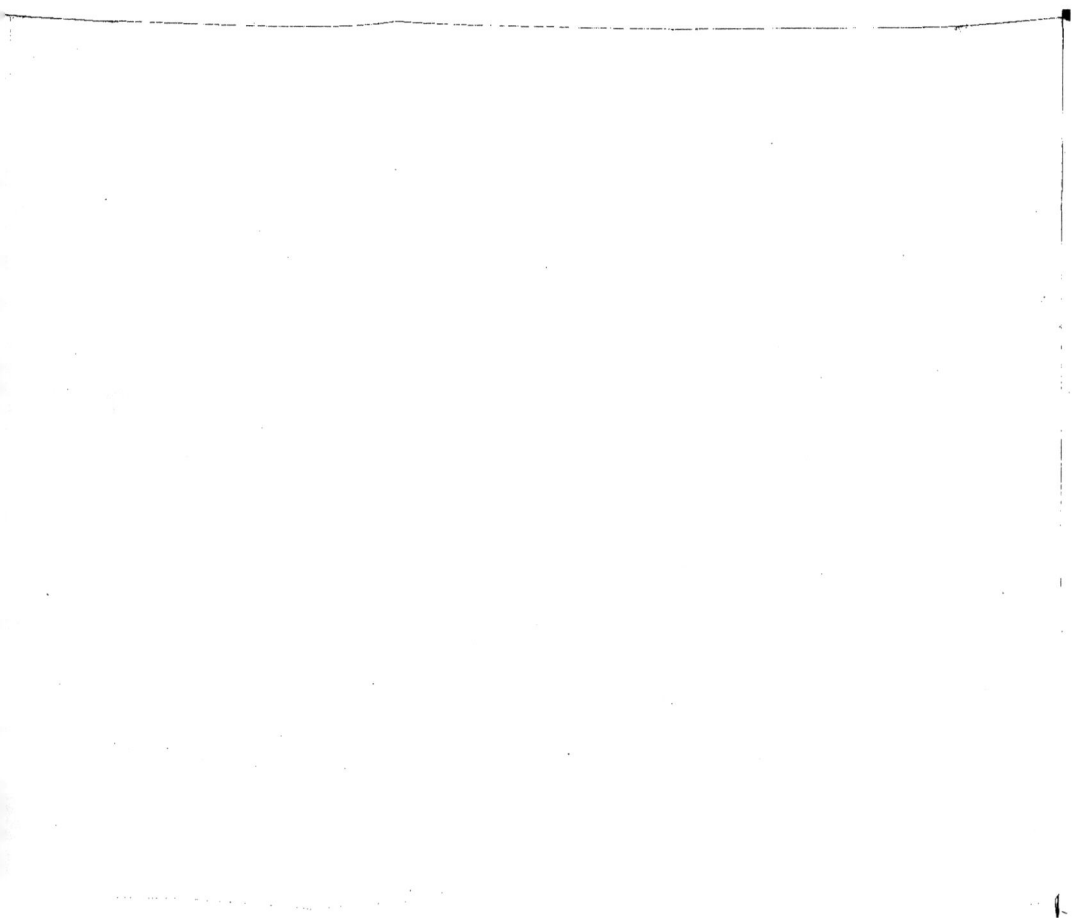

Disposition du calcaire d'eau douce :

sur la Lèvre affaissée de la Faille de Sancerre, (Cher).

Fig. 53.

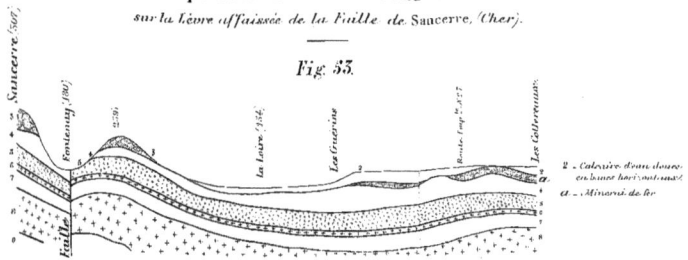

2 _ Calcaire d'eau douce
en laines horizontaux.
a _ Minerai de fer.

et sur la Lèvre affaissée de la Faille de Menou.

Fig. 54

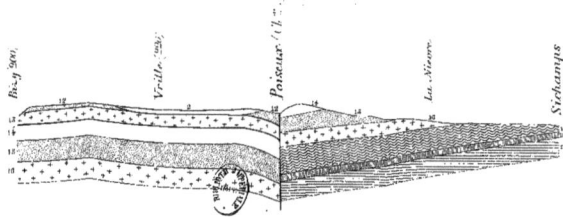

Echelle des { longueurs 1/80.000
{ hauteurs 1/8.000

Lith. J.E. Remaulh à Nevers.   Dessiné par A. Simonnet.

Pl. XXV.

Fig. 55

N B — — — N

Argille ferrugineuse des environs...
Oolithe ferrugineuse...
Oolithe supérieure de Fouquet...
Bancs ferrugineux...
Marnes jaunes ou feuillets...
Lits arénacées...
Dalle perforée...

oolithe ferrugineuse
Forest-marble
Bradford-Clay
Grand-oolithe
Stonesfield-States
oolithe ferrugineuse

A — — — C

Étage bathonien

Fig. 56

D
Les Coques
Pougues
Aiguillons
R'
R''
R'''
R''''

D

Fig. 57.
P
A
P

Fig. 59.
O

Fig. 60.

Fig. 58.
Serpules
Lithophage

Fig. 61.
Faille

Fig. 62.
N A L B N
P P

Lith. Ch. Renault à Nevers

Géologie de la Nièvre

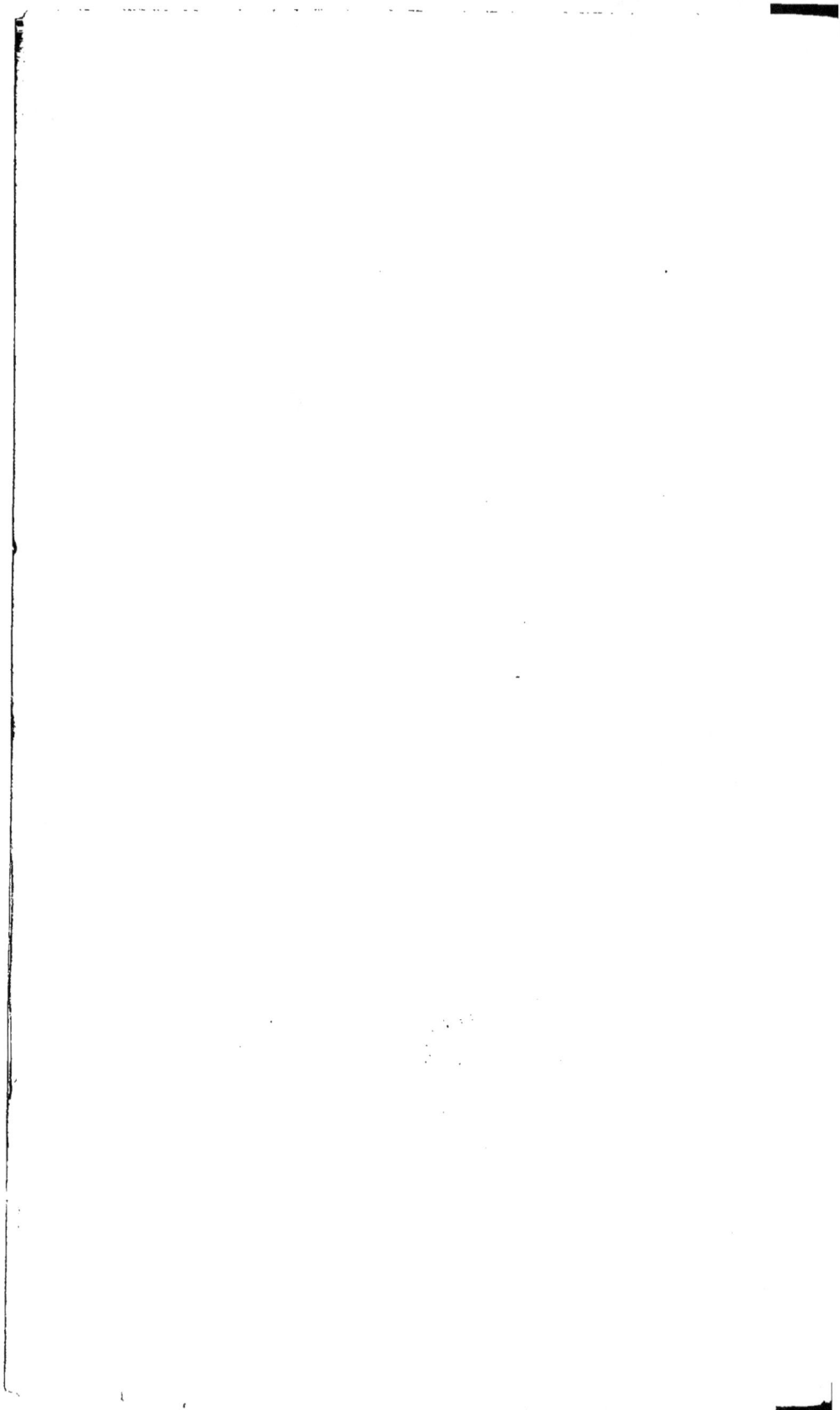

OUVRAGES DU MÊME AUTEUR

J.-B. BAILLIÈRE et fils, 19, rue Hautefeuille, PARIS.

TABLE DES MATIÈRES

PARIS. — J. CLAYE, IMPRIMEUR, RUE SAINT-BENOIT, 7.

TABLE DES MATIÈRES

PARIS. — IMPRIMERIE DE J. CLAYE, RUE SAINT-BENOIT, 7.

TABLE DES MATIÈRES

PARIS. — IMPRIMERIE J. CLAYE, RUE SAINT-BENOIT. 7,

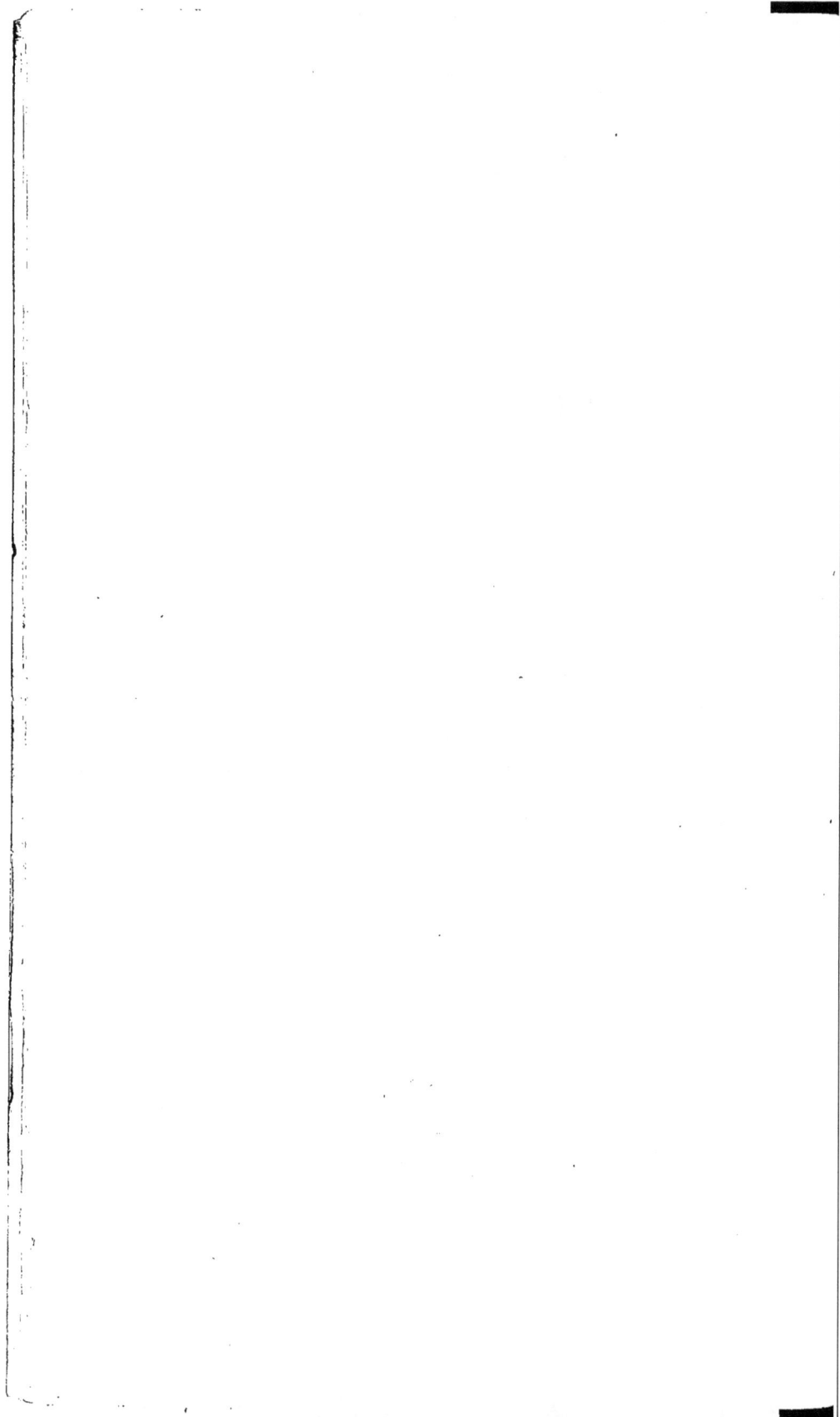

TABLE DES MATIÈRES.

Le plan général des failles paraîtra très-prochainement.

PARIS. — IMPRIMERIE J. CLAYE, RUE SAINT-BENOIT. 7,

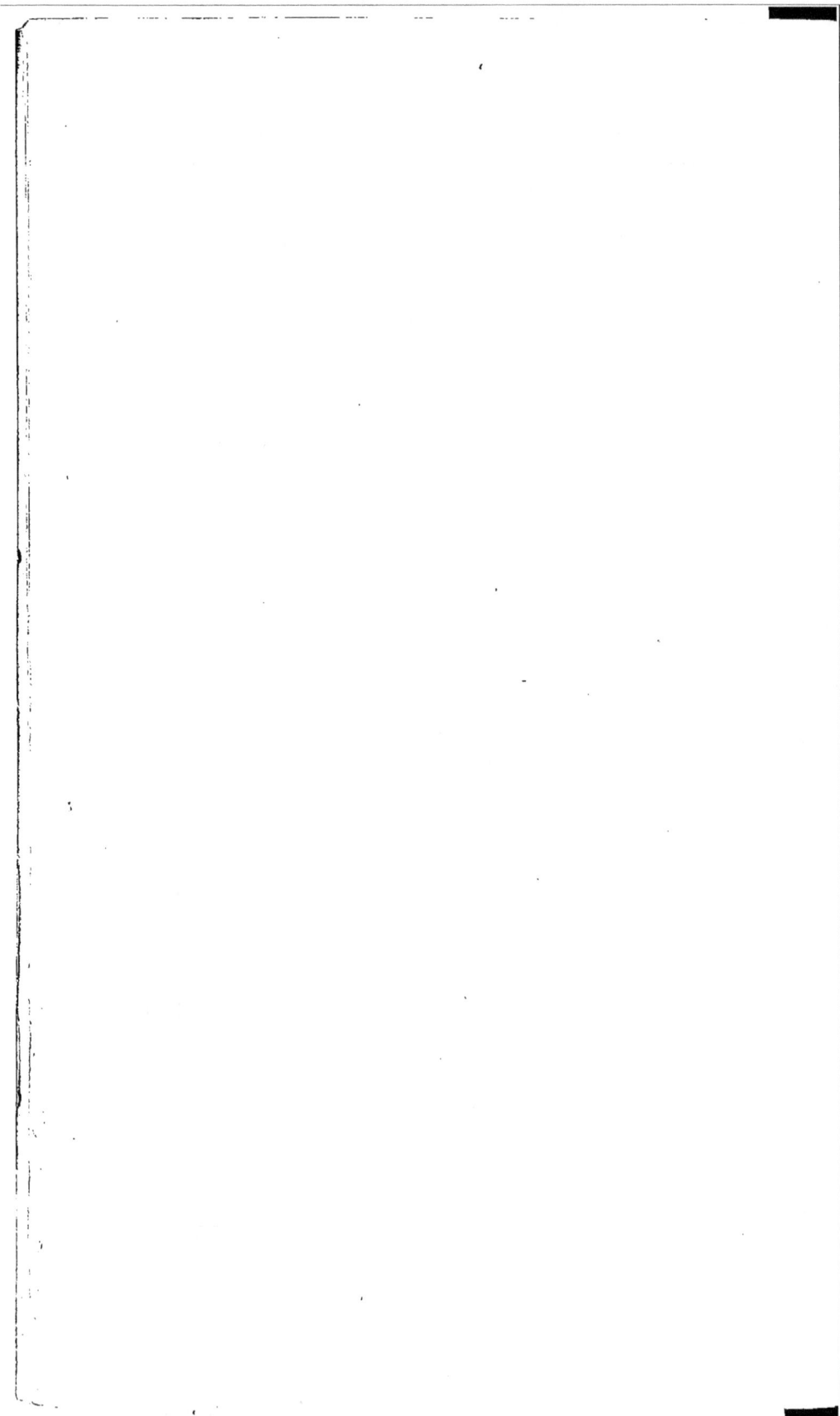

TABLE

DES MATIÈRES

PARIS. — IMPRIMERIE DE J. CLAYE, 7, RUE SAINT-BENOÎT

ERRATA

Page 44, *lisez :* Ces astres *au lieu de* Les astres.

Planche 1, *lisez :* hauteur 1/800 *au lieu de* 1/40000.

TABLE DES MATIÈRES.

PARIS. — IMPRIMERIE J. CLAYE, RUE SAINT-BENOIT, 7,

www.ingramcontent.com/pod-product-compliance
Lightning Source LLC
Chambersburg PA
CBHW060533220326

41599CB00022B/3509